"十四五"普通高等教育本科部委级规划教材
国家一流本科专业建设精品课程系列教材
教育部"产品设计人才培养模式改革"虚拟教研室试点建设系列教材
2021年中央支持地方高校发展专项资金支持

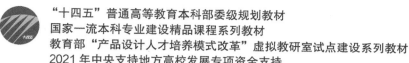

设计程序与方法
在设计过程中发现创造力

潘鲁生　主编

孔祥天娇　著

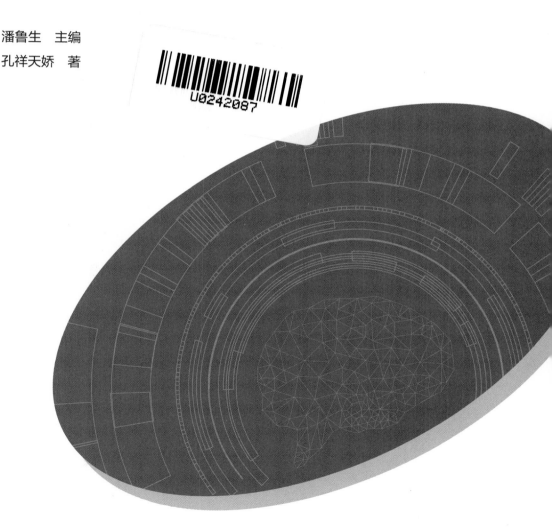

中国纺织出版社有限公司

内 容 提 要

本书在构建设计本体理论的基础上，探讨设计程序的各个部分中认知的变化及对产生创造力的影响，建立一个能够处理开放的、复杂的、网络的和动态的设计程序框架，列举各程序范围内适用的设计策略与方法，旨在为年轻设计师或设计初学者摆脱面对设计初期时的无力感，指明应尝试的方向以及解决方案会出现的范围。通过对设计程序的研究，使我们重新关注设计方法，让设计方法的研究更容易操作，避免在某些基本理论上出现含糊不清的情况。重新认识设计程序在各领域设计中的重要地位，进一步厘清设计过程中的结构关系，并通过对各程序阶段的剖析发现设计创新和设计风格化的新途径。

图书在版编目（CIP）数据

设计程序与方法：在设计过程中发现创造力 / 潘鲁生主编；孔祥天娇编著. -- 北京：中国纺织出版社有限公司，2022.10

"十四五"普通高等教育本科部委级规划教材

ISBN 978-7-5180-9627-5

Ⅰ . ①设… Ⅱ . ①潘… ②孔… Ⅲ . ①设计学-高等学校-教材 Ⅳ . ①TB21

中国版本图书馆CIP数据核字（2022）第108777号

责任编辑：余莉花　　责任校对：王蕙莹　　责任印制：王艳丽

中国纺织出版社有限公司出版发行
地址：北京市朝阳区百子湾东里 A407 号楼　邮政编码：100124
销售电话：010 — 67004422　传真：010 — 87155801
http://www.c-textilep.com
中国纺织出版社天猫旗舰店
官方微博 http://weibo.com/2119887771
天津千鹤文化传播有限公司印刷　各地新华书店经销
2022 年 10 月第 1 版第 1 次印刷
开本：787×1092　1/16　印张：14.25
字数：273 千字　定价：75.00 元

序

目前，我国本科高校数量1270所，高职（专科）院校1468所，在这些高校中，70%左右的高校开设了设计学类专业，设计类专业在校学生总人数已逾百万，培养规模居世界之首。在凝聚中国力量、实现中国梦的伟大征程中，设计人才已成为推动产业升级和提高文化自信的助力器，是建设美丽中国、实现乡村振兴的重要力量。

2019年，教育部正式启动了"一流本科专业建设点"评定工作，计划在三年内，建设10000个国家级一流本科专业，其中设计学类一流专业规划有474个。与之相匹配，教育部同步实施10000门左右的国家级"一流课程"的建设工作。截至2021年底，在山东工艺美术学院本科专业中有10个专业获评国家级一流专业建设点，11个专业获评山东省级一流专业建设点，国家级、省级一流专业占学校本科专业设置总数的71%，已形成以设计类专业为主导，工科、文科两翼发展的"国家级""省级"一流专业阵容。工业设计学院立足"新工科""新文科"学科专业交叉融合发展理念，产品设计、工业设计、艺术与科技3个专业均获评国家级一流专业建设点。

工业设计是一个交叉型、综合型学科，它的发展是在技术和艺术、科技和人文等多学科相互融合的过程中实现的，是与企业产品的设计开发、生产制造紧密相连的知识综合、多元交叉型学科，其专业特质具有鲜明的为人民生活服务的社会属性。当前，工业设计创新已经成为推动新一轮产业革命的重要引擎。因此，今天的"工业设计"更加强调和注重以产业需求为导向的前瞻性、以学科交叉为主体的融合性、以实践创新为前提的全面性。这一点同国家教材委员会的指导思想、部署原则是非常契合的。2021年10月，国家教材委员会发布了《国家教材委员会关于首届全国教材建设奖奖励的决定》，许多优秀教材及编撰者脱颖而出，受到了荣誉表彰。这体现了党中央、国务院对教材编撰工作的高度重视，寄望深远，也体现了新时代推进教材建设高质量发展的迫切需要。统揽这些获奖教材，政治性、思想性、创新性、时代性强，充分彰显中国特色，社会影响力大，示范引领作用好是其显著特点。本系列教材在编写过程中突出强调以下4个宗旨。

第一，进一步提升课程教材铸魂育人价值，培养全面发展的社会主义建设者。在强化专业讲授的基础上，高等院校教材应凸显能力内化与信念养成。设计类教材内容与文化输出和表现、传统继承与创新是息息相关、水乳交融的，必须在坚持"思政＋设计"的育人导向基础上形成专业特色，必须在明确中国站位、加入中国案例、体现中国智慧、展示中国力量、叙述中国成就等方面下功夫，进而系统准确地将新时代中国特色社会主义思想融入课程教材体系之中。当代中国设计类教材应呈现以下功用：充分发挥教材作为"课程思政"的主战场、主阵地、主渠道作用；树立设计服务民生、设计服务区域经济发展、设计服务国家重大战略的立足点和价值观；激发学生的专业自信心与民族自豪感，使他们自觉把个人理想融入国家发展战略之中；培养"知中国、爱中国、堪当民族复兴大任"的新时代设计专门人才。

第二，以教材建设固化"一流课程"教学改革成果，夯实"双万计划"建设基础。毋庸置疑，学科建设的基础在于专业培育，而专业建设的基础和核心是课程，课程建设是整个学科发展的"基石"。因此，缺少精品教材支撑的课程，很难成为"一流课程"；不以构建"一流课程"为目标的教材，也很难成为精品教材。教材建设是一个长期积累、厚积薄发、小步快跑、不断完善的过程。作为课程建设的重要组成部分，教材建设具有引领教学理念、搭建教学团队、固化教改成果、丰富教学资源的重要作用。普通高校设计专业教材建设工程要从国家规划教材和一流课程、专业抓起。因此，本系列教材的编写工作应对标"一流课程"，支撑"一流专业"，构建一流师资团队，形成一流教学资源，争创一流教材成果。

第三，立足多学科融合发展新要求，持续回应时代对设计专业人才培养新需要。设计专业依托科学技术，服务国计民生，推动经济发展，优化人民生活，呼应时代需要，具有鲜明的时代特征。这与时下"新工科""新文科"所强调和呼吁的实用性、交叉性、综合性不谋而合。众所周知，工业设计创新已经成为推动新一轮产业革命的重要引擎。在此语境下，工业设计的发展应始终与国家重大战略布局密切相关，在大众创业、万众创新中，在智能制造中，在乡村振兴中，在积极应对人口老龄化问题中，在可持续发展战略中，工业设计都发挥着不可或缺的、积极有效的促进作用。在国家大力倡导"新工科"发展的背景下，工业设计学科更应强化交叉学科的特点，其知识体系须将科学技术与艺术审美更加紧密地联系起来，形成包容性、综合性、交叉性极强的学科面貌。因此，本系列教材的编撰思想应始终聚焦"新时代"设计专业发展的新需要，进一步打破学科专业壁垒，推动设计专业之间深度融通、设计学科与其他学科的交叉融合，真正使教材建设成为持续服务时代需要，推动"新工科""新文科"建设，深度服务国家行业、产业转型升级的重要抓手。

第四，立足文化自信，以教材建设传承与弘扬中华传统造物与审美观。文化自信是实现中华民族伟大复兴的精神力量，大力推动中华优秀传统文化创造性转化和创新性发展，则为文化自信注入强大的精神力量。设计引领生活，设计学科是国家软实力的重要组成部分，其发展水平反映着一个民族的思维能力、精神品格和生活方式，关系到社会的繁荣发展与稳定和谐。2017年，中共中央办公厅、国务院办公厅印发《关于实施中华优秀传统文化传承发展工程的意见》，综合领会文件精神，可以发现设计学科承担着"推动中华优秀传统文化的创造性转化和创新性发展"的重要责任。此类教材的编撰，应以"中华传统造物系统的传承与转化"为中心，站在中国工业设计理论体系构建的高度开展：从历史学维度系统性梳理中国工业设计发展的历史；从经济学维度学理性总结工业化过程中国工业设计理论问题；从现实维度前瞻性探索当前工业设计必须面临的现实问题；从未来维度科学性研判工业生产方式转变与人工智能发展趋势。在教材设计与案例选择上，应充分展现中华传统造型（造物）体系的文化魅力，让学生在教材中感知中华造物之美，体会传统生活方式，汲取传统造物智慧，加速推进中国传统生活方式的现代化融合、转变。只有如此，才有可能形成一个具有中国特色的，全面、系统、合理、多维度构建的，符合时代发展需求的高水平教材。

本系列教材涵括产品设计、工业设计、艺术与科技专业主干课程，其中《设计概论》《人机工程学》《设计程序与方法》为基础课程教材；《信息产品设计》《产品风格化设计》《文化创意产品设计开发》《公共设施系统设计》《产教融合项目实践》为专业实践课程教材；《博物馆展示设计》《展示材料与工程》《商业展示设计》为艺术与科技专业主干课程教材。本系列教材强调学思结合，关注和阐述理论与现实、宏观与微观、显性与隐性的关系，努力做到科学编排、有机融入、系统展开，在配备内涵丰富的线上教学资源基础上，强化教学互动，启迪学生的创新思维，体现了目标新、选题新、立意新、结构新、内容新的编写特色。相信本系列教材的顺利出版，将对设计领域的学习者、从业者构建专业知识、确立发展方向、提升专业技能、树立价值观念大有裨益，希望本系列教材为当代中国培养有理想、有本领、有担当的设计新人贡献新的力量。

董占军

壬寅季春于泉城

目录

第一章
引言

第一节
关于"设计"

设计的世界丰富多彩，现代生活的场景中处处可见设计师为我们呈现的精彩设计作品，如一栋建筑、一处景观、一辆汽车、一部手机、一张桌子、一件衣服、一张海报等，每一件作品的背后都是设计师千变万化的思路与解决途径。因此，我们要向经典的设计作品和优秀的设计师学习，学习他们理解问题的独特角度和灵活多变的解决方式。我们平常对优秀设计师及其作品的了解，只是他们繁杂设计过程的冰山一角，设计初学者无法通过对他们作品的简单的模仿、实践和总结就能掌握设计程序的精髓和解决问题的方法，更别说对创造性设计思维的理解。因为设计本身无法言传，这就是设计教育存在的意义。我国现代化艺术设计教育始于20世纪80年代，在这几十年探索的发展过程中，设计本质里的共性逐渐被发现，不断被总结，只有把本质里的共性普及好，才有可能根据个人的天赋、教育的背景结合人生的经历产生富有个性的创造性设计结果。本书以设计中的共性为基础，跨越各个设计学科，以设计过程中完整的基本程序与方法为线索，阐述了设计初学者应该掌握的基本方法，并提出在设计过程中发现创造力的几种可能性，以此来培养设计者的设计意识，并加深对设计本质的理解。

设计是有共同规律可循的。无论是英文中的"design"还是中文中的"设计"一词，都兼具名词与动词的性质。《韦伯斯特大辞典》在名词方面的解释是：针对某一目的在头脑中形成的规划；根据对象预先所做出的模型；文学、戏剧作品的轮廓；音乐作品的框架；视觉艺术作品的线条、细节、外观等方面的相互关系。动词方面，设计是头脑中的想象与计划；策划；创造功能；为了达到目的而进行的创造、规划和计算；用商标、符号表达；对物象的描绘；零部件的形状与配置。在对设计不同词性的定义中可以看出，作为动词的设计即指具体的作为一个过程的设计程序，这也是本书讨论的其中一个重点。在《辞海》中，设计指"按照任务的目的和要求，预先制订工作方案和计划，绘出图样，为解决这个问题而专门设计的图案"。在这个定义中的关键词不是目的、要求、图样、图案、解决问题等，而是"预先制订工作方案和计划"，这是设计最重要的前提特征。换言之，只要是针对一个目标有计划地制订解决问题的行动方案或绘制图形，无论在什么领域，都可以称为设计。例如，为了2008年北京奥运会和2022年北京冬奥会的顺利举行，各行各业的设计师们在自己的领域默默地履行各自的职责。建筑师为承载2008年奥运会和2022年冬奥会的运动赛事设计场馆；平面设计团队为2008年奥运会和2022年冬奥会设计的一系列视觉呈现的过程，都是典型的设计活动（图1-1、图1-2）。

那么，设计和艺术的区别是什么呢？有人说艺术是自我表达，设计是为人服务。换言之，在艺术的范畴内，艺术家可以为所欲为地自我表达，为自己服务；而设计的最终

图 1-1　北京奥林匹克运动场馆（鸟巢）　图 1-2　2008 年北京奥运会吉祥物和 2022 年北京冬季奥运会吉祥物

目的是为人所用，为他人服务的性质。这样说在表面上看起来也没有什么问题，但是在文艺复兴时期，甚至更早，艺术为皇权贵族服务的目的非常明显，可以说早期的艺术并不是为了自我表达而兴起，可见这个说法是不成立的。

从事物本质上来分析艺术与设计的区别。从哲学层面上看待一个事物的本质，其实就是内容与形式两方面。内容是事物一切内在要素的总和，形式是这些内在要素的结构和组织方式。在艺术领域，王宏建教授在《艺术概论》一书中谈道："艺术作品中的形式和内容不可分，形式是内容的外显，内容是形式的内涵。"在观看当代艺术展览和艺术类电影中，我们经常能听到"感觉很酷""很艺术""画面挺美的"等表达，但是"内容看不懂"。艺术评论者一直企图发掘艺术品背后的意义，也就是所谓的内容。然而，这些内容不仅永远无法被验证，并且内容或许在创作之初就不曾存在过。艺术有一部分价值就在于它的模糊性，因此拥有空间让观众放置自己的诠释与理解。艺术提供了一个很好的"形式之美"，提供给观者将自己的生命经历装载到这些形式的空间中。当我们把自己的内容放进艺术的形式中时，艺术就被赋予了新的意义。

美国著名平面设计师保罗·兰德（Paul Rand）在《设计是什么》一书中谈道："设计，就是内容与形式间的关系。"在设计领域，内容是想要设计表达的对象，形式就是表达设计对象的方法。例如，我们用冷色系和尖锐的几何形状（形式）来代表男性（内容），用暖色系和圆润的图形（形式）来代表女性（内容）。这种抽象内容中的符号象征就是用设计的语言转化为外显的形式特征的对应关系。在设计领域中还有许多这样的默认组合，而设计师的工作就是利用这些对应关系，挖掘设计对象在内容上的象征性符号，再对其进行形式上的演化，最终用视觉化的语言表达出来。相较于艺术，设计必须明确背后的内容和目的性，明确其为人服务的核心价值。因此，它更是一种理性的科学，背后蕴含了大量系统性的知识，是借由找出最适合的方案以解决问题的活动。

除了艺术，在讨论设计的定义时，还应该明确与之密切相连但又有清晰界限的一个概念——工程。结构设计、人体工程学、科学技术等内容在设计方案时都或多或少地会考虑在这些方面的处理情况，这些都属于设计的一部分。工程更多的是结构、机械、技术层面的内容，有具体的数据公式、标准的结构尺寸；工程设计的过程要求精确的数据、清晰严谨的逻辑思维以及循环迭代的评价体系，与充满感性、浪漫色彩的艺术截然相对。但由于设计为人所用的根本属性，无论是建筑设计、景观设计、室内设计、产品设计、服装设计，甚至视觉传达设计等各个领域的设计均与工程技术密切相连，任何一个可行的设计成果都需要严谨的数据、合理的结构作为内容与形式的支撑。因为各个领域的设计最终核心服务对象是相对应的使用者，要符合常规的使用习惯和行为方式，不完善的设计可能会给使用者带来不便，或是增加制作、使用的成本，造成资源浪费。而与之对应，兼具艺术性、设计感和符合工程指标的设计不仅能提高人类生存环境的质量，还能满足人们日益增长的物质和文化的需求（图1-3、图1-4）。

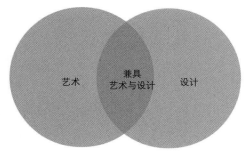

图 1-3　艺术与设计的关系

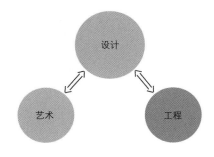

图 1-4　艺术、设计、工程三者的关系

综上所述，设计、艺术和工程都有明显的区别，是以解决问题为目的找出最优化方案的活动。它可能是流程的改善或是更好的沟通方式。无论是服装设计、建筑设计、展示设计、平面设计，还是网页设计、服务设计等，都是借由使用特定的程序和方法以解决某个问题。这个解决方案不一定是最好的，但它一定是能改变当前的状态的，而设计师就是解决问题的人。因此，好的设计可以总结为3个特点：一是设计必须拥有为人所用的功能性；二是设计在功能性明确的前提下，同时具有独特的表达形式；三是设计的内容与形式要具有统一性，可以让不同的人以相同的形式解读。

第二节
关于"创造力"

我们在初学设计时，总是认为创造力和创新是有天赋的、能够突然产生灵感的设计师独有的技能。创造力从表面上看是不可知的领域，但实际上，在设计程序中是有迹可循的。对于大多数人来说，一个有创意的解决问题的方式多是来自设计活动中较多的努力和平时学习工作实践中的积累。具有创造力的想法不可能在没有任何前期积累和思考的情况下，真如灵感涌现般进入我们的脑海中，而需要像组织的其他功能一样，加以规划和管理才可能出现。设计者可以利用规划完善的设计程序以及可重复使用的方法建立创新，所有这些程序和方法都将提升达到创新的机会。

本书在第二章的第三节从七个方面厘清设计与创新之间的关系，建立学习者对创新理性的认识。第三章从创造力的定义开始，从不同的角度建立了对创造力的理论认识，并从认知层面分析设计与创造力的关系，最后总结设计程序中促发创造力生成的可能因素，希望能为设计创造力的概念理解和促成条件建立一个整体的框架。

第三节

关于"设计程序"

设计程序涵盖了设计师进行的一系列工作，形成了一个仔细考量、针对性强且符合问题需要的设计解决方案。设计活动通常可以被视为一个线性的活动，初次接到设计任务时作为起点以及结案时的一个终点。程序是一个达到目的的手段，而不是一个必须严格遵守的教条体系。在本书中提出的通用设计程序只提供一个结构，一个可以遵循的架构，但在设计实践中具体应用时必须保持足够的弹性，才能使深刻见解、研究以及发展都可以发挥最大的功效，进而将设计想法提升到一个全新的以及更好的境界。

在这个前提下，再一次明确本书的目标就是寻找一个可能对处理开放的、复杂的、网络的和动态的问题情况有用的设计程序框架，通过对设计程序的研究，使我们重新关注设计方法，使设计方法的研究更容易操作，避免在某些基本理论上出现含糊不清的情况，重新认识设计程序在各设计领域中的重要地位，进一步厘清设计过程中的结构关系，并通过对各程序阶段的剖析发现设计创新和设计风格化的新途径。第五章总结了设计程序就是一个寻找并解决问题的过程，因此可以分为五个关键的设计阶段，分别是：设计探索，问题界定，构建程序框架，重审设计概念的框架及建构解决方案，验证、实施及监控。

在第一个阶段——设计探索阶段也就是深入的设计工作启动之前，设计师需要评估设计项目的规模以及复杂性。这个阶段的部分工作包括划定设计项目的范围，任务要求的大致格式与内容，逐渐收集和整理出比较清晰的设计需求。进而根据设计需求进行初步调查以及大致的理解，为设计师的后续研究提供一个起始点。所有这些工作会引导至设计程序的第二个阶段问题——界定阶段，在这里，设计师和设计团队的目标是汇集、提炼以及最终总结所有收集在一起的信息。在这些信息中，有一些是与设计需求的实际层面相关，有一些是关于美学的，并且有些信息在本质上甚至是相互矛盾的。这时候就需要经过一系列设计方法的选择和应用，帮助设计师在各种条件约制中设定优先顺序，以及用合适的方法处理彼此间冲突的信息。没有限制和不需要协调、妥协就能产生创新结果而成功的设计项目比较少见，在第三章的创造力的出现因素内容中讲述了在协调冲突、处理限制条件时所进行的思考，和所应用的方法有助于达成最终设计方案独特性的目标。

设计分析一旦完成，就进入设计程序的第三级——设计发展阶段，即创建概念程序框架，关于设计项目风格与内容的结论能够通过一个概念而加以贯穿。概念将会被使用于产生想法以及驱动设计方案上。对于一个理想的项目策划方案，以因果关系为核心，很容易推导出项目实施的充分条件和必要条件。项目的内部逻辑关系、各层设计目标间的因果关系可以推导出实现目标所需要的必要条件。在设计的各个领域中，框架层所起的作用主要是提供一个线索，或者一个类似概念的集合。由此会形成"看不见的概念"造就了"看得见的形式"的效果。简而言之，在这一程序阶段也就从前期探索的收集信息阶段正式进入未来展望阶段。在过程中必须保持方向感，不能失焦，并且应该严守程序，用结构分明的方法有系统地构建概念框架。在探讨概念时，主要应该挑战寻找与概念有关的各种重要假设。这是一种非线性持续循环的过程，并且过程中一直会重复进行，直到产生具有实用价值的新解决方案和策略。

在进入第四阶段——重审设计概念的框架及结构时，设计者在构建概念程序阶段已经产生许多概念，并且可以清晰地看到设计的思路和要素之间的逻辑关系。仅凭从概念程序框架产生的单一概念可能无法满足所有原则或设计标准，必须通过仔细评估才能发掘有衍化前景与值得探讨的概念，并将有潜在价值和关联的概念相互整合。简单来说，这一阶段的重点就是重审设计概念的框架及结构，目的在于评估和组合概念，对特定概念的实施理由提出基本的依据与相对应解决的问题，并以反复测试和重审反馈为基础地深入细化、评估检测。到了设计程序最后一个阶段，将前期研究成果付诸实践的时候，设计师的工作仍在继续。在这一阶段需要应用各种方法确保最佳解决方案的产出，但可能包括一些妥协的动作。因为几乎每一个设计项目的设计需求中都会有必要的与想要的因素彼此限制或冲突，设计师需要在这时做出专业的判断，并且确定优先顺序。简而言之，设计程序的最后阶段需要将概念具象化以及探讨如何在各种约制和矛盾中实现最合适的解决方案这两个主要活动的完成。

第四节

关于"设计方法"

设计程序与方法的研究总是相伴而行的，从问题描述到解决问题的过程中，都需要应用各种不同的方法。因此，对程序的研究不可能不提及方法，实际上，程序就是由方法构成的。第六章内容是依据在第五章提出来的通用设计程序的五个阶段，分别介绍各阶段中可以用到的方法，其中有的方法不只适用于当前阶段，还可以在其他阶段反复使用，这些都建立在设计者对方法的灵活掌握之上。实际上，无论在设计过程中的哪个阶段，设计者在思索要素之间的关系、如何平衡约束与目标的关系等这些问题的时候，不能指望仅靠一种方法就能得到想要的答案，所以本书中介绍的方法与工具，不过是达成目的使用的手段。换言之，设计者应该要视项目的具体情况具体分析以此调整方法和工具的使用。为了达到可以快速了解各阶段的设计方法，辅助设计者快速找到解决方案的目的，本书中的每种方法介绍不会过多地赘述使用情景和结合实际案例的各种运用方式，而是点明每种方法的精髓、局限性和注意点。希望以此帮助设计者在设计的全过程中不断反思、推进想法，从而更准确、更高效地辅助设计者合理利用方法解决在各阶段中遇到的困难。

第二章
关于设计本体的理解

第一节
何为"设计"

一、设计的定义

就专业而言，设计是相对年轻的，设计的实践早于职业。事实上，早在人类出现之前，设计的实践就是制造东西来服务一个有用的目标，即制造工具。制造工具是人类最初的属性之一。从最一般的意义上来说，设计起源于250万年前人类制造出第一批工具的时候。人类在开始直立行走之前就已经存在设计了。40万年前，人类开始制造长矛。到4万年前，就已经升级到可以制作专门的工具。城市设计和建筑出现在1万年前的美索不达米亚，室内建筑和家具设计可能也随之出现。又过了5000年，平面设计等才随着楔形文字的发展在苏美尔开始出现。在那之后，事情开始加速发展。所有的商品和服务都是经过设计的。设计的动力来自考虑一个情境，想象一个更好的情境，然后采取行动创造一个更好的情境，这种动力可以追溯到人类祖先，他们制造工具帮助人类成为现在的样子，设计帮助我们成为人类。

今天，"设计"这个词意味着很多信息，将它们联系在一起的共同因素是服务，而设计师从事的是一种服务行业，其工作成果满足人类的需求。设计首先是一个过程。"设计"一词作为动词可以追溯到1548年。《韦氏大学英语词典》将"设计"这个动词定义为"在脑海中构思和计划；作为一个特定目的；为一个特定的功能或目的而设计"。与之相关的是绘图行为，强调了绘图作为平面图或地图的性质，以及"为……根据计划来创造、设计、执行或建造"。半个世纪以后，"设计"这个词开始被用作名词，第一次被引用为名词出现在1588年，《韦氏大学英语词典》对"设计"定义为："个人或团体认为的特定目的；深思熟虑的、有目的的计划；为达到目的而制定的手段，在脑海中的计划。"在这里，目的和对预期结果的计划是核心的定义。其中包括"展示将要执行的东西的主要特征的初步草图或大纲；管理功能、发展或展开的基本计划；实施或完成某件事的计划或协议；产品或艺术品中元素或细节的安排"。中国古代某些文献中的"设计"，最初也表达了相似的含义，如《周礼·考工记》中便将"设色之工"分为"画、缋、钟、筐、㡛"等部分。此处"设"字表示"制图、计划"；《管子·权修》中"一年之计，莫如树谷，十年之计，莫如树木，终身之计，莫如树人"，此"计"字也表示"计划、考虑"的意思。在中文和英文中，"设计"一词都有设想、运筹、计划与预算的含义，指人类为实现某种特定目的而进行的创造性活动。今天，设计师或设计团队负责设计大型、复杂的流程、系统和服务，并设计组织和结构来生产它们。自从人类远古的祖先制造了第一批石器以来，设计已经发生了很大的变化。在高度抽象的层面上，赫伯特·A. 西蒙（Herbert A. Simon）的定义涵盖了几乎所有可以想象的设计实例，他写道："'设计'旨在将现有情况改变为首选情况的行为活动。"设计的正确定义是跨越任何给定结果所需的全部领域的整个过程。

所有有关设计的动作或思考，都需要被人类的意识、意念所驱动，由此人们才可以构思和规划设计内容并得到设计结果。由此可以看出，设计是一个持续的过程，是人为的行动，它是一个独立的学科，是名词也是动词。传统英文字典中对"设计"解释为"做设计"，从动作（动词）的角度看就是：在心中构思或塑造出观念，即发明；要达到一个目标或目的，即盘算；创造或策划出一个特别目的或特殊效果，如把这些定义综合成一个完整的概念性框架，那么设计就可以被解释成是在心中构想一个宗旨，编筑一个目标，或者策划一个目的的行动。另外，对于设计，从实体（名词）的角度看则是：一幅图画或草图；一个图形表征；一个特别计划或方法；一个有理有据的目的；一个斟酌过的企图。从这里可以看出设计是一件被创作出来的物体，它是一个生成的方法或是一个为日常例行生活所孕育出的意图。这里，目的及企图都被看成是实体元素，因为它们是经过创造行为而衍生的产品。设计应该被看成是人类生活中一个关键性的根本要素，事实上，它也是"人类智慧"的关键性构建之一。因此，设计值得我们严格地论述和认真地研讨。

如果从建筑设计、平面设计、图案设计、时装设计、工业设计、室内设计以及工程设计等领域来看，设计则可被特别定义为"人类所有为满足一些需要而制造出一些物品，或为适应某些目标而作出一个结构体的创造性努力。这些努力要求专业地考虑美感、机能使用、社会象征和市场销售供求"。所有这些努力事实上是一种解决问题的活动，这个定义也可以简短地写成"设计是人类为满足某些功能而创造出满意的解答或美丽的人造物的现象"。这个定义就涵盖了设计活动的本质，解释了设计行为的基本内质和这些智慧努力执行之后的预期结果。这个结果就是智慧性地创造出答案或美丽的人造物，而且为这些创造所下的功夫，也必然要考虑设计后所必须满足的功能要求，这也部分说明了设计思考的现象。

但设计程序永远不只是一般的、抽象的工作方式。设计在满足人类需求的服务职业的工作中需采取具体的形式，包括广泛地制定和规划学科。这些学科专业包括工业设计、平面设计、纺织设计、家具设计、信息设计、工艺设计、产品设计、交互设计、交通设计、教育设计、系统设计、城市设计、设计领导、设计管理，以及建筑、工程、信息技术和计算机科学。这些领域关注不同的主题和对象，它们有不同的传统、方法和词汇，由不同的，通常是不同的专业团体使用并付诸实践。虽然划分这些群体的传统截然不同，但共同的边界有时会形成交界。

肯·弗里德曼（Ken Friedman）和埃里克·斯托特曼（Erik Stolterman）为在麻省理工学院出版社出版的"设计思维、设计理论系列"丛书写序言时，提出了当前设计面临的十项挑战，即三个属性挑战、四个实质性挑战和三个背景挑战共同将设计学科和专业捆绑在一起，作为一个共同的领域。

所有的设计行业都具有三种属性，即作用于物质世界、满足人类的需求和改变周边情境。在过去，这些共同的属性不足以超越传统的界限。今天，在更大的世界里，客观的变化带来了四个实质性的挑战，这些挑战正在推动设计实践和研究的融合。

四个实质性挑战包括：人工制品、结构和过程之间的界限越来越模糊；社会、经济、产业结构日益规模化；日益复杂的需求、要求和约束环境；通常超过实物价值的信息含量。这些挑战需要新的理论和研究框架来解决当代问题领域，同时解决具体的案例和问题。在专业的设计实践中，我们经常发现解决设计问题需要跨学科的团队，具有跨学科的焦点问题。几十年前，一个单独的从业者和一两个助手可能已经解决了大多数设计问题；今天，我们需要具有多个学科技能的团队，以及使专业人士能够在解决问题时相互协作、倾听和学习的额外条件。

三个背景挑战定义了当今许多设计问题的本质。虽然许多设计问题在更简单的层面上起作用，但这些问题会影响许多挑战我们的主要设计问题，这些挑战还会影响复杂的社会、机械或技术系统相关的简单设计问题。这些问题包括一种复杂的环境，其中许多项目或产品跨越了几个组织、利益相关者、生产者和用户群体的边界；项目或产品必须满足许多组织、利益相关者、生产者和使用者的期望；生产、分配、接收和管理各个层次的需求。

以上十项挑战要求专业设计实践的方法与早期的情况有质的不同。过去的环境更简单，他们只提出了较简单的要求。个人经验和个人发展足以满足专业实践的深度和实质内容。虽然经验和发展仍然是必要的，但它们已经无法满足更多的要求了。当今的大多数设计挑战都要求分析和综合规划技能，而这些技能仅靠实践是培养不出来的。

今天的专业设计实践涉及的知识不仅是更高水平的专业实践，也是一种本质上不同的专业实践形式，更是为了应对信息社会和它所带来的知识经济的需求而出现的。唐纳德·A.诺曼（Donald Arthur Norman）在《为什么设计教育必须改变》一文中，挑战了设计职业的前提和实践。在过去，设计师相信，才华和全身心投入问题的意愿使他们在解决问题上具有优势。诺曼写道："在工业设计的早期，工作主要集中在实体产品上。然而，今天设计师的工作是组织结构、社会问题、交互、服务和体验设计。"许多问题涉及复杂的社会和政治问题，因此，设计师已经成了应用行为科学家，但他们在这方面的教育却有所欠缺。设计师往往无法理解问题的复杂性和相关知识的深度。他们认为不一样的眼光可以产生新颖的解决方案，但是无法理解这些解决方案为何很少被实施，或者实施了，为什么会失败。新奇的视角的确可以产生有见地的结果，但这种视角也必须要有足够的经验和知识积累才能产生。设计师往往缺乏对问题本质的理解，而设计类学校并没有训练学生了解这些复杂的问题，关于人类和社会行为交互纠缠的复杂性，在科学、技术、商业、科学方法和实验设计方面的培训也很少或根本没有。

这不是设计产品意义上的工业设计，而是与工业相关的设计，作为解决问题和想象新未来的思想和行动的设计。当今的设计职业是要求通过创新产品和服务来创造价值的战略设计，并强调通过严谨的创造力、批判性的探究和尊重设计的伦理来作为服务的设计。这取决于对人、对自然、对通过设计塑造的世界的理解、同理心和欣赏。在某种程度上，设计是我们用来理解和塑造世界的一般人类过程。然而，我们不能以一般抽象的形式来处理这个过程或这个世界。相反，我们在特定的挑战中迎接设计的挑战，在特定的环境中解决问题或想法。作为设计师，今天面临的挑战和客户带来的问题一样多样化。设计师致力于参与经济转折点、经济连续性和经济增长的设计，为城市需求和农村需求设计，为社会发展和创意社区设计。我们涉及环境可持续性和经济政策，出口的农业竞争性工艺品，小型企业的竞争性产品和品牌，为金字塔底部市场开发新产品，为成熟或富裕市场重新开发老产品。在设计的框架内，我们还面临着针对极端情况、生物技术、纳米技术和新材料的设计，还有针对社会商业的设计，还有对尚不存在的世界的概念性挑战和对确实存在的世界的新愿景。

在日常生活中，经常会有耳目一新的设计产品出现从而被大众选用。人们长期使用某一种产品，这个产品一定会在某种层面带来影响，这些产品的影响出自设计所产生的连带性因果关系。例如，在工作空间中的颜色会影响该空间中当事人的状态，家庭用品的"可持续性"会影响使用者的效率，汽车内饰设计会影响驾驶者的视觉感应等。设计产品会从各方面影响人类，所以我们对设计必须要有一个较全面的了解。尤其是设计思考，可以帮助设计师理解设计是如何产生的，这有助于提高设计师的设计能力。我们做设计或解决设计问题时所用的认知技巧，其实也和解决日常生活问题所用的技巧相似。

二、设计活动的特征

现如今的设计活动已经远远超出了对"设计"的普遍理解，在过去的20年里，设计行业有了巨大的发展，设计实践已经趋向成熟，成为传统解决问题策略的真正替代方案。但是，设计在流行文化和媒体中的呈现方式并不符合当代设计实践的新现实，仍存在着非理性倾向、美术化倾向和理论与实践的隔膜等问题。在设计教育中，教师将个人的专业经验，借由不同设计类型中的相似问题，以"只可意会不可言传"的方式传授；在实践中，人们依靠天赋悟性学习，借助突发灵感创作，围绕自我感觉评价。从而导致设计学习效率低下，设计实践缺乏原创性，过分神秘化、追求形式主义，文学化思想泛滥等。那么，设计活动的特征有哪些呢？

（一）设计是一个涉猎综合的行为

在许多设计专业中，创造出令人愉悦的视觉美感很重要，但这只是设计创作中需要考虑的诸多因素之一。在产品设计领域，设计师们经常在创造技术上可行、考虑要符合人体工程学并能展示市场价值的产品，使其在视觉上具有吸引力的要求之间左右为难。需要注意的是，设计应该是关于创造美好事物的想法有着深厚的历史根源：之所以需要专业的"工业设计师"，是因为工业革命期间生产的第一批制造的家居用品往往是装饰过度的怪物。直到那时，在大规模生产到来之前，中产阶级文化的品位一直受工艺成本的限制。装饰品很贵，因此成为少数人拥有的地位象征。制造商们一直大肆宣传，认为装饰越多越好。1853年在伦敦举行的世界博览会，在壮观的现代化水晶宫举行的盛会是第一个将这些工业成果聚集在一起的场所。世界各媒体的批评恰如其分地严厉。这次展览敲响了警钟，唤醒了人们对工业产品新审美的需求，并催生了工业设计行业。但是尽管经过多年的演变，这些早期的注重形式的表现、美化的形象仍然影响着流行的设计概念。正如法国后现代思潮的主要代表人物福柯所说，尽管新思想可能会很快接踵而至，但社会中潜在的"话语"只会非常缓慢地改变。不同于设计工作主要集中在实体产品上的工业设计早期，今天设计师的工作包括交互、服务和体验，以及涉及复杂的社会和政治问题。不仅如此，设计还是一个解题活动，解决生活中遇到的问题，以此改变问题的状态，让生活变得更美好和便利。艺术、人文、社会科学以及工程领域中的问题一般都没有固定准确的程序来找到答案。任何步骤过程都会产生出一个可能是满意但非最理想的解答。

（二）设计是一个程序化的过程

换言之，这也是一个设计专业一直不愿消除的说法。目前流行的设计过程是客户向设计师提出要求——创意诞生——客户接受——设计师名利双收。但现实很难实现这样的理想化状态，只有那些还没有掌握技能和积累经验的新手设计师才会依靠"想法"来拯救自己，并通过头脑风暴法来抓住创意。这种反复试验的过程非常耗时并且常常会让人感到困惑，且效率极低。当创造性的方法，如头脑风暴被用于专业设计时，它总是以一种非常具体的方式，在有限的环境中探索解决方案的可能性。一些学者在设计教育中做过相关的实验，最后的结果往往差强人意。实际上，专业设计师往往不关注"想法"的产生，而是以一种非常战略性的、深思熟虑的、具有程序化标准的方式来处理问题。这种方法需要大量的努力工作，其中灵感的想法虽然有用，但不会产生一个完整的捷径和得出一个高质量的解决方案。然而，神奇的、充满惊喜的、带有"神圣的火花"的想法突然出现在设计师的头脑中，这种表述对设计师来说是不可抗拒的，他们也会强化这一形象。但真实的情况是，这种神奇和惊喜的灵感涌现是不存在的，换言之，灵感的出现是需要原因和条件的。

（三）设计是一个理性的过程

在设计过程中，难免会有感性思维的参与，但整个过程还是理性占主导的过程。尤其是在传统概念中，因为设计思维的不可言传性，人们通常认为设计是非理性的。因为设计不是一种完全客观化的、封闭的理性形式，本质上是开放的，因为设计问题总是有不止一种解决方案。但需要明确的是，设计不同于创造数学方程式的解决方案，它的目标并不是创造出绝对正确的解决方案，而是在各种条件限制下，找出相对最合理的方案。设计师提出的解决方案可以根据利益相关者的需求来判断是好是坏。为了确保他们的建议的相关性，设计师开发了详细的阶段模型和工作流程，以处理他们在实践中固有的模棱两可的问题，尽可能地建立起制衡机制。尽管在设计项目的概念阶段比较抽象，充满不确定性，但如果要切实可行地提供结果，最终仍需要在方法上严格处理设计方法。设计过程的一个重要部分是在提出解决方案时做出有根据的猜测；这些猜测将在项目的稍后阶段得到检验，即使不是由设计师进行的，也是通过设计与现实本身的对抗来检验。好的设计师都具有非常强的分析性思考，具有一种新颖而独特的思维倾向。基于清晰的逻辑分析而进行判断是设计处理的一个重要组成部分。奈杰尔·克罗斯在 *Analysing Design Activity* 一书中说道："套用哈姆雷特的话，'是的，他们相当疯狂——但他们的疯狂是有方法的'"。

（四）设计并不神秘

事实上，我们对设计有很多了解，它包括哪些活动，这些活动通常发生的顺序，成为一名优秀设计师所需要的能力，以及这些能力的发展路径。系统的设计研究始于20世纪60年代初，现已形成一个蓬勃发展的设计研究群体，积累了丰富的知识。还有更多的内容有待发现，设计专业本身通过不断重塑自己，为研究提供了一个移动的目标。归根结底，设计过程是需要经过一系列的心智运作，操控智慧去解决所面临的设计问题。在设计过程中，设计者需要通过感知获取设计信息；同时利用自身的意识进行分析、处理各项数据，从而得到满意的设计结果。整个设计过程充满随机性和复杂性，因此想要对设计过程进行深入分析，就需要将各设计阶段进行有序排列，梳理多样化的设计发展脉络。换言之，虽然设计有主观的成分，但是大部分还是在理性推理的基础上发展出来的，因此可以说，好的设计结果都可以做到有迹可循。

（五）好设计都带有鲜明的特征

我们在学习的过程中，需要尽早地辨识好的设计。在指出从"设计实践"中学习的价值时，并不是说所有的设计都是好的，或者所有的设计师在这些设计实践中都有同等的技能。尤其是在经济飞速发展的当下，一些设计已经无法满足现实复杂的需求了。这就要求设计学习者在学习设计前或者同步进行美学的熏陶和形式美的训练时，要对设计有一个全面的了解。尤其是设计思考，可以帮助我们深入了解设计是如何生成的，有了设计思考设计能力才会增强，设计质量也会提高。设计思考是解决问题的部分行为，也是用来创造人工制品以及解决日常生活相关事宜的能力。做设计或解决设计问题时所用的认知技巧，其实和解决日常生活问题所用的技巧相似。

三、设计活动的核心

为了深入了解设计活动的本质，还需要分析设计活动的核心，也就是在设计过程中的推理模式。在日常生活中，人们是如何思考并做出判断和决定的呢？据相关研究表明，人在日常生活中是以呈现在眼前的、能观察到的信息为准，开始做些预测和假设定下案例，然后用记忆中的经验为参考，运用逻辑设定推论后再做决定。

（一）常规逻辑思维

通常被运用的逻辑，包括演绎推论和归纳推论。意大利哲学家洛伦佐·玛格纳尼（Lorenzo Magnani）定义的演绎推理是从一般的数据中找出特别的事实，从结果中找原因，或从一般的原则开始推论到特别的情况而作为结论，或先假定理由再去找后来发生的结果。演绎推论就是从一般性的前提开始着手，经由推导也就是演绎，然后得到具体陈述或个别结论的思考过程。简而言之，即由两个或多个前提得出一个结论。例如，基于"家用汽车都是四个轮毂"，以及"大众高尔夫是一个汽车的品牌和型号"这两个前提，可以推断出"大众高尔夫汽车有四个轮毂"。这种类型的推理主要用于数学和逻辑。

墨西哥哲学家阿托查·阿里塞达（Atocha Aliseda）定义归纳推理，是从特别事件中发展出普遍性的结论，从数据中发展出一般性规则，或从样本中推断其普遍的属性，并且是从信息情报中找出事情发生原因的假设推理。简单地说，就是通过一系列的观察推断出一般性结论。例如，"小明喜欢打篮球""小明喜欢跑步"，等等。那么就可以得出"小明喜欢运动"的结论。这种类型的推理主要用于自然科学和社会科学，是在物理学和哲学领域中普遍采用的推理方式。

归纳和演绎是在19世纪中叶之前就被人们运用得较为广泛的逻辑思维方法，它们都属于正式逻辑的推理方式，是基于"有效的前提而得出有效的结论"但有些情况下，在有限的条件里可能无法做出适当的推断或演绎，于是还有另外一种推理方式是在19世纪末期，由实用主义哲学家查尔斯·桑德斯·皮尔斯（Charles Sanders Peirce）提出的溯因推理法。溯因推理是依据当前具体情况，分析和判断解决问题的途径和解决方案。这是一种不同于演绎或归纳的推理，"演绎证明了既定的事实，归纳表明了事情的可操作性，溯因仅仅表明了事情的可能性"。最初，皮尔斯强调溯因推理是一种三段论解说，即规则、案例和结果，并以证据做推理的过程。"袋中的豆子"是其论证的有名的例子：所有袋中的豆子都是黑色的（规则），这些豆子都来自这个袋子（案例），所以这些豆子都是黑豆（结果）。从这个例子中可以看出，溯因推理法代表着一种说明式的理由规则，通常是由结果来推断原因。例如，他进来的时候气喘吁吁，说明刚刚是跑着过来的。跑着过来是气喘吁吁的原因，是由进门时气喘吁吁的结果来推断的。根据皮尔斯的角度，所有推断性的思考是去发现我们不知的事情，所以会由已知的去扩大我们未知的知识。应用在设计领域里的推理方式更加倾向于溯因推论，更多的是涉及"可能是什么"的假设。这是一个关于设计问题本质讨论的问题，单凭举例无法论证清晰，需要将设计推理问题还原到最基本的形式。

（二）基本逻辑法方程式关系

在最简单的层面上，我们可以认为世界是由多样的"元素"组成的，如人和物，以及这些元素之间的关系。如果我们仔细分析这些元素之间的相互作用，就可以发现这些元素处在一个复杂的"关系模式"中，以及这些元素相互作用的过程导致的"结果"。这种"元素""关系模式"和"结果"之间的区别，为我们提供了足够的概念性工具来分析人类在解决问题时使用的四种基本推理模式，并表明设计活动中经常应用的溯因推理与其他两种推理方式的不同之处。我们将设计一个基本逻辑方程，并通过设置基本逻辑方程中已知和未知的不同，来简单比较这些推理方法在逻辑上的区别，这四种基本推理方式分别为演绎推论、归纳推论、常规设证推论和溯因推论。基斯·多斯特（Kees Dorst）用基本方程的逻辑来解释这四种推论方式的不同，"元素""关系模式"和"结果"三者之间的关系是"元素"加"关系模式"等于"结果"（图2-1）。以冰镇西瓜为例说明三者之间的关系为："西瓜，冰箱"（元素）+"把西瓜放进冰箱"（关系模式）="冰镇西瓜"（结果）。

图 2-1　基本逻辑方程式三方元素关系

1.演绎推论

前文说明了演绎推论是从因果到结果的坚实推理。用逻辑方程具体分析，在演绎推论过程的开始，我们知道情况中的"元素"，知道它们将如何相互作用以及是怎样的"关系模式"。这些知识使我们能够对"结果"进行推理。例如，如果我们知道天空中有行星，并且知道控制它们在太阳系内运动的自然规律，那么就可以预测出行星在特定时间的位置。支持这一预测的计算非常复杂，但归根结底，对预测进行演绎推理是没有问题的。根据我们对环境中的"元素"和它们之间"关系模式"（由万有引力定律定义）的了解，我们知道得足够多，足以安全地推断出"结果"。我们的预测可以通过观测得到验证，证实我们正确地考虑了所有参与者的情况，并很好地把握了太阳和太阳系中行星相互作用的关系模式。在人类拥有的所有推理模式中，演绎推论是唯一坚如磐石的推理模式。在图2-2简单的方程式中可知演绎思维的逻辑方程是这样的：已知"元素"和"关系模型"，求最终的"结果"。

2.归纳逻辑法

基于上文"是一系列的观察推断

图 2-2　演绎推论的逻辑方程

出一般性结论"的定义可以看出，归纳看起来有点不如演绎推论得到的那般稳定。总结归纳逻辑的基本方程如图2-3所示，是已知"元素"和结果，倒推其"关系模式"。同样以行星为

图2-3　归纳推论的逻辑方程

例，已知情况中的"要素"，也就是天空中有行星，以及知道它们相互作用的"结果"，从某种意义上说，我们可以观察到它们在夜空中的运动。但假设我们还不知道万有引力定律，也就是支配这些运动的关系模式。那么能用对这些行星运动的观察来制定这样的定律吗？科学家们不能从观察以及逻辑上推断出这样的规律。但他们可以观察行星的运动，并归纳创造出细致的描述。这些描述可以启发人们深入思考可能导致这种行为的潜在模式。制定解释这一行为的规则从根本上说是一种创造性的行为，其中元素间关系的模式为虚构和假设而提出的。归纳推论在科学进步中至关重要。例如，天文学家"假设"提出了不同的工作机制，可以完全或部分地解释他们所观察到的现象，并通过使用假设来预测未来的结果从而来检验它们，最终通过将假设与观测相匹配来检查假设是否属实。在这些预测的表述中，天文学家们可以再次使用可靠的演绎推理模式：了解情况中的元素，并提出这些元素之间的关系模式，并且可以进行演绎计算，预测行星未来的位置。然后科学家们可以等到那个时刻再次观察行星，检查预测是否正确。如果这颗行星确实在假设所说的地方，就可以谨慎地得出结论，所提出的关系模式可能是真的。如果这些行星不在假设投射它们的地方，天文学家们将不得不提出关于这些行星如何相互作用的另一种可能的理论，并再次使用推论的力量来测试新的假设。科学的进步来自科学家们之间无休止的讨论，他们挑战并证明对方的假设是错误的，直到达成一致，认为某种提出的关系模式可能是"正确的"，因为它与当前的观察结果相符。

电影中的侦探所采用的推理方式与此大致相同，或者至少在悬疑小说和电影中是这样的，如有一组"元素"（嫌疑人），还有一具尸体作为未知过程的结果。为了调查清楚发生了什么，侦探需要设想还原关于如何发生谋杀行为的各种情节和场景，并通过推理仔细审查设想中的每个环节，例如，某种情况或者情境是否导致了谋杀，以及发现尸体时确切的位置等。这些推理过程都属于归纳法，由此可以发现这其实属于一种创造性的行为。尽管夏洛克·福尔摩斯（Sherlock Holmes）也许会坚持认为这完全是理性的推理过程，否认这种行为有创造性的属性。但实际上，单凭所能观察到的元素和情况而进行推理，侦探们是永远也无法揭露和还原凶手所实施犯罪的具体情节和情境的。和职业侦探一样，科学家们的工作实际上也是在创造性地猜测和设想某样东西的工作原理时，会主观倾向于以纯粹的演绎推断来展示自己的工作，从而获得权威认证。但事实并非如此，而且根本不可能如此。

3. 常规设证推论

演绎和归纳逻辑推理法是人们用来预测和解释真实世界所发生现象的两种推理形式，它们极大地推动了人们对世界的理解。但是，如果人们想要创造一些东西或事物甚至规则，只有演绎推理和归纳推理是不够的。要创造有价值的新"事物"，就像设计和其他创造性职业一样，推理的基本模式就要运用"常规设证推论法"。在常规设证推论中，在开始时创造一个新的"事物"，即一个适应当前问题情境的新事物间的"关系模式"，这样系统中的交互作用就会产生我们最终想要的"结果"。在设证推论这种形式中，我们在过程的开始就已经知道了逻辑方程的结果，也就是说，我们对创造的结果所要达到的价值有一个初步的想法。

在常规类的设证推理中，通常是已知事件最终想要达成的结果，知道想通过期望的结果实现怎样的价值，同时也知道一种或多种"如何做"才能得到最终想要的结果，这些途径有助于实现人们所追求价值的关系模式。但缺少的是"元素"，这个元素可能是一个对象、一个服务或一个系统，等待着人们去创建和制定，其逻辑方程如图2-4所示。这是人们在日常的推理方式中经常做的，在固定的关系模式中制定解决方案。在这种形式的推理中，创新的程度是有限的，因为在解决问题的过程中不会质疑"如何"解决问题的这些客观途径，因此排除了创造新情景的可能性。综上所述，这种常规类的设证推理方式是我们在日常解决传统问题时经常会

图 2-4　常规类设证推论逻辑方程

用到的模式，是通过日常积累的经验以及反复经过测试的关系模式来达成的解决方案。需要为正常推理模式证明的是，通常情况下，经过多年的问题解决努力发展起来的关系模式足以应对手头的问题情况。但有时这种常规推理不会再推陈出新，得出一个全新的且富有创造力的解决方案。如果想要再次思考这个问题，并得到一个创新性的结果，就需要引用第二种生产性推理方式，也就是另一种类别的设证推理，即溯因推理法。

4. 溯因推理法

溯因推理的过程是两个未知因素导致了一个创造性探索的过程，它的逻辑方程如图2-5所示。在溯因推论中，推理的初始起点是我们只知道结果的性质，即最终想要实现的价值，这就需要过程中要提供更多的"可能是什么"的假设。因此，推理者面临的挑战是，在没有已知"元素"或可选择的"实现途径"的情况下，找出创造"什么"新元素的"关系模式"，并且可以相信最终会带来预期的结果。意大利哲学家洛兰佐·麦格纳尼（Lorenzo

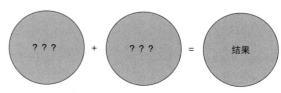

图 2-5　溯因推论的逻辑方程

Magnani）形容溯因推论是推断某种事实或定律或假说的过程，让事情的说法更合理，也更能解释或发现某些新的现象或者全新的观察角度，设计的全过程是从头到尾都涉及设定"假设"并评估"假设"的活动，因此需要这种设定并衡量解释性假说的推理程序。在溯因推论的过程中，必须创造或选择一种"关系模式"和一种"实现途径"。由于它们彼此依赖，相互依存，因此应该并行发展。这种含有双重创造性的步骤要求设计师设计出"做什么"以及"如何做"的方案，并对它们进行联合验证和测评。

同样，多斯特在 *Design Thinking and it's APPlication* 一文中认为溯因推论是设计思维的核心。他定义常规性设证推论和溯因推论两种推理的形式：前者是封闭性问题的解决，根据给定的期望"结果"和给定的运行机制"怎么样"，形成一个对象"是什么"；后者是开放性问题的解决方式，根据一个期望的结果，形成一个对象"是什么"和一个运行机制"怎么样"。后者与设计思维和设定的概念相关。设定是迭代制定的框架，即组合结果和运行机制，以及制订可行的解决方案，从而在设计过程中创造性地在"结果""怎么样"和"是什么"之间转换。因此，设计思维可被视作为一种迭代过程，问题和解决问题的途径是被同时发现、研究、评测的，"设计过程不仅包括解决问题，也包括发现问题"，从而使"问题设定和解决方案制订共同展开。"

总而言之，通过上述对四种逻辑推理方式的比较，可以看出设计过程是重视思考的过程，也同时表明了设计领域与其他主要基于分析（演绎、归纳）和解决问题（常规的设证）的领域有着根本不同的思维方式。但需要特别说明的是，上文中所述的区别并不像从逻辑方程的概念分析中看起来的那样清晰、界限分明。在实际的项目中，设计实践涉及不同类型的思维方式，包括归纳和演绎推理以及常规的设证推理，这些都是传统解决问题的基本方式，但其中设证推论的本质使设计实践有别于其他学科。设计理论家阿尔曼德·哈秋埃尔（Armand Hatchuel）在《设计理论：创新的方法和组织》一书中举例说明设计和传统问题解决之间的核心区别，可以通过比较两种问题情况来说明。想象一群朋友在一个周六的晚上，第一种情况是，他们在"寻找一部好电影来观看"；第二种情况是，他们"共同度过了美好的时光"。哈秋埃尔认为，第一种情况可以通过传统的问题解决的方法来处理，而第二种情况则需要利用设证推论法里的溯因推理形式。他列举了这两种情况之间的三个重要区别。第一个不同之处在于，设证推论的情境包括了一个关键概念的扩展，即"共同度过了美好的时光"，在推理的最初是通过这个已知结果的概念来构建过程情境的。显然，这个推理过程需要一个使情境构建得更加完整的设计过程，而不是从有限的备选方案中一次性选择出去看哪部电影。对于"好时光"具体是什么并没有明确的解释和说明，所以需要想象力来进一步给出一个定义。第二个不同之处在于，设计情境需要设计和使用"学习工具"来达成解决方案。这些"学习工具"包括对思维的实验和模拟技术，在这种情况下，设想不同的外出场景。第三个不同之处在于，设计对社交互动的理解和创造是设计过程本身的一部分。这群朋友需要想出一种方法来设想解决方案，与其他人分享这种观点，判断解决方案，并决定走哪条路，经验表明，这个过程并不总是容易的。毫无疑问，这些朋友正在经历的过程包括传统的解决问题的过程，但也包含了其他的"设计"元素。

溯因推理法不完全是靠特别的运算法作正式逻辑运作，反而是某种不正式推论驱动设计行为。它也应该被看成是所有心智运作的功能带动设计活动。有学者解释，推论事实上是包含多次有次序的思绪系列，如审议、琢磨、争论以及偶尔的逻辑推理。但溯因推论是一种基于某些理由为做决定而行动的论证过程。设计师是主动地根据归纳对某些事件的观察，构筑假设，寻找新的信息，挑战已被接受的解释，推测可能的新造型及新功能，然后思虑后果。所有这些溯因推论的概念性解释，表明了启动设计并带动设计往前移的基本运作单元。得出结论：如果一个设计师应用某些特殊的理由逻辑，而带到某种特别的设计策略运作，产生某些超出预期的、创新的、独一无二的产品结果，那么这些所用到的预测方法、推理逻辑或假设性推理都可能是设计中创造力的驱动源头。运作推论也有可能会策略性地激活某些设计策略或手法，从而产生无法预期的创造力。综上所述，溯因推论是由两个未知因素引导设计者构建情境的一个创造性探索的过程，是设计活动的主要推理形式，从这一方面也反映了设计活动区别于其他学科活动的本质特征。

四、设计活动的问题与悖论

在我们日常生活和工作的实践中，或多或少都会遇到一些问题，但实际上从来没有达到"问题"的状态。如果问题很简单，就可以用一个较简单的方案来处理它，然后继续当时的实践让行动持续下去。只有当我们不知道如何改善或在问题中选择的解决方式使行动卡住时，真正的"问题"才会发生。然后就要求实践者必须停下来思考，设计和批判性地考虑解决方法的备选方案，可以是战略性地制订多个步骤的计划，也可以是做情景规划等各种可能性。当某些东西阻碍了我们在生活中处理问题的正常流程时，真正的问题就出现了。这种"某种东西"，即反作用力，它们的出现必然有自己的背景和理由——真正"困难"的问题核心是一个悖论。"悖论"这个词在这里使用起来可能不是非常明确，多斯特解释这里的"悖论"实际的意思指的是由两个或两个以上相互矛盾的陈述组成的复杂陈述。所有构成悖论的陈述可能本身都是正确的或有效的，但由于逻辑或实用的原因，它们不能被组合起来。在这种情况下，一般有三种方式可以使问题解决继续向前推进：第一种是选择悖论的一边，让它优先于另一边；第二种是妥协的选择，即经过讨论和判断可能会得出一个接近于与对立需求和观点之间的折中决定。在这些棘手矛盾的情况下，当观点、立场或要求发生真正的冲突时，第三种推进解决问题的选择是重新定义问题的情况。而设计师就非常擅长做这方面的工作。美国俄亥俄州凯斯西储大学的卡罗琳·惠特贝克（Caroline Whitbeck）教授在《工程实践与研究中的伦理学》一书中指出："最初的假设是无法解决问题的，因为它挫败了设计师和工程师们经常做得很好的任何尝试，即同时满足潜在的相互冲突的考虑。"在实践中，设计师和艺术家都会设法摆脱混淆问题的情况，在某些情况下，这些问题可能已经存在了很长一段时间，通常围绕问题解决的一个切入点是创建一个情境从而产生一个解决方案。这个方法与传统的问题解决方法形成了鲜明的对比，传统的方法无法重新定义问题的情况，因为解决方案的工作方式已经确定，如元素和元素间的关系模式是固定的。这种情况严重限制了常规问题解决时使用问题外延的方法。即传统的问题解决者只有两种选择，一种是让矛盾的一方优先于另一方；另一种是在两个立场之间做出折中的妥协。

创造性地处理悖论的挑战是使设计产生神秘和迷人的一个方面。悬而未决的悖论吸引设计者的注意力，以至于设计师会情不自禁地思考该如何解决它们。矛盾的问题情境激发创造性的想象力，悖论的本质以及对我们日常思维能力带来的困难，也使语言学家、逻辑学家和数学家为之着迷。但这不是本书讨论悖论的目的。在这里，我们要处理的是现实世界的矛盾，这些矛盾是由问题方面的价值冲突和需求引起的，或者是由解决方案方面的设计结果的不可通约性（即不可以通过约定改变的性质）引起的。在现实世界中，当不同的利益相关者将需求、利益和"客观世界"合理化时，悖论尤其复杂。例如，当个人或机构的世界观被视为唯一可能的世界观时，这些感知到的理性就会成为一个问题，会让陷入两难境地的问题解决者的工作变得更艰难。而设计师则可以以某种方式处理这些棘手的问题。

那么，设计师应该如何处理这些复杂的关系呢？在质疑问题情境中既定的关系模式时，设证推论创造了一种看待问题情境，以及在其中采取行动的新方式。这种综合问题情况的新方法在设计理论研究的文献中被称为"程序框架"解决法。用设计程序的逻辑公式中的概念来表示，即程序框架使问题解决者可以通过应用一个特定的关系模式，来得到一个理想的结果。例如，如何在工作日的早晨达到能量高峰的问题，作为指导性的程序框架，就可以在开始工作前选择一种化学刺激，如喝上一杯咖啡作为一种获取充分能量的方式。除了上述解决方法，也可以重新定义这个问题，因为除了化学刺激可以获取能量以外，还有可以通过社会层面的行为活动来获取充沛的精力，如通过一段鼓舞人心的对话，或者与人更深入的交流也能达到相同的目的。与其说我们找寻的是能量来源，不如说是想达到一种思想非常专注的程度。在这种问题情况下，除了喝咖啡和交流，冥想也是一种让头脑保持清醒的方法。

我们把提出这种假设的关系模式的行为称为"程序框架"。程序框架是设证推论的关键。处理矛盾的问题最合乎逻辑的方法是逆向工作，简而言之，就是从等式中唯一的"已知"条件开始，然后采用或开发一个问题情况的新框架。这种程序框架在逻辑推导层面与归纳法相似，在归纳思维中，需要提出和测试一种关系模式。一旦一个可信的、有潜力的或者至少是有趣的框架被提出，设计师就可以转换到正常的设证推理模式，设计逻辑方程式中需要补充的其他元素。只有包含"要素""关系模式"和"预期结果"的完整方程才能进入批判性的研究阶段，使用观察和推理的能力，看看"要素"和"框架"是否结合在一起，真正创造出预期的结果。

早期对设计实践的研究表明，设计师花了大量时间通过框架从期望的结果逆向推理出可能的设计解决方案，当他们怀疑设计解决方案不充分时，会重新构建问题。这种推理模式导致设计师反复思考各种想法，为框架、关系和解决方案提出各种的可能性和建议。然而，在这样做的过程中，设计实践者会尝试并思考了许多可能性，在他们更深入地探索其中一个可能性之前，就会建立一个关于哪些程序框架能够在有问题的情况下解决问题的直觉。如果仔细观察设计实践就会发现，设计师会很自然地超越当前的环境进行思考。有经验的设计师能够意识到，现实生活中的悖论只有在特定的、预先设定好的环境中才会完全矛盾。从矛盾情境中走出的策略是基于对这一背景的调查，探索悖论背后的假设。这是一个围绕悖论思考的过程，而不是正面面对它。解决方案不在于核心悖论本身，而是在围绕悖论的背景下的价值和主题的广泛领域。这一背景越丰富，就越有可能找到前进的有效途径。因此，前文中提到的当代问题的开放性、复杂性、网络化和动态性，这些对传统问题解决非常具有挑战性的问题情境的性质，实际上为有设计倾向的人提供了一个丰富的机会领域。他们需要这种丰富性来创造一种新的方法，从而使解决方案成为可能。

在创建一个程序框架或提出一个可以解决问题的新观点时，设计从业者会说：让我们假设现在正在使用的这种特殊关系模式，看看是否能实现预期的结果。正如爱因斯坦曾经说过的那样："一个问题永远不可能从它产生的背景中得到解决。"即如果问题可以在最初的情境中得到解决，那么它便不会被称为问题。另外，这句话还强调了问题解决者需要考虑问题是在什么背景下形成的。通过观察更广泛的背景，这些情况下的设计师可以以一种使问题情况易于解决的方式来构建摆在他们面前的问题。综上所述，设计活动的复杂性就在于它含有无法避免的问题和悖论的核心本质，如果不存在这些特性也就不能称为设计问题。与科学家不一样，设计师回答的问题不是问题"是什么、为什么和怎么办"，而是问题"可以是什么、假如是什么和应该是什么"。所以设计和科学的核心区别就在于，科学是描述性的推导过程，设计则是规定性的推导过程，相比客观的科学推理，相对主观的设计更需要一套规定性的程序来引导设计活动，这也是本书研究设计程序的必要性所在。

第二节

与设计相关的理论研究

一、思维与设计思维

（一）思维的定义与结构

"思维"一词的英语为"thinking"，在汉语中"思维"与"思考""思索"是同义词或近义词。《词源》中对"思维"的解释："思维就是思索、思考的意思。"思维是人接收信息、存贮信息、加工信息以及输出信息的活动过程，而且是概括地反映客观现实的过程，这就是思维本质的资讯理论观点。从生理学上讲，思维是一种高级生理现象，是脑内一种生化反应的过程，是产生第二信号系统的源泉。所谓第二信号系统，是以语言作为刺激的反应系统，与第一信号系统——以电、声、光等为感官直接接收的信号作为刺激的反应系统相区别。从思维的本质来说，思维是具有意识的人脑对客观现实的本质属性、内部规律的自觉的、间接的和概括的反映。思维是认识的理性阶段，在这个阶段，人们在感性认识的基础上，形成概念，并用其构成判断（命题）、推理和论证。

1.思维过程

一个典型的思维过程由准备、立题、搜索、捕获和解释构成。

（1）准备，即信息积累阶段。一种是学习性的，另一种是搜集性的。前者没有具体目标，只为积累更多知识，以利于今后解决更多的问题；后者有明确目标，为准备解决某个具体问题而积累信息，有针对性。

（2）立题，是思想上的跃升，是思维的一个新阶段。从信息的角度来看，立题就是思维主体对已经接收的基本信息的一个总的反映或跃迁、繁衍和深化的表现形式。

（3）搜索，是为解决问题，需要继续在原有的思维阶段进行新的思维，即搜索。搜索是明确目标下的思维，是围绕目标进行的有针对性的、全方位的思维。搜索的思维过程包括问题分解和设计搜索方案两个阶段，可以运用个体思维，借助社会思维或借助机械仪器。

（4）捕获，即搜索的结果——获取。捕获是解决问题的一种跃升。一次捕获就是上一个阶梯。捕获有思想捕获和实时捕获两种形式。实时捕获通常来自资料查询和实验观察等。思想捕获更能使问题的解决跃上一个新的阶梯。

（5）解释，又称接通。是指解决问题的过程随着搜索、捕获而逐渐升级、逐渐明朗化，经适当步骤之后，再实行一次对全过程的综合整理。接通思维在解决问题全过程中的每一个阶段都是需要的，如果在立题前的信息积累过程中没有接通，综合思维就不可能产生立题的飞跃。

2.思维结构

卡尔·曼海姆（Karl Mannheim）认为思维具有能性结构和物质性结构（图2-6）。他认为思维是由感性认识向理性认识不断转化的过程，其中感性认识包括知觉、感觉等作为思维的基础，其中表象为感性认识向理性认识过渡的中介，理性认识包括概念、判断、推理，其中概念为思维的主要形式。而物质性结构是由概念、感觉、知觉、判断、推理、表象和思维基本规律等要素及其相互联系所构成的整体框架，且此框架是人脑有目的地对客观事物运动规律反映而来，而人脑的反映只能反映客观事物重要的本质与规律。

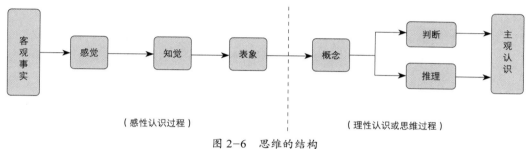

图 2-6　思维的结构

夏甄陶等学者对感性认识、理性认识中的各种形式有以下解释。

（1）感性认识阶段为主、客体认识关系发展的最初阶段，既是主体对客体的感觉反映，也就是感性直观，包括感觉、知觉、表象等基本反映形式。关于这三种反映形式，首先，感觉是由人身体上的感受器，如眼、耳、鼻、舌、躯体等感觉器官与客体发生现实的联系，接受来自客体的刺激，获得关于客体的信息，此信息沿着感觉神经传到大脑，形成对客体的感觉。其次，知觉是由感觉信息传到大脑后产生知觉，知觉依赖人们对传入的刺激的注意以及从种种刺激中抽出信息的能力，是在感觉的基础上，形成对多种感觉的处理、整合，是对客体的整体性反映。最后，表象是感觉、知觉在客体直接作用下形成的感性映象，当客体直接作用消失时，保留在人脑中的感性映象之再现与重组，即为表象，它的特点具有一定的间接性和概括性。

（2）理性形式包括概念、判断、推理等，是主体观念把握客体的最高形式。它是以感性反映为基础，又超越感性反映局限从而达到对事物本质的把握。其中，概念指在感性认识的基础上，通过抽象、概括等方式将必然的、稳定的、普遍的、本质的内涵抽取出来。判断是指在形成和运用概念的基础上，产生概念和概念之间的联系。判断通常采用否定或肯定的形式，对客体的性质、状况、关系加以判定。而推理指将单个的判断联系起来，从已有的判断推出新的判断。王仲春等学者也指出思维结构是由最基本要素构成的开放性系统，它是人们在现实世界中形成的，因而它不断地进化、转变、发展。

设计的概念有着很长的历史，它的基本内容是以一定的物质手段创造出具有现实价值物品的活动，即设计活动自人类祖先制作工具以便利生活就已开始。

（二）设计思维

1.设计思维理论研究的历程

为了支持设计师进行创意设计思维，人们已经尝试构建和实施多个适用的系统性程序构架。这些程序架构旨在以不同的方式提供支持：使设计师能够对设计进行多样化直观展示，使他们能够考虑到设计背景中的多种相关参数并进行复杂的计算和模拟，为他们提供筛选各地的相关信息和复杂知识的方法，等等。尽管人们不断尝试开发这些程序架构，但当下仍然未能对各领域设计师的核心创意活动提供重要支持。为了理解这些程序架构难以实现有效支持的原因，设计理论的研究者开始着手探究设计思维的本质，考察推理过程在设计思维中的作用。

自第一次工业革命开始，人类社会的结构与形态历经多次转变，每一次的变革都与设计和创新息息相关。第一次工业革命，以牛顿所建立的物理学体系为基础，由英国为中心向外拓展，其特征是蒸汽机的发明，大量的机械器具应运而生取代传统的兽力，因此大幅改善人类的生活。第二次工业革命始于20世纪前后，由于自然科学领域的重大突破，电力取代瓦斯与煤气，内燃机与相关电机产品逐步淘汰大型的蒸汽机，世界发展的重心也从英国转移到德国与美国，提供创新构想的角色也从熟练的技工转变为专业的工程师与科学家。第三次工业革命，又称数位化革命。美国经济学家和社会理论家杰里米·里夫金（Jeremy Rifkin）认为第三次工业革命起因于能源、互联网与再生性能源的发展与结合，以致人类社会的生产能力、生活环境与社会经济产生重大的变革。

人类社会经历三次工业革命，在取得经济成就、科技发展与生活形态转变的同时，人类所建构的工业文明社会，从内部所引发的文明风险，如生态灾难、健康危机、文化冲突、能源耗损等问题，影响人们对于现代发展的信任关系。随着时代的演进，问题的分类与定位日趋复杂，不但增加想法的难度，也让创新的条件变得严苛。美国凯斯西储大学设计与信息研究理查德·布坎南（Richard Buchanan）教授认为，现下的问题已非单一领域的知识或是单一科学可以解决，而问题结构中利害关系的角色变得多样且繁复，已然成为棘手问题。布坎南指出，设计思维是解决棘手问题的创造性过程，他认为设计思维是运用分析和直觉的洞察力来创造新的想法。美国麻省理工设计理论研究专家加布里埃拉·戈尔德施密特（Gabriela Goldschmidt）教授在谈论设计思维时也强调，许多人以为设计思维是新的理论，这其实是一种常见的错误想法。她强调设计思维已经实践多年，诸如纪念碑、地铁系统、桥梁、汽车的研发与设置过程已经是设计领域的终端产品。鉴于此，笔者将以前人的文献为基础，重新梳理设计思维的历史脉络，建构本书设计思维的历史框架，以利后续的研究。

阶段一：实验创新阶段。自古以来，设计总是伴随创新，人类任何一个珍贵的创意想法，都需要通过设计来实践。然而，设计在世界史的地位并不明确，更遑论在专门学科中能占有一席之地。沃尔特·格罗佩斯（Walter Gropius）于1919年在德国魏玛所设立的艺术和建筑学校公立包豪斯学校（Staatliches Bauhaus，以下简称"包豪斯"），就是为了以实际的行动来验证设计学科于人类社会中的价值。在"纪念包豪斯100周年"国际学术研讨会上，学者们讨论提到包豪斯是"以理性机能需求为主的现代主义设计思维与现代设计教育理念，对当时世界各地的设计观念建立与设计教育发展有深远的启蒙影响"。包豪斯是以研究、创新与实践来培养设计知识与思想的重要代表性机构，该校教师的实务经验与研究背景非常多元，以致包豪斯无法被定义成单一种特定的风格。包豪斯为数众多的研发团队有着不同的理想、信念和能力，虽然在价值判断上仍然受到当时社会风气的主观约束，但是彼此之间相互竞争与抗衡，时而激发出具有决定性价值的设计概念与产物。由于主要领导者格罗佩斯与包豪斯的共同创始人约翰内斯·伊顿（Johannes Itten）在校务发展与教学理念上存有分歧，反而让参与各项计划的师生有更多的挑战与选择。包豪斯研究、创新与实践的方式改变了传统的思维系统，从线性的分析思维（Analytical Thinking）转向多元学科与以人为本的设计思维架构；借由小胜利的不断积累，逐步影响与改变所处的环境，进而设计出更好的系统。包豪斯的设计师可以通过创造来拓展想象与实践，并进一步体会到设计其实是一门将小胜利融入环境，进而打造全新生态的学科。包豪斯在设计研究、实务发展以及理论建构上没有对与错，他们深刻体会到在设计与研发的过程中自始至终都存在着失败的风险，然而这却是成就一个全新事业必经的过程。

　　笔者发现，大多数研究设计思维的学者与专家，都以赫伯特·西蒙的思维框架作为设计思维发展的起点；在诸多文献中，仅有极少数提及包豪斯对设计思维所做出的贡献，其中以IDEO的总裁蒂姆·布朗（Tim Brown）在《设计思考者的形成》一文中所提出的评论或能彰显包豪斯对设计史以及设计思维的影响力。包豪斯虽然没有建构出明确的设计思维系统，但他们从实践与理论框架中所发展出的创新精神与设计理念，至今仍为设计思维界所引用，如同布朗对包豪斯所做出的评论"他们是富有创造力的创新者，他们在思考与行动之间架起桥梁，因为他们始终致力于实现更美好的生活和更美好的世界的目标"。可见，当时包豪斯通过在做中学习（learning by doing）的实验精神，积累设计思维的理论基础，对设计领域注入全新的概念，使得后续的研究人员与实践者方能逐步建构出与设计思维有关的论述基础。

　　阶段二：思考萌芽阶段。美国实用主义教育理论的创始人约翰·杜威（John Dewey）于1929年出版的《追求确定性：知识与行动的关系研究》（*The Pursuit of Certainty：A Study of the relationship between Knowledge and Action*）一书中强调改变传统思维系统的必要性。他在书中提出"旧的中心"与"新的中心"的概念并加以解析。他认为旧的中心所面对的是确定情境，是借由已知来推论未知，并采取同样的方法来实践；而新的中心则是处在模糊、复杂的不确定性情境；它不是固定和完整的，可以借由"策划性的操作"来导向新的、不同的结果。换言之，杜威认为新、旧中心的差异是面对问题时的思维方式，如布朗所提到的"设计思维是分析思维和直觉思维的有效结合"。这也是杜威认为新的中心在面对日趋复杂的问题情境时，所需要采取对事件的观察步骤，之后再透过经验、科学与艺术的方式来实践。

杜威在《经验与自然》（*Experience and Nature*）一书中提到：知识不再是整合因循守旧的观念与自然界固定的规律而来；知识是通过一种新的艺术方式来产生、是依循变化的顺序而来。他认为在实际的科学研究工作中，知识与行为、理论与实践之间的对立被抛弃；知识与行为需要通过理论与实践来逐步推展。他在《天生的和艺术的》（*By Nature and by Art*）一文中再次提到过"经验是承认既有的知识"，他认为人类对于世界的了解不再是理所当然，而是需要透过艺术的手段来获得；所谓的艺术的手段是一种实验思维（Experimental Thinking），它实际上是在科学、生产艺术或社会与政治等活动进行中所运用的"策划性的操作"。

综上所述，杜威在思考新、旧世代交替的议题时，他认为人类社会的改变与进步需要运用新的思维模式来分析日渐复杂的问题；他主张借由科学研究来统合知识、理论、行为与实践之间的矛盾冲突，运用策划性的操作方式将所面对的困局导向不同的处理方式与最终结果。笔者认为，杜威于哲学、教育、科学以及艺术领域所提出的许多论点，确实影响到设计思维理论的发展，如埃尔林·约克文森（Erling Björgvinsson）等人借由杜威对人类经验与实验艺术的论述来联结包豪斯、格罗佩斯与设计思维的关联；布坎南透过杜威的旧与新世界观探讨如何以设计思维的框架来解决人类社会的棘手问题；皮特·达尔斯加德（Peter Dalsgaard）以实用主义来增强设计思维的理论基础。由此可知，杜威的思想对于后续设计思维的研究与发展有着深远的影响。

阶段三：理论建构阶段。许多优秀的设计师，在设计的过程中运用以人为本的思维模式，为人类的需求产出有意义和有效的解决方案；如20世纪初期的美国现代家具设计大师夫妻档查尔斯·伊姆斯（Charles Eames）和蕾·伊姆斯（Ray Eames），由于他们信奉杜威的"在做中学习"的概念，不断地改良产品的样式与材料，期许能制作出符合消费者最佳感受的设计。然而，设计在人类历史上一直是商业界的事后想法，常用于诠释产品的美学，尚未形成一门独立学科。尽管有美国现代设计大师伊姆斯与包豪斯的早期案例，却鲜少有将以人为本的思维模式导入公司治理、产品研发或是创建问题的解决方案的实例。因此，在20世纪60年代有一些设计师开始找寻设计的方法，这种方法带有设计研究的标签，可以与自然科学中的方法相提并论，其目的是从更广泛的意义中理解与改进设计工作的过程与实践。

赫伯特·西蒙在这样的氛围中尝试建立设计科学，他在《人工科学》一书中写道："设计科学是对人类的正确研究，它不仅作为技术教育中的专业组成部分，而且还是每位受过良好教育的人都应该学习的核心学科。"他主张将设计作为一种科学思维与行为方法的概念，他所倡导的设计科学是"关于设计过程的一套严格的、分析的、部分形式化的、部分经验性的、可教授的理论体系"。他认为"为了理解它们，必须构建系统，并观察它们的行为"。在这样的基础下，西蒙定义设计过程的七个步骤模型为定义、研究、创意、原型、选择、实施及学习，他认为这个模型适用于解决不确定性的问题。西蒙所建构的模型成为设计思维领域中最为关键的基础，也让设计思维的发展有了初步的轮廓。

西蒙和后来的设计学者，包括罗伯特·麦克金姆（Robert McKim）、皮特·罗（Peter Rowe）、罗尔夫·法斯特（Rolf Faste）、大卫·凯利（David Kelley）和理查德·布坎南，将设计视为基于解决问题的创造性思维，并将其应用于所有人类的活动；诸如约翰·克里斯·琼斯（John Chris Jones）于1970年研究设计方法时提出借由改变问题的思维方式来开发解决方案的重要性；法斯特自20世纪80年代开始，通过教学的途径传播设计思维的思想与设计创新的过程。西蒙借由阐述结构良好的问题（Well Structured Problems）与结构不良的问题之间的关系与差异来提醒世人，结构不良的问题将会造成人们生活的实质压力。他的论述和设计理论家霍斯特·里特尔教授和梅尔文·韦伯（Melvin M. Webber）所提出的棘手问题相吻合。这些专家正视到人类社会正在面临剧烈的改变，问题结构已经和以往不同，如要加以解决恐将耗费大量的人力与资源；杰夫·康克林（Jeff Conklin）、米·巴尔德尔（Min Basadur）等学者在《重新思考棘手问题：解开范式，连接宇宙》一文中指明运用已知方法来解决棘手问题是不可能的，必须提出具有创造性的方法来解决。而从对设计思维的研究和提炼作为开端就是此种具备创造性的解决方案。

布坎南分析西蒙的论述，梳理出创新是由符号、实物、行为和思想所共构、交融而成的。彼得·罗在《设计思考》（Design Thinking）一书中提供建筑和城市规划的研究案例以及有关设计思维运用过程的讨论，而这本书的书名也让"设计思维"（设计思考，Design Thinking）一词成为研究领域与实务界的正式用语。大卫·凯利继承约翰·阿诺德（John Arnold）、麦克金姆和法斯特的实务经验与研究成果，与比尔·莫格里奇（Bill Moggridge）、麦克·纳托尔（Mike Nuttall）于1991年共同创建IDEO（美国艾迪欧公司，设计咨询公司），至此正式开启设计思维于实务发展与理论研究的浪潮。

阶段四：理论统整阶段。设计思维概念的兴起，与近代人类社会因为知识与实务经验的快速积累，以致生活所需和社会问题日益复杂的因素息息相关。由于传统的设计概念和思维模式已经无法解决日常生活中与日俱增的难题，更遑论人们在面对棘手问题时总是束手无策。鉴于此，部分专家与学者期望能够将创造性设计的过程运用在解决传统业务与社会的问题上，通过一套标准化的理论框架，使其能够在不同的环境中使用设计思维。在经历漫长的发展历程后，直到20世纪90年代初期才由IDEO的凯利和布朗以及加拿大多伦多大学罗特曼管理学院（Rotman School of Management）的院长罗杰·马丁（Roger Martin）将酝酿已久的设计思维理论与方法封装成一个统一的概念，提供予后续的实践与理论。作者具体遵循的目标，借以建立研究、评论与发展设计思维理论的基础。凯利、布朗与马丁发表了许多有关于设计思维的理论框架、实践案例以及设计途径的演说文章、论文与专著来强化设计思维的核心与价值。例如，凯利在论述现代设计师与环境的关系时，提到"设计师有一个超越现有事物的梦想，而不只是解决眼前的东西……设计师希望创建一种适合更深层次的情境或社会意义的解决方案"。凯利认为设计师所拥有的设计视野与能力，应当从设计的本科学习扩散到更广泛的实践应用上。布朗和乔瑟琳·怀亚特（Jocelyn Wyatt）提出设计思维应该同时包含三个层面，即可行性（Feasibility）、存续性（Viability）以及需求性（Desirability）。他们认为透过设计思维框架所产出的产品与服务，除了能够在市场上保有竞争力与永续经营的商业模式，还能同时受到消费者的青睐。大卫·邓恩（David Dunne）与马丁从管理学的角度来界定设计思维；他们认为企业应将设计思维融入企业管理架构以解决不确定的组织问题。布朗在IDEO担任CEO期间，将设计思维重新定义为"像设计师一样思考，不只能改变产品开发、服务与流程的做法，甚至能改变构思的方式"；他将IDEO塑造成以设计思维为核心的设计服务公司，致力于推广与实践设计思维。IDEO将设计思维的概念导入许多大型公司的内部管理、产品生产与营销的环节中，如美国宝洁（Procter & Gamble）、凯萨医疗（Kaiser Permanente）以及日本松下（Panasonic）等公司。这些大型公司借由IDEO所提供的设计思维概念，服务、流程与框架，逐步修正公司内部管理与运营的问题，打造以设计思维为核心的公司企业文化，展现出设计思维微观与宏观的多层次构面。

IDEO不只在理论与实务上遂行设计思维的理念，他们还致力于教育层面的经营。IDEO自1991年起与奈杰尔·克罗斯等人共同举办设计思维研究研讨会（The Design Thinking Research Symposium），期望透过研讨会的方式来促进设计思维理论的发展。IDEO出版人本互动设计工具包（*Human Centered Design Toolkit*）来推广以人为本的设计思维论述，并且提供免费下载的设计思维教育手册（*The Design Thinking Toolkit for Educators*），让教师于课程设计时能获得具有策划性与互助性的新方法，协助教育工作者能够创建具有影响力的问题解决方案。

如上所述，IDEO在设计思维发展的历史中扮演着非常重要的角色。该机构采用包豪斯跨领域、跨学科的工作模式以及坦然接受失败的精神；他们汲取杜威的思维诸如在做中学、新中心的逻辑概念以及借由科学研究来统合过程中的矛盾和冲突，最后通过实践来获得成果；他们承续西蒙的设计研究步骤，化繁为简建立设计思维执行的方法与程序，并将解决棘手问题列为首要目标；最后综合微观与宏观的思维模式，采取多元、多学科的团体合作方式完成实践。IDEO对于设计思维的投资引起学术界与产业界的正面回馈，促使设计思维成为当代的显学，进而引起高等教育界的重视。

阶段五：理论推广阶段。IDEO于2004年参与斯坦福大学的哈索·普拉特纳设计学院（通常称为d.School，是斯坦福大学的设计思维学院）筹设计划。该计划由 IDEO 共同创办人凯利主持。他导入IDEO多年来于实践、研究与教育等领域的执行经验，将d.School打造成为斯坦福所有部门提供服务的非学位授予中心，并且通过创新的课程规划来介绍与推广设计思维。2005年全球最大ERP软件公司SAP联合创始人哈索·普拉特纳（Hasso Plattner）以个人名义捐赠3500万美元予 d.School作为院务发展与推广设计思维的基金，d.School也因此正式命名为斯坦福哈索·普拉特纳设计学院。两年后，哈索·普拉特纳设计学院于德国波茨坦成立由乌尔里希·温伯格（Ulrich Weinberg）所领导的d.School。这两间d.School都以推广、研究与执行设计思维为教学目标，奉行多元学科协同合作、强调互相尊重与语言交流、不受现行商业与科技术语的干扰。斯坦福与哈索·普拉特纳设计学院的d.School对于遂行设计思维有着共同的愿景，他们相信优秀的创新者和领导者必须是出色的设计思想家；他们认为设计思维是创新的催化剂，并将创新的成果带入世界；他们坚信高影响力的团队会在科技、商业和人类价值观的交叉点工作；他们确信社群合作可以建立动态关系，进而带来突破。

综上所述，d.School统整设计思维发展的历史脉络，融合专家学者以及设计从业者的研究精华与案例，以跨领域、多元文化的团队合作方式，运用科学技术、商业策略以创新构思及以人为本的设计理念，将创新的成果回馈到学院与社会。参与其中的学生、教授、个人与团体，持续地将设计思维的影响力通过d.School的平台向外输送，有助于强化设计思维的理论基础与累积实务案例，对于设计思维未来的发展有其正面的助益。

2. 设计思维的概念解析

设计思维通过IDEO的实践以及借由斯坦福大学与哈索·普拉特纳设计学院的d.School教育课程的推广，让它有充分的理由成为当代设计理论与实践的核心。布朗在《设计改变一切》一书中详述了设计思维用于公司治理的想法，他认为现下设计界所面对的挑战日趋严峻，不但已经超越设计师既有的能力，在面对产品、事务以及生活环境的思维方式也需要有新的视野。以往的设计与创新研究都强调设计师接受专业训练的重要性以及设计师对创新的影响性，但是越来越多人希望将设计理论导入公司治理，尤其是面对结构不良或棘手的问题时，设计理论往往能够提供独特的解决方法。马丁在《商业设计：通过设计思维构建公司持续竞争优势》一书中将设计视为管理学中的一种思维与工作方式；他认为设计应该具备从内到外处理问题的能力，而非只是设计产品的外观与样式。布朗阐述战略设计取代美学思想的必要性，他指出设计思维不仅关乎时尚，重要的是它解决问题的流程与技巧。理查德·博兰（Richard Boland）和弗雷德·科洛比（Fred Collopy）提倡交互使用设计思维和设计态度的概念；他们认为设计不仅是一种工作方式、工作流程或是职业认知，在设计过程中所产生的概念与流程，可以成为解决其他问题的思考路径。

随着设计思维的演进，设计从贸易活动的发展到细分专业，再延伸到技术研究领域；设计思维现在被认为是一种新的文科技术文化。IDEO，d.School以及罗特曼管理学院等设计思维的支持者均提到任何学科都可以从设计师的思维和工作方式获得学习灵感，并将研究成果应用到实际的营运中，包括经营策略、产品开发以及组织的调整与更新。换言之，企业可以采用设计思维为营运时所遭遇的问题带来创新的解决方案；与传统的研究和开发相比，它是一种更具创新性的产品设计方法；当企业发展停滞不前，它可以影响企业的组织方式，调整或是建构符合企业需求的体系。现代管理学之父彼得·德鲁克（Peter Drucker）指出创新是21世纪的核心能力，依靠技术的人若没有创新的产品与服务，很快就会被淘汰。鉴于此，许多公司开始意识到，若只依靠发明技术或是不断制造产品，将无法维持竞争力。因此，许多学者针对设计创新的潜力做出研究，对于设计与创新之间的交集越来越感兴趣。例如，英国设计委员会（Design Council）持续地研究有关创新设计的方法与途径，并将成果提供给不同领域与跨学科的设计师，使其在创作过程中能够与他人协同合作；在有关旅游业支持小型企业的讨论中，探讨创新设计如何使小规模的公司具备足够的能力在线上或是线下的环境中成功营运。为了协助设计师在设计与创新之间找寻平衡点，研究人员将C-K理论（Concept Knowledge Theory）中的概念（Concept）与知识（Knowledge）的互动模式导入设计以增加创新的可能性。

当然，设计思维在理论与实务方面的成果应该受到质疑与挑战。例如，布鲁斯·努斯鲍姆（Bruce Nussbaum）认为设计思维已经赋予设计界和整个社会它所能提供的所有好处，如今整个体系开始僵化并于实务中造成损害；蒂姆·马尔（Tim Malbon）观察到设计思维虽然给予参与者良好的体验，但是实际执行的成效值得商榷；李·温塞尔（Lee Vinsel）指出设计思维其实是一场荒谬的运动，它所能提供的协助与改变非常有限。唐纳德·A.诺曼将设计思维描述为没有什么新意，只是一个公共关系术语，指的是创意思维（Creative Thinking）的旧概念。然而，设计思维在许多大型的组织中已经获得实践，它在教育界也被广泛地采用，如南京艺术学院的何晓佑教授主编的"创新设计思维与方法研究"丛书，从健康、方式、互补、联结、未来、动力、协同、互联网等多个角度探索了设计思维与方法的相关理论。在设计思维理论与实务的争论中，杰里米·苏斯曼（Jeremy Sussman）及行为科学家温迪·凯罗格（Wendy Kellogg）认为不应将设计中缺乏理论发展的因素误认为是缺乏结构的观点；他们认为好的设计实际上具有纪律性和严谨性，并且具有内在的结构和逻辑。

综上所述，设计思维的研究朝着三个主要方向发展，分别是"理论与研究途径的设计思维""管理与实践途径的设计思维"以及"设计与创新途径的设计思维"。

（1）理论与研究途径的设计思维。在设计相关的论述中，研究专业设计师的设计概念、流程、方法与实践由来已久。然而从过往研究设计思维的文献中发现，设计思维发展的脉络主要源自"设计师思维"和"设计思维"两个方面。"设计师思维"主要是研究设计师的设计思路、设计技巧以及案例分析；"设计思维"主要是研究设计思维融入管理、实务与教学的论证。由于设计师思维与设计思维二者在概念上确有关联性，它们在词义上容易造成混淆，但是在各自领域的实践上几乎没有交集。建筑教育学者汉宝德以建筑师的角度探讨设计师思维与设计思维的异同时指出，设计的目的就是解决问题。当问题的框架逐渐扩大，所涉及的利害关系人网络日渐复杂时，可以透过设计思维的训练、步骤以及实作方法来探询解决问题的方式。悉尼科技大学设计研究教授卡梅伦（Cameron Tonkinwise）教授提出"如果设计思维主要是非设计师的研究，那么设计思维必须能够在不成为设计师的情况下完成，而不必采用设计师的生活方式、工作环境和习惯"。换言之，设计思维是设计减去物质实践的部分。例如，马丁在提倡设计思维时，并未在设计实务上多做论述。安妮·博迪克（Anne Burdick）在《设计无设计师》（*Design Without Designers*）一文中提到"设计师所扮演的角色随着科技的演变而日趋式微"。即便如此，她认为设计思维是"源自学术背景，是对设计师特有的认知的研究"。约翰逊·薛德伯格（Johansson Sköldberg）等人提出与博迪克相似的看法，他们认为"学术知识总是需要考虑早期的知识，并建立在类似的认识论基础之上"。

前文中提到，包豪斯的教育方式是以研究、创新与实践来培养设计人才，唯创造性工作的质量取决于其能力的适当平衡，因此包豪斯鼓励学生尝试运用各种不同的素材，通过设计手段来跨越文字、历史以及文化的界线。杜威在《我们如何思考》一书中提到"思维起源于一些困惑、迷茫或怀疑"。当问题发生、现有的资讯无法提供解决方案时，只能依靠过去的经验和知识来试图解决问题；他认为"除非有某种程度的类似经验，否则混乱仍然仅仅是混乱"。因此，杜威在《逻辑：探究的理论》（*Logic：The Theory of Inquiry*）一书中建构解决问题的框架，他借由经验分析、问题假设、理性探究、综合推理以及科学验证的方法，来解决"很难在实际事务中做出决定或在理论上得出结论"的复杂问题。而当时杜威所论述的复杂问题，就是现下错综复杂的棘手问题。

西蒙于《人工科学》一书中指出："设计是所有专业培训的核心：它是区分专业和科学的主要标志。"他认为，所有的学科包括工学院、商学院、法学院、医学院等都非常关注设计过程。他提出设计实践中优化方法的逻辑（Optimization Methods），将设计问题分为内部环境（Inner Environment）与外部环境（Outer Environment），借由分析二者之间的约束条件，再运用数学逻辑推理得出结论。他在《结构不良的结构问题》（*The structure of ill structure problems*）一文中论述结构良好与结构不良问题，并认为二者之间的边界是模糊的、流动且不易形式化的。西蒙指出若从解决问题的角度出发，任何需要运用大量基础知识的问题似乎都是结构不良的问题。因此，若要有效地处理结构不良的问题，除了具备大量知识的资料库之外别无他法。

包豪斯、杜威以及西蒙对于设计教育的概念具有一致性。他们以多元的设计教育方式来训练学生，期望学生在成为设计师之后，能有足够的思维逻辑与分析能力以解决复杂的问题。简言之，设计师思维就是从外部增加设计师的多元能力以培养内在的思维与逻辑，再借由设计师思维来分析、规划、推理所遭遇的问题，然后完成最后的实践阶段。然而，在第二次工业革命到第三次工业革命的这段时间，科学家与工程师占据大部分的理论研究与实践的机会，除了少部分的领域，如建筑业，设计师很少有机会能够参与跨领域研究与实践的机会。这也是为何推广设计师思维以及早期研究设计思维的许多专家大都具备建筑设计师身份的缘故。

在梳理近代设计理论中有关设计思维的渊源时，笔者发现许多跨领域的学者热衷于研究与设计相关的议题。例如，唐纳德·舍恩（Donald Schon）提出反思实践的概念（Concept of Reflective Practice），并将反思实践运用在组织、教育、设计以及材料科学等专业。舍恩认为专业人士必须具备反思与实践的能力，他在《培养反映的实践者》（*Educating the Reflective Practitioner*）一书中提出在不同领域进行专业教育的框架，协助学员能够有足够的信心与技能去处理复杂且难以预测的问题。其中，对于设计师的养成教育感兴趣，他指出"设计在广义上涉及复杂性和综合性，与分析师或评论家相比，设计师将事物组合在一起并产生新事物，在处理过程中要处理许多变量和约束，其中某些变量最初是已知的，而某些则是在设计的过程中才发现的"。舍恩的见解是杜威学习理论中互动与体验过程的延续，他将实用主义的原则应用在设计领域，特别是反思与行动之间的相互关系、实践的实验性和迭代性转变以及习惯和知识的形成与持续发展。凯利在论述 d.School 教学理念时提到设计师非常适合教授设计思维，他们借由引导精通的过程将学员从设计思维的概念转变为创造自信的方式。由此可知凯利的教育理念与舍恩的想法不谋而合；而舍恩所倡导的反思实践理论，也确实影响到设计思维的发展。

另外一个触发设计思维概念兴起的因素是棘手问题概念的提出者霍斯特·里特尔和梅尔文·韦伯（Melvin M.Webber）引发的。棘手问题是里特尔于20世纪60年代中期基于建筑和城市规划相关的议题所提出的论点。美国哲学家和系统科学家查尔斯·韦斯特·丘奇曼（Charles West Churchman）于《棘手问题》一文中试图定义棘手问题，他认为棘手问题是"一种社会制度的问题类型，它本身的结构杂乱无章，里面的资讯也很混乱，许多客户和决策者的价值观互相冲突，而且整个系统的各个分支完全是扑朔迷离的"。里特尔和韦伯认为科学发展的方向是为了解决驯服问题；相较于无法明确描述的社会与政策问题，由于没有公平的客观定义，也不能有意义地陈述正确或是错误，更难以使用单一科学来克服与解决。他们在《计划问题是棘手的问题》（*Planning Problems are Wicked Problems*）一文中描述棘手问题的特征，为后续棘手问题的研究建立基础框架。然而布坎南教授认为"棘手问题的思考方式仍然只是一种对社会现实中设计的描述，而不是一个基础扎实的设计理论的开端"；他认为各个学科之间不存在严格的界线，人类社会不可能依赖任何一门科学来充分解决固有的棘手问题。亚历山德拉·亚扬·李（Alexandra Jayeun Lee）在《弹性设计》（*Resilience by Design*）一书中以系统思考和弹性设计的架构观点来探讨当灾害发生后所衍生的棘手问题。她在书中分析里特尔棘手问题的框架，提出城市建设的关键不仅是建筑师、工程师和规划师的职能，还需要当地社区和政策制定者的支持。布朗提出重新设计既有的机构与系统，并且透过科技来提升设计的技巧与重塑设计方法与理论的框架，借以解决日趋复杂的棘手问题。换言之，棘手问题是不明确、含糊不清的，它与道德、政治和专业问题紧密相关。棘手问题强烈依赖利益相关者，因此对于问题的解决方案很难有共识，更遑论问题的处理。因此，棘手问题不会停滞不前，它们是在动态社会背景下复杂演变、相互作用的问题；在试图理解和处理其中一个问题时，很容易出现新形势的棘手问题。

布莱恩·劳森（Bryan Lawson）和凯斯·多斯特（Kees Dorst）在《设计专长》（*Design Expertise*）一书中提到设计专长的本质，以及设计师如何发展专长以应对问题。他们认为创意设计是将问题描述与解决方案同时构思与发展，借此适应过程中两者的不稳定状态。多斯特于《设计问题和设计悖论》一文中重新检视西蒙所论述的不良结构问题，并且界定设计问题是"难以识别的，因为它在设计过程中不断地发展"。由于设计问题是不稳定的而且充满变数，有时含糊不清，经常充满内在矛盾。多斯特认为要理解设计实践的复杂程度，必须意识到它们是根据特定需求而研究开发的，如果不先回顾设计的悖论核心，就不可能真正地理解设计，甚至无法在多样化的设计实践中找到共性。劳森基于对设计工作的理解与观察，发现建筑师以解决方案为中心（Solution-Focused）的认知策略，与科学家以问题为中心（Problem-Focused）的策略不同，因此开始对设计思维的概念进行统整。多斯特和克罗斯透过研究确定创意设计与设计问题之间的关联，并提出解决问题的新概念；克罗斯进一步梳理近代设计研究的文献，他发现人类社会对于设计研究的兴趣和需求与日俱增，设计研究开始于计算机科学和机械工程相关联，设计学科逐渐演变为一种设计科学，设计研究与设计教育日渐普及，而设计师的思维方式与工作流程也成为热门的研究对象。为了避免设计思维被过度、广泛地运用而弱化它的概念，克罗斯建议应该将设计思维作为设计学科中的一个基本架构，以熟练的技能、完整的教育方式以及设计实践来强化它的基础。克罗斯基于心理学家霍华德·加德纳（Howard Gardner）的多种智力理论（Theory of Multiple Intelligences），重新检视并且进一步阐述设计是一种知识与技能的形式，进而界定设计思维的基础概念。克罗斯于2011年出版的《设计思考：设计师如何思考与工作》（*Design Thinking：Understanding How Designers Think and Work*）一书中以设计实践的观察和研究为基础，说明设计思维是设计师的核心创作过程。

学者克劳斯·克里彭多夫（Klaus Krippendorff）以局内人的角度在《语义转向：设计的新基础》（*The Semantic Turn：A New Foundation for Design*）一书中对设计领域做出批评。他认为设计师受制于以工业时代为标准的产品制程失去对于设计研究、设计实践以及建立设计知识的能力。他统整杜威的实用主义、西蒙设计科学的观点以及舍恩反思实践的概念，提出建构以实用与哲学为基础却能同时保有设计道德与美学的设计科学。克里彭多夫以路德维希·维特根斯坦（Ludwig Wittgenstein）的哲学与语言学作为改变设计科学的基础，并提出将语言作为一种协调过程的重要性，克里彭多夫企图扭转设计师以技术为中心的问题解决框架，他认为设计师必须要与其他利益相关者进行对话，善用以人为中心以及对二阶思维理解（Second Order Understanding）的设计理念，通过语言来引导注意力、架构感知与创造设计情境。克里彭多夫于书中建立设计科学家的新框架，建议以多元的方式，如通过焦点团体、人类学、参与式设计等，来作为设计资料宽集、重构与组合的方法。

笔者在分析与设计研究相关的文献之后，整理出以下结论：包豪斯的设计思维模式是实验与教育；杜威的设计思维模式是问题的厘清与解决框架的建立；西蒙的设计思维模式是设计科学的建构与实践；舍恩的设计思维模式是反思与实践；里特尔、韦伯以及布坎南的设计思维模式是对棘手问题的界定；多斯特、劳森和克罗斯的设计思维模式是理解问题与解决方式的推理；克里彭多夫的设计思维模式是设计语义学的转换。综上所述，这些论述是沿着一条清晰的通道往未来延伸，进而成为设计思维重要的理论依据与发展特性。管理学家乌拉·约翰逊（Ulla Johansson-Sköldberg）和吉尔·伍迪拉（Jill Woodilla）等人在《设计思维：过去、现在和可能的未来》一文中撰述他们认为设计思维的概念是由不同的学术理论与方法汇集而成。设计思维与其他的理论形态不同，它具备延展性与包容性，可以依据需求做出不同形态的回应与解释。伦敦艺术大学设计理论研究员露西·金贝尔（Lucy Kimbell）教授区分设计思维存在于三种不同的形态：①作为个体设计师解决问题的认知方式；②作为一个专注于驯服与棘手问题领域或学科的设计理论；③作为企业和其他需要创新的组织资源。她为设计思维做出明确的界定，也为未来的理论发展与研究途径建立清晰的方向。

（2）管理与实践途径的设计思维。世界经济论坛执行董事长克劳斯·施瓦布（Klaus Schwab）于《第四次工业革命》一书中提道："工业革命让人类社会脱离依靠动物力量的生活，实现大规模生产与制造，并将数位化的能量传递给数十亿人。"他认为第四次工业革命将横跨所有学科、经济与产业，并对政府、企业、社会和个人产生重大的影响。因此，跨地域、跨部门与跨学科合作的形态将成为业务实践的主要框架。一些专家学者认为在日益复杂和动荡的商业环境下，从商学院毕业的学生已经无法适应现下的商业形态了。何塞普·洛萨诺（Josep Lozano）和桑德拉·沃多克（Sandra Waddock）指出商学院的教育系统忽略三个主要核心要素：反思性实践、系统思考以及道德与价值观。心理学家沃伦·本尼斯认为MBA应该加入多元学科、实务与道德问题以及研究分析的课程，借此反映企业当前所面临的复杂挑战。他们建议商学院应建立类似d.School多元化学科的组织架构，以便模拟真实企业的工作环境。

传统业务问题习惯于采用分析式思维模式，也是心理学家爱德华·德·波诺（Edward

de Bono）所称的"纵向思维"。他在分析企业界惯用的思维模式时指出，为了追求高效率与可预测的结果，企业界对于直觉式思维模式保持怀疑的态度；然而，在策略拟定的过程中刻意忽略直觉式思维模式有可能会阻止想象力的突破。哲学和数学家阿尔弗雷德·诺思·怀特海（Alfred North Whitehead）曾说"想象力不能与事实相提并论：它是一种阐明事实的方式……世界的悲剧是那些有想象力的人只有很少的经验，而那些经验丰富的人却拥有虚弱的想象力"。因此，如何平衡分析式与直觉式的思维模式，并有效运用在商业管理的教育与实践方面，是一件亟待解决的事情。鉴于此，马丁指出在商业实践的过程中，应该将具备分析和直觉思维能力的设计思维作为一种公司治理的必要技能和解决组织不确定问题的方法。他认为："以分析思维为主导的组织架构早已建立，可以如常运作……以直觉思维为主导的组织将快速而疯狂地进行创新。"罗伊·格伦（Roy Glen）、克里斯蒂·苏丘（Christy Suciu）与克里斯托弗·鲍恩（Christopher Baughn）在《商学院对设计思维的需求》（*The Need for Design Thinking in Business Schools*）一文中指出："设计思维是一种反复的、探索性的过程，涉及视觉、试验、创建、原型化模型以及收集反馈；它是解决创新、混乱与结构不良情况的一种特别有效的方法。"他们依据教学经验、学生反馈以及实务研究等途径，发现市场营销的教学和实践落入过度依赖分析的趋势，偏向于量化方法；如果在商学院中教授设计思维的课程不但让学生学习深入了解用户的需求，还能同时培养创新的思维；待学生毕业后即可与现有的市场营销环境无缝衔接。

在实务发展上，利特卡（Liedtka）和马丁从研究中发现，设计师与管理者之间易于产生冲突源自思维方式的差异，即设计人员偏爱的有效性（Reliability）思维模式与管理者偏爱的可靠性（Validity）思维模式之间存在着过多的分歧。马丁认为设计师在处理设计问题时需要同时解决管理问题；在设计思维的框架下，参与者能够广泛地思考问题，针对相关利害关系人能够有深入的了解并且体会到他人贡献的价值。洛塔·哈西（Lotta Hassi）和米科·拉克索（Miko Laakso）指出设计思维的概念受到越来越多的管理人员关注，并将研究重心置于设计论述和管理论述二者的区别。设计论述侧重于设计的认知方面，如设计师工作时的思维方式；而管理论述则倾向于创新和创造价值的方法，侧重于提升管理者的设计思维能力以获取业务成果。鉴于此，有些专家认为设计与管理论述之间的争论反而提供设计界另外一个发展的机会，让"受过培训的设计师除了在传统设计职业之外能发挥他们的影响力"。换言之，管理者也能从设计思维的相关文献与实践案例中进行探索、学习与理解，如妮娜·特瑞（Nina Terrey）指出的那样，非设计师也可以展示设计师的技能和策略，尤其是在管理方面。因此，有专家认为设计思维的研究着重于对设计的认知或设计认知方面的探索。

在可供管理者参考的设计思维和设计态度的文献资料中，通常包含将问题和解决方案视觉化的能力，以人为中心的观点培养新的见解，借由原型制作的概念与运用，组织设计并制订方案等。由此可知，设计思维能够提供非设计人员视觉思维、推理、设计流程与组织建构等专业知识；最重要的是，设计思维能够将以人为本的理论核心价值传递给着重于分析、理性与可靠性思维的管理阶层，以利于产品创新、组织再造与企业文化的建置。

综上所述，由于设计思维同时具备分析和直觉思维的能力，因此在管理与实践的需求中快速地发展，成为公司治理与解决组织不确定问题的重要方法与技能。正如多斯特所说："设计师所做的许多事项，即框架、构思、创造性思维已经相当普及……有些项目在设计学科中已经专业化，对其他学科来说可能很有价值。"马丁认为成功的企业管理者通常都是综合思想家，他们可以将不同或是对立的想法牢记在心，然后提出一个综合各个元素优点的新思维；尽管在过程中会导致问题的复杂性增加，他强调仍然需要广泛地考虑显著的问题以及多面性和非线性的因果关系，以寻求创造性的解决方案。他在《创新催化剂》一文中列举了软件开发公司创新设计的案例。财捷集团公司的创办人斯科特·库克（Scott Cook）在耗时 5 个小时的分析式会议却未达预期效果后，决定由组织内部具备设计思维能力的 9 名员工组成创新团队，协助原工作小组创建原型、进行实验、向客户学习并获取反馈，最后顺利解决客户的问题与痛苦风暴，并且从满足客户的需求转变为使客户满意的过程。设计思维的迭代性质还表明，设计团队能依据客户的行动和思考得出的反馈，将其循环回到流程的早期阶段，及早面对失败以获取后续的成果。由此可知，设计思维的应用范围相当广泛，作为一种积极的学习方法，设计思维不仅与舍恩的实践中反思原则产生回响，还与大卫·科尔布（David Kolb）广泛使用的体验学习模型产生共鸣。正如格伦等人在《商学院对设计思维的需求》一文中指出：设计思维的技能和方法可以提供商学院教育与实务面的不足；创新和管理人员经常会遇到许多开放式情况，因此，管理人员的行为必须表现得更像设计师。

（3）设计与创新途径的设计思维。创新是一种促使人类社会进步的途径，透过对社会、文化和科技的深刻理解，借由设计来驱动创新，从根本上改变产品的情感和象征性的内容。汉宝德曾说"设计思维就是以创意为中心的理性思考过程，是现代人达成梦想的手段"。他进一步解释"设计是创造性的行为，而计划是系统的做事方法"，一位懂得运用设计思维的人，必然精于计划，"因为计划是进行设计的前置作业，好的设计都有完善的计划为基础"。布朗在《设计改变一切》一书中不止一次表述"设计思维是一种以人为中心的创新方法，它从设计师的工具包中汲取灵感，将人的需求、科技的可能性和商业成功的要求结合起来"。换言之，日趋成熟的设计思维已具备解决问题的批判性思维过程，以及完整的计划执行框架，它可以产生高效率的回报，并且确实地改变人们的生活。布朗对于设计与创新提出看法，他指出设计人员应该跳脱以经济为导向的传统设计概念，投入有关社会创新的设计活动。他在《面向社会创新的设计思维》（*Design Thinking for Social Innovation*）一文中明确指出："当政府、非营利组织与营利部门在面对社会问题而无法提出有效的解决对策时，设计思维提供一个关键性的解决途径。"《突破从何而来——有关公司革新的惊人真相》一书的作者、加州大学戴维斯分校的教授安德鲁·哈格顿（Andrew Hargadon）与斯坦福大学的管理科学教授罗伯特·萨顿（Robert Sutton）针对IDEO进行的一项研究，证明群体合作概念的好处。帕菲·泽维尔（Pavie Xavier）和达芙妮·卡西（Daphne Carthy）采用设计思维来开发负责任的创新过程，证明将责任纳入创新可以作为激励团队创新能力的工具。

设计思维运用在设计与创新的范围非常广泛，例如，产品的设计与创新概念、组织的创新与再造、教学系统与课程的创新、医学范畴的革新、游戏产业的思维模式以及设计思维与人工智能相关的研究等。如同大卫·凯利和汤姆·凯利在《创造信心：释放创造潜能》一书中所言"创意并不是少数幸运儿所享有的罕见天赋，它是人类与生俱来的思维与行为能力"。由此可见，设计思维正在不同的领域中发挥它设计与创新的能量，它不仅适用于传统的设计项目，还适用于各种社会、环境和经济问题，甚至是用来分析与解决棘手问题。综上所述，设计思维的过程不是专注于使产品的外观看起来更美好，而是专注于理解和解决特定问题以产生具有创意的结果；设计思维既有的框架与实践的工具能够帮助创新者透过了解客户、创意生成与想法测试等步骤来完成设计与创新的目的，并协助企业在市场条件发生变化时迅速进行调整。

（4）设计思维具备解决不同领域问题的关键要素。随着资讯和科技不断发展变化，人们所遇到的问题在本质上变得越来越复杂，每次的进步或是改变都会带来新的问题与需求。尽管设计思维只是解决问题的一种方法，但是它增加了成功和突破性创新的可能性。设计思维就是运用整合性思维与技巧，解决可靠性和有效性、开发和探索、分析性思维和直觉性思维之间的冲突。作者借由梳理与设计思维相关的文献后发现，设计思维与其他理论最大的不同点在于它的发展路径非常多元，借由不同领域的学者与专家，依据各自学科的优点与特性逐步形塑而成。因此，设计思维在理论发展与实践上就呈现出多元的样貌。或许有人质疑设计思维理论过于多元或是它没有发展出自己的理论系统，但约翰逊·薛德伯格等人认为"任何希望做出学术贡献的人都需要考虑到这种多元化的观点，因为如果不承认多元化和确定具体的观点，就不可能做出学术贡献"。他们认为从学术的角度来看，设计思维存有多元化的论述并不是弱点的表现，反而是一种成熟的标志。布朗认为，设计思维的核心是以人为本，采取创造性、迭代性与实用性的跨领域方式来寻找最佳创意和最终解决问题的方案。这也是为什么它的实践案例能够横跨多个学科，并且获得不同学科的专家愿意贡献所学，并为设计思维增添理论依据与发展的可能性。

综上所述，设计思维在20世纪90年代开始备受到关注，然而它的发展脉络可以追溯到20世纪初期的包豪斯教学、设计与执行的系统。从设计思维的发展脉络可见，它不但继承传统设计领域的思维模式，并透过学界对设计思维理论的诠释和实务界所贡献的成功案例，还将设计思维型塑成一个同时具备理论基础与实践框架的学说。依据文献资料显示，设计思维的兴起与人类社会所面临日趋复杂的问题有关。许多与人们生活相关的议题，例如，医疗、卫生、教育、金融、文化、环境等，通常拥有不明确的定义与无法掌控的发展方向，经常涉及不同利害关系人的观点，很难找到正确或是最佳的解决方式，往往演变成无法使用已知的方法与既定的标准流程来解决的棘手问题。因此，执行者必须提出创造性的方法才有可能解决棘手问题。由于设计思维能够洞察各利害关系人之间的矛盾与冲突，同时具备创新元素、清晰条理以及执行途径，被认为具备解决棘手问题的条件与能力。

二、设计与认知的关联

从前文对设计思维的详细阐述中不难看出，设计思维程序框架中的每一个选择都是建立在人们对问题的认知选择上的，换言之，设计就是基于对人性的认知去解决人们的问题，所以对于认知和设计认知的理论梳理很重要。以下将从认知科学、设计认知、设计程序中的认知机制和整体认知意象这几个层面，细述设计程序与认知的关系。

（一）从认知科学到设计认知

认知的基础需要考虑信息的处理过程，即表达、存储、描述、转译"信息"的能力。认知心理学主要专注于心智历程和认知活动方面的研究，如视觉、语言、注意力等。在美国认知心理学家乌尔里克·奈瑟尔（Ulric Neisser）1967年出版的《认知心理学》一书中，第一次将认知心理学作为一个专有名词定义。认知心理学的研究是对人类知觉过程的研究，这个过程将感知数据进行收集、存储、编辑和利用。认知心理学得以发展最主要的因素是人类信息处理论。这个理论为知识过程的构想提供了依据。人类知觉系统的形成由许多过程步骤组合而成，信息处理法就是用来确认各个步骤中发生的事件。而基于此发展出来的认知科学是一门研究信息如何在大脑中形成以及转录过程的跨领域学科。根据美国哈佛大学心理学教授霍华德·加德纳（Howard Gardner）的总结，认知科学的研究主要集中在了解心智呈现，分析思考及以计算机模式来仿真人类思考。

人的大脑如机器般需要从大环境中输入各类信息，再经过一系列处理将其输出。各类信息经由声音、文字、图像、味道、触觉等刺激通过感知器官进入大脑。信息在被摄入之后经过一系列感知运作放在短暂记忆当中，再经过一段时间的处理，将信息变为知识存储于长期记忆中。信息从输入到输出主要涉及三个方面的问题：信息输入问题以及信息输出机制问题、信息转译及存储问题、信息处理的综合问题，即认知系统的构成问题。

如果设计是一项心智活动，那么这些活动就可被看成是知识的运作过程，是关于人类思考的行为。在认知心理学中，思考被定义为人类有意识地运作认知的现象，所以，设计活动就是通过运作认知所执行出的一系列思考活动。从另一方面来看，设计产品也可被看成是因为认知运作而出的设计思考结果。无论从结果还是过程来研究设计，其解释的底线都是设计终归是人类认知运作所创造出来的。

　　中外学者研究"设计思维"的根源已经有数十年。彼得·罗（Peter Rowe）是第一位把这个词用在他的《设计思考》（又称《设计思维》）书名上的，解释了建筑师和城市规划设计师解决问题的程序。经过对很多不同领域的科学化研究进行综合归纳，我们可以看到"设计认知"这个概念开始被用来将设计过程中所发生的活动分门别类。逐渐地，一个学科也就成形了。例如，"设计认知"的自然本性可由计算器运算的模拟象征方式来看，或根据解决问题的角度方位做研究。查克·伊士曼（Chunk Eastman）则用该词比拟人类运作信息的方式，他使用不同的理论和实证范例来探讨人们处理设计信息的过程。

　　在理论层面上，如果把设计当作由某种特殊驱动力量应运生成的智慧冒险结晶，我们可以将其分成三个层次进行探讨。第一层次为设计规则，第二层次是设计方法论，第三层次是设计思维过程（图2-7）。这三个层次都与设计的本质密切相关，而且是生成有质量产品的根源：①设计规则可视为设计时使用的机械原则，是被公众认同、可依循重复使用、开放性的设计准则。该准则可由产品体会出结果，也可被归为设计中原则性的方法类。例如，物体尺寸、空间形态、材质密度、颜色关系等都是基本的设计原则。②设计方法论是以一些理论框架为主导的系统化程序学说，使用在设计中。例如，老建筑维护及新能源、新材料的运用是主要的设计观念，需要针对性地考虑其设计方法和设计程序。③至于设计思维过程，则是一个设计由作草图到完工的整个思考过程。这个过程是设计师个人内在的设计认知旅程。

　　在实践层面上，设计师会梳理设计目标及设计重点，理性分析要针对的设计问题，

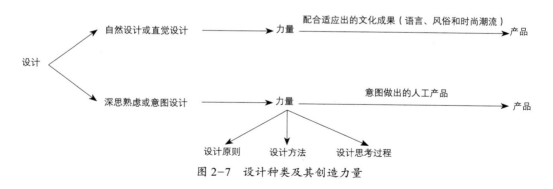

图2-7　设计种类及其创造力量

需要利用明确的设计规则寻找设计数据，利用不同的设计方法选择、输出、评判、生成设计结果。其中，设计规则与方法都要经过专业系统的学习而获得，学习本身就是人类认知的一部分。至于设计过程，指的是执行认知的操作过程。整体而言，这三个设计本

质的层次即是设计中所实现的认知成果或现象，这三个内容组成设计认知理论。

总而言之，设计认知的研究重心在于对待设计活动中解决问题的方式。因此，研究的主题开始探讨设计师内心解决问题所用的心智机制和技巧。然而心智活动并不是透明可辨的过程，一般很难体会到设计观念的来源。但要了解设计的心智过程，理想的研究工具就是认知心理学和认知科学。如果设计过程能被可视化，则设计大师的设计方法可外显，提供公开讨论和学习的机会。并且，如果能把设计思维过程记录下来，提供清晰依据做历程回溯，设计者也可以洞察个人的设计弱点及强处，以增进设计能力。

（二）设计程序中的认知机制

1990年，艾伦·纽厄尔（Allen Newell）所倡议的"状态、运算及结果"系统，是人工智能中为发展统一范式而做出的认知模型系统。理论是综合一般认知能力成一体系，并让智能代理有能力掌握全方位认知。此系统理论已被电算科学及人工智能的学者用来尝试发展人类行为模型。相似地，如果有统一规范的设计认知理论也被有条理地发展出来，那么就更能帮助设计学习者或者年轻设计师来了解设计的程序、设计思维及创造力的形成条件，并且更能准确地将设计思维可视化、数字化。美国爱荷华州立大学建筑系教授陈超萃先生在《风格与创造力——设计认知理论》一书中，总结并详细介绍了八种设计认知机制，描述了设计程序是如何被推动进行的一般认知现象，包括知识是如何获取的、设计方案是如何达成的、设计概念是如何生成以及造型是如何被创造出的现象等。这些现象同时发生在许多设计行业中，并且是共同涉及的认知因素，也是在设计过程中发现创造力的基本驱动要素。因此，从认知科学的角度切入，所有设计程序中的认知机制和功能总结为设计是"解题活动"、设计是做"联想组合"、设计是由"目标和约束制限"所驱导的、设计是"行动后反思"及"筑构问题"的活动、设计是寻求"表征"的过程、设计是利用"认知策略"的程序、设计是某些"推理的运用"、设计是运用"反复性"的认知手段生成设计成品这8种形态。这些已知的设计认知形态是依赖某些"认知机制"的运作而达到一些认知的"功能"。除了第7种机制——设计中的推理在上一节中已为读者详细解读，在本节便不再赘述，其他7种认知机制的原委做以下简要说明。

1.设计是解题的程序性活动

在梳理设计思维研究的历程中可知，真正始于受西蒙影响的科学性研究设计思维的新运动一样，西蒙认为探索"设计过程"对于研究设计的课题有着重要指导作用，因为研究"过程"的方式能提供一些方法，让学者有系统地预测可能发生的认知形态、设计行为等相关心智现象。从这开始，"了解设计者是如何以惯例常规的程序去解决问题"逐渐成为设计研究的重要议题。解题模式是纽厄尔和西蒙于1956年发展出来的。他们认为人是信息情报的处理器，计算机也同样是情报处理器。因此，人脑是可以被模式化的，转换成一种信息处理系统，设置在计算机中执行，以解释人类是如何进行处理、运作信息的。那么何为问题？当一个人碰到一个状况，在他意图完成该事，但无法马上知道该采取什么行动时问题就存在了。因此问题解决是一种思考形态，其过程涉及一些高层次的认知因素和过程。20世纪70年代，解题研究的学者进一步将所有发生过的问题区分成类，并探讨各自的问题本质。基本上，根据问题的复杂度，大致可分成三大类。而其中设计问题，属于能产生许多令人满意的解决方法的开放性问题。

解题活动一般可被简述为：搞清楚问题，臆测可能的解答，测试最好的解法，决定问题是否已经被解决。具体而言，解题活动应该包括下列八个认知程序：①识别并选择问题；②分析所选的问题；③产生可能的解答；④选择并规划出解答；⑤实现解答；⑥评估解答；⑦决定问题是否已解；⑧把最终的解决方案存在记忆中作为日后使用的知识架构。这些解题认知状态是一般考虑问题的思考程序。在设计行业里，每个程序中都有其特别的设计认知操作。设计问题的分类可以分为三种类型，第一种是结构良好的问题；第二种是结构不良的问题；第三种是比结构不良的问题拥有更多的矛盾和不确定性，即由里特尔总结的棘手问题。解决结构良好和结构不良的两种问题程序的不同之处在于：解决结构良好的问题时，解题者本身大部分时间都知道问题是什么，解法有限，评估解法的步骤不多，而且目标状态也很清楚；棘手问题则与结构不良的问题相似，问题解决者需要探索问题是什么，解决的方法也应该是无限而且必须是正确的，否则就应该不停地试错和修正，以接近最优的方案。三种主要问题中思维活动的先后次序和某些存在或不存在的思维特征见表2-1，其中打勾栏是指在解该种问题时必定会实现的行为或程序。

表2-1　解三种主要问题行为的认知程序及特征

解题程序	明确界定	非明确界定	恶性问题
确定问题	已知	不确定	未知
分析所选的问题	√	√	√
产生许多可能的解法	有限	无限	无限
选择并规划解法	√	√	√
体现解法	√	√	√
评估解法	√	√	√
决定问题是否已解	明晰	不明晰	不明晰
发展未来可用的知识方案	√	√	√
问题重现性	无	无	有

表格来源：陈超萃《风格与创造力：设计认知理论》，2016：43.

由于解题理论的启发，研究设计师做设计的手法就被引导到了以心理学模型将其设计过程程序化。在这方面大多数的研究都是集中于探讨涉及行为，目的是找出适当的模型或程序去解释这些行为过程以及行为所产生的现象。这些研究的努力也都把设计行为看作是一种心智解题过程。笔者之前在联结性设计思维与方法的研究中也重点探讨了知识在记忆中的组构方式以及知识信息多样化的联结形态对设计创造力的影响，这都与第二种认知机制息息相关，即设计是将记忆中的知识做联想和联结的组合。

2.设计是做联想组合

认知的概念是指在心智中转移、调整、叙述、储存、回取和利用信息的过程。这里的信息指的就是所谓的知识，而人类如何运作知识也是研究认知的课题之一。人类组织知识并结合现实，将知识套入现实中的行为就是认知。在心理学上，知识已被分成两种主要类别，分别为陈述性知识和程序性知识。陈述性知识是一种静态信息，包括已知事实和概念；而动态的程序性知识则包括执行某一事件的已知程序知识和体现这些程序的步骤方法。例如，水墨画艺术家的想法就是陈述性知识，绘画技巧和步骤就是程序性知识，他会将自己关于绘画想法的陈述性知识通过平时惯用的手法和个人风格融入作品中，这一步骤和行为就实现了将陈述性知识转换成程序性知识的结果中。从设计专业的角度而言，除了在专业学习的过程中获取新知识以外，还会在平时的作业练习或不同的项目实践中持续获取新的知识，就如同当时包豪斯提出的在做中学的实验精神，以及舍恩提出的在行动中进行反思的实践主义精神，在实践中生成或总结新的经验和知识，在此转换成设计者的陈述性知识。这些理论都印证了陈述性知识和程序性知识之间的认知互动关系。那么，新知识是如何建构以及在记忆中是如何储存的？

在心理学中，知识在记忆里的结构曾被理论性描述成是在心中以网状组织联结而成的团块元素，这些元素被解释成是由不同联想或关系联结组合而成的感应知觉。一般而言，有经验的专业设计师会利用设计单元的功能，有系统地在脑海中储存设计信息，因此能整合更多知识，回忆速度更快，也更有能力将所知情报解套到新的问题环境里。例如，有经验的设计师在长年累月的实践中积累了类似模板似的设计方案，并将这些方案发展成记忆团块。在这些记忆团块中，有些是以前的设计成果，可以称为先决经验，这些经验或许能够发展成未来新设计或者新概念的潜在方案之一。所有这些知识块也会逐渐形成设计大师的专业设计智慧，继而发展成其个人记忆中成体系的经验集，继而成为设计大师们的主要创造源泉之一。

总而言之，人类的记忆系统需要依靠联结或联想，对知识的回忆也依托联结或联想。联结是臆测一物随之唤醒另一物的倾向，这种唤醒倾向可能引发自两物间的相似性、在时空里的邻近性、相连的频率程度或因果关系等。基于人类的知识系统是由许许多多不同的联结知识团块而组成，所以联想或联结就是人类智能运作中重要的认知因素。如果一个设计师能将记忆中的一个知识团做出特殊联结并应用于设计中，则其设计结果一定不会太差。

3.设计是由目标和约束限制所驱导的

在设计领域，做设计是一种主动性地解决问题的方式，解决设计问题就是以目标驱导的程序活动。在一个设计结果提出之前，要经历定义一个设计概念、优化、实验及测试这个概念，这些阶段就是设计问题的系列性目标阶段。设计活动就是为了要完成这些目标的任务而阶段性进行的，每个目标里也有一些约束限制的技巧运作，以便缩小寻找解答的范围。在设计过程中要达成目标，通常会采用一些信息作为引据的指标，减少寻找解答的工作能量，或用一些操作单元创出解决方案。这些信息或单元成为约束限制，这种约束限制分为外在的和内在的，外在的约束是由甲方、使用者、用户、法规或设计问题中与环境相关的设计考虑；而内在约束则是由设计者自觉生成的自我内在约束。内在约束是解题者经过认知推理运作后的结果。

曾有学者在研究有关建筑设计的案例中发现，设计师在设计开始时会不自然地回想之前的设计经验，应对所给的外在约束，发展出内在约束。这些发展出的早期内在约束就变成了他在整个设计过程中先后保持不变的总体约束限制。也基于这一套约束限制，一个概念框架就会慢慢形成，再经过设计程序图做空间关系的考虑，一个解决方案就生成了。因此，内在约束是设计者为生成解答而由记忆回收或由知识生成所得的信息情报。需要注意的是，这里的约束不是消极的含义，如果设计师能独特地运用外在约束，独创地制定内在约束，或在目标中采取特别的行动，非传统性地满足约束而创出非传统的解答，则一个独特的有创造性的设计就会生成。

4.设计是行动时反思及设定问题的活动

在设计项目的初始，围绕设计对象会逐渐形成许多次要问题，一般设计师会依据次要问题之间的关系谱绘出整个问题间的关联，依次定义整个设计问题的框架。从认知的角度分析，一个问题的架构也可以解释为组合所有的目标程序、与设计单元相关的知识表征以及完成解题目标所附加的设计约束等的综合程序系统。一旦问题的构架形成，一个大致的设计草案就会生成。我们可以根据设计程序中的不同阶段来看认知活动都有哪些形态。

（1）在定义问题期，在设计初期得到的外在约束会被演绎成一套设计问题的重点和意图。设计者需要搜集相关信息整理出问题的全部脉络关系。在这个时期结束后，整个设计问题会逐渐被完整地定义出来。

（2）在创出解答期，当解题活动往前推进时，设计师会问些假设的问题，模拟问题情况，产生一些可选择的解答。就如同围棋大师会在下棋之前做一些棋步推理，然后选取一个最有可能赢的棋步。在设计中，设计师也会提出假设问题，当对各种假设问题进行评估后再做出取舍，从而给出解决方案。

（3）在决定和评估解答期，当必须决定选取设计方案时，设计师需要模拟未来的情境，预测可能的潜在冲突或可能衍生的问题，以便做最好的选择来满足整个解答的结构。

在这一时期，设计师也必须时常问问题，以便随时充分掌握设计问题的情况和进展。

舍恩认为设计过程是一种反思行动。设计师会在自问"如果怎样，将会怎样"的问题中学到许多设计知识。舍恩指出设计过程存在很多不确定性，无法用一个固定的模式去仿真整个设计过程。任何设计的行动都有可能得出无法预估的结果。当它发生时，设计师应该从意外的变化中思考新做法，做出新认同和新步骤。在这种情况下，当一个设计师做了一个动作，原来的问题情况会发生变化，同时反馈给设计师，设计师也必须将之前的反馈融入问题情况中。无论设计师做了什么动作，他必须为意料之外的结果做反思，接受问题情况的反馈，做出新的领会，并且重新架构问题，为未来行动做准备。所以根据舍恩的观点，可以得出结论，我们在做设计思考时会随着自问假设时随时重新定位设计立场，这也印证了在设计过程中会经历多次问题架构和重新架构问题的自然本质。

总而言之，行动反思会让设计师在设计历程中发现可能的新问题，或者在评估解答架构时会重新定义整个问题的架构。多斯特和克罗斯也曾经解释说，在设计过程中，如果重新调整并重建问题的架构，确实会引导出有创意的设计方案的生成。换言之，这种在解题开始就构建问题，再从行动反思中重组问题的认知活动现象，是设计思考中创意的来源。

5.设计是寻找表征的过程

表征可以称为表象，是用来作代表的物体或行动呈现出的代表性，意指将某物体或某事件以另一物或事来代表，也指代表在现实中发生事物的一种表达手法。在设计过程中，某些表征是逐渐在心中或外部形成的。形成方法是引进数据信息，剔除无关信息，并且演绎相关信息，创造出能生成解决方案的手段方法。这种手段方法如由脑中知识得出并形成与问题相关的心中表征，称为内在表征。但通常在设计过程中，心中发展出的内在表征必须以某种形式呈现于外，变成可见的所谓外在表征，或称外在表象。外在表征是运用知识配合环境中的课题架构，以实际对象、象征性符号、图形、脚本、程序表达出的结果，也可能是隐藏在物体造型中的规则、约束、关系或逻辑等。这些外在表征是可触及的物体，代表所要构建出的形态。而这个形态是设计者心中经过一系列努力所产生出的设计概念或设计理念。这些概念以一些内在表征呈现出来，让设计者能够内视。因此，内在表征就是以某种形体映显出的一些设计概念、视觉影像或心智影像是观念化的，也印证了内在表征和外在表征在某种程度上的相互依赖性。

寻找表征的过程，简单地说，是设计师要先在心中发展出一些设计概念，这些不可见而且是概念性的想法，如心中的抽象概念和构想，用内在表征将其实体化，然后用某些外在表征的媒体将这些概念外显。最后的结果是一个可见且可触的外在表征被创造出来，代表将实际建造或生产的物体。例如，在室内设计中，设计师必须思考一些心智影像，用草图或三维模型将影像表达出来，在这个过程中，设计师必须重复修改心中的影像，并配合外在草图，或修改外在草图以配合内心影像。

设计就是一种创造表征和寻找表征的过程。设计师必须选取某种可见的外在表征，将心中产生的想法、概念、影像、符号或图形等无影无形的东西具体展现于世。在设计过程中，内在表征和外在表征不断相互调整，进行"对话"并产生交集。如果设计师能做出一个全新而且以前没有用过的表征解决同样的问题，那么设计结果可能就会有非凡的创意。因此，表征是一个用来创造或表达一个设计概念的媒介物，是一个产生创造力的因素，一种设计认知的活动，也是一个解决问题的认知机制。

6.设计是利用认知策略的程序

在解决结构良好的问题时需要的步骤是有限的，如物理问题，因为一般在物理问题中有解方法，可提供有效解决的方法，只要细心做出每个程序，问题即可迎刃而解。但在解决结构不良或棘手的问题时，就不能仅靠有限的步骤就能得到解决方案，还要有策略地运作一些认知机制来综合考虑许多设计因素。但需要注意的是，这里的策略是一种常识，而不单是一个程序或运算方法。认知策略也可被解释成是用来帮助完成某些特别课题的认知程序，具有研究探讨问题固有结构和解题者策略行为间的互动本质。在设计中，设计策略是将问题结构化，并将解决方案结构化做有策略的发展，引导设计运作达成目标的重要心智活动。设计师必须有信心掌握问题结构和解答结构，维持两者间的平衡。

学者艾肯（Akin）等提出许多关于解决问题的设计认知策略，包括由内到外、由外到内、由上到下、由下到上以及案例式推理等。具体的能生成造型的设计方法包括设计原基法、变形法、模拟法、象征隐喻法等。这些具体的设计策略，会在后文分不同的程序阶段做具体的介绍，此处不展开说明。

7.设计是运用重复性的认知手段生成设计成品

在陈超萃先生的研究中，阐明的最后一个运用在设计过程中的认知因素是重复性，这与他研究的设计风格与创造力的课题息息相关。在设计领域中，重复是一种认知机制，在执行中是应用一个简单的基本特征作为一个模具，再配上一套规律，然后依规律重复这个特征的模具而生成一个形体。造成设计中的重复可归因于重复使用已练习好的程序性知识去创出有特色的形态，生成韵律效果。韵律是某种特别元素的规律及和谐的反复再生，这些元素可能是一个单一线条、光、形、色、影及声音等。如果设计师从这些元素中选择一个单元，创造出一个组合，再以运动重复这个组合，一个整体设计的秩序就生成了。

在设计中，因为重复产生韵律的情况很常见，无论大到建筑外墙、城市中的公共装置，还是室内空间的光影或墙面，或是产品的外观和造型，韵律是深植于人类意识中的重复的认知本能的运作结果。韵律会在产品结果里生成一些规律性、简单性、平衡性以及有阶层秩序性的组合。这种组合具有恒定的特质，并且很容易被观者在视觉上轻易地捕捉到，并充分领会、欣赏这个特质。

（三）设计程序中的整体认知意象

有经验的设计师都有着独到的方法去解决设计问题。这些特别方法包括在整个设计程序中使用一些推理、策略、逻辑、方法等完成整个设计项目。解决设计问题要求利用特别的知识配上特定的策略在心中运作，再加上特别的程序过程，配上特别的逻辑推论，从而具备完整的设计认知。那么到底何为设计程序的整体认知意象呢？设计认知可以用所有会发生的认知活动以及所有用在设计过程中的认知机制生成动态影像。这个影像也可以用发生在心中的主要程序活动来形容，即一个设计是解决问题的活动，先了解问题，将课题建构出，将目标定好，将约束限制组织好，然后运用模拟、隐喻或联想创造出草图，再进行优化。这一系列在设计初期的活动属于概念生成期。此后，下列活动会在后面的程序中循环出现：寻找适当的表征，经过推论、发展、约束完成某些目标，同时运用策略方法，模拟、变形、联想或其他方法生成解决方案，随时反思问题及调整解决方案的结构，确保正确的解题方向，并运用重复性创造出韵律和风格。所有这些联想、问题结构化、表征、推论、目标程序和发展约束等都可能是循规蹈矩的解题活动。

设计活动一般包括运作推论满足约束限制达成目标，运用联想回忆知识，使用表征进行设计沟通，利用策略创作造型等。因此，思考的本质涉及心中进行信息处理的过程。陈超萃在《风格与创造力：设计认知理论》一书中总结设计认知的执行定义是："在一些特别的表征中以逻辑和推理运作设计知识，将某些设计意图概念化、规范化、体现人工造型的过程。不同的表征应用也需要用不同的推理过程。"克罗斯教授在其出版的《设计师式认知》一书中也写道："设计学生的学习过程与真实的实践过程不同，学生需要在严格执行技术和程序的情况下才能确保不出差错。因此，设计类学生应该基于简单而有效的技术或方法，掌握一种能够应用整体设计程序的策略方法。"这也是笔者撰写本书的初衷，希望在设计思维、认知理论、创造力本质研究的基础上，构建一套通用的设计程序，在内容和架构的基础上，分阶段讲述可利用的策略、推理、方法、逻辑梳理媒介等，为设计从业者特别是初学者提供一套行之有效的程序与方法策略，增加对设计本质的理解，提高设计的效率，优化设计的结果。

三、设计师式的思维与认知

随着社会的发展，各行业功能和职责的产业化运行，当下社会中企业已经不仅要求内部的设计部门或专业的设计公司为他们提供产品的外形设计和解决工程技术的问题，还要求他们提供完整的设计配套服务，即要求设计师或设计企业提供市场调研、客户研究部、设计效果追踪、人体工程学研究、模型制作、原型生产、产品推广，一直到产品的用户体验、反馈等，这是从物理逻辑到行为逻辑的转变，也随着社会的发展对设计师的素养和能力提出了更高的要求。因此，在设计思维的培养方面需注意以下方面。

（一）重视发散思维在设计中的实践

发散思维是从一个目标出发，沿着各种不同的途径去思考、探求多种答案的思维，与聚合思维相对。不少心理学家认为，发散思维是创造性思维的最主要的特点，是测定创造力的主要标志之一。发散思维也是求新、求异设计的主要思维形式，是艺术灵感产生的思维基础。设计中树立设计者的创新意识，推崇个性，对发散思维的培养造成至关重要的作用。在设计师的实际设计活动中，发散性思维是不依常规，需要丰富的想象能力来寻求变异，对给出的材料、信息从不同角度、不同方向、用不同方法或途径进行分析和解决问题的思维模式。"见多识广"是培养发散性思维的基础，设计师接触的新鲜事物越多，想象力就越丰富，发散性思维能力就能更好地被激发，设计的创意能力就越活跃。

因此，设计师需要对周围事物张开"第三只眼"，多留意观察，习惯性地多关注与生活、设计相关的事物。形成多看多想的习惯，在日积月累的过程中培养设计意识，潜移默化地积累相关经验，为发散性思维提供良好的基础。发挥发散性思维还需要打破固定的思维模式，激发多维度的思维能力，一成不变的思想只会阻挠我们的思维模式，不断地对新思维模式进行尝试会给设计师带来不竭的创意源泉。

（二）直觉思维的培养

直觉思维是对一个问题未经逐步分析，仅依据内因的感知迅速地对问题答案做出判断、猜想、设想，或者在对疑难百思不得其解之中，突然对问题有"灵感"和"顿悟"，甚至对未来事物的结果有"预感""预言"等。直觉思维是在坚实的理论基础、敏锐的观察力、丰富的经验与高度的概括力及形象、逻辑思维积累的基础上，凭人类的直觉用猜测、跳跃、压缩思维过程进行的快速思维方式，它属于潜意识思维。因此，直觉思维也称灵感思维或顿悟，它是设计灵感产生的一种主要思维方式，它具有突发性、非逻辑性、潜意识性和快速性等特点。

人们总是误认为直觉思维属于神秘莫测的第六感，没有理性的成分。事实上，直觉思维不仅是感性思维，也具有理性思维的成分。直觉思维只有在逻辑思维的指导并得到验证下才能得以实现。直觉思维是艺术与设计灵感产生的主要思维方式，它的产生不是空穴来风，需要多方面条件来促成。因此，设计师要善于从大局出发，宏观把握事物属性的内部关系，促成直觉思维的产生。首先，设计师必须以思维的积累为基础，灵感是来自逻辑思维和形象思维的大量积淀，并在积淀的基础上产生的结果。其次，当设计师设计思路进入困局时，需要暂时主动放弃已有的思路，这对设计灵感的产生是有益的，因为潜意识思维仍在运行中，变换思路会有利于激发灵感的产生。最后，设计师在平时的生活中，需要多关注生活，生活中大量信息在潜意识中对设计师会形成刺激，这些刺激也会激发设计师灵感的产生。这也要求设计师需要对任何事物都要有敏锐的观察力。

（三）注重形象思维训练

形象思维是以具体的形象或图像为思维内容的思维形态，是人的一种本能思维，人一出生就会无师自通地以形象思维方式考虑问题。形象思维也是设计思维的基础，表象是设计主体进行思维活动的基本素材。在实际的设计活动中，设计师会不自觉地运用形象来推理、判断所面临的问题，并运用各种形象来展现自己的思维状态。设计师通常利用草图来记录脑海中闪现的表象，如果没有形象思维，设计师是无法无中生有地创造出现实生活中并不存在的物品的。

形象思维是设计思维的主要形式，设计师需要平时有大量表象的积累、观察能力的培养、想象能力的拓展，才能在设计中避免无创意、无新意的困境。同时，日常生活中表象的积累也会为想象的拓展带来好处。设计师需要有用形象来表达自己的感受能力，并传递有指向性的信息。

（四）重视逻辑思维的作用

逻辑思维是以概念、判断、推理等形式进行的思维，又称抽象思维、主观思维。其特点是把直观得到的东西透过抽象概括形成概念、定理、原理等，使人的认识由感性个别到理性一般再到理性个别。逻辑思维是一种理性的思维过程，逻辑思维方法能够对发散思维、直觉思维的结果进行分析判断，选择相对最优的结果，并有助于用简明的语言和必要的计算数据进行表达，能够对发展变化的市场和技术做出判断，提出改进方案或其他的设想。

设计师在日常的设计训练与实践中，更多的是注重设计技法和设计感受的训练，而往往忽视了设计中逻辑思维能力训练，也忽视了设计程序的逻辑理性推断和逻辑思维对视觉思维的补充、验证作用，使设计作品缺乏针对性和实用性。因此，加强逻辑思维的训练具有重要的现实意义。

（五）辩证思维能力的培养

辩证思维是指以变化发展视角认识事物的思维方式，用辩证法整体地、系统地、客观地综合分析和认知事物。辩证思维模式要求观察问题和分析问题时，以动态发展的眼光来看问题。设计师在设计实践中，需要重视市场调查研究，客观分析市场定位，尊重受众需求，运用对立统一的视角去评价设计，并对设计在不同的阶段做出不同的反馈信息，使设计更加完善。发现式、探索式的学习方法对设计的实践有很大的帮助，可以从多角度、多层次对立统一地看待设计，从方法上支持设计中发散思维和求异思维的应用。

第三节

设计与创新的关系

设计活动在创新中扮演的角色，以及该活动如何有助于创新产品和服务的成功，在相关设计研究的文献中还未充分地定义和明确。西蒙对设计著名的定义是将现有状态转变为首选状态的过程。上文在对"设计"这个词的全方位的界定中可以看出，与以往不同的是，它现在可以表示许多不同的内容。通常表示物体的造型或形态。设计师用于创建这些表征的特殊工具、方法和技术也属于设计的范畴。与客户、用户和其他利益相关者协作的过程有时称为设计。当然，设计也是一个研究和专业活动的领域。当我们从具体的概念转向更抽象的概念时，设计的本质实际上是什么，以及正在做什么，就都会发生变化。这样，就更容易使用术语"设计"来指代以上所有内容甚至更多。但这种模糊性实际上是给辨别"设计"在创新中所扮演的角色增加了难度的部分原因。许多文献都声称设计是成功创新过程的基本组成部分，但却很少有明确的描述或量化分析来说明设计实际上是如何为创新做出贡献的。根据麦克·霍布德（Mike Hobday）、安妮·博丁顿（Anne Boddington）和安德鲁·格兰瑟姆（Andrew Grantham）在 *An innovation perspective on design*：*part2* 一文中的说法："创新研究对设计的概念化、研究性和传授能力都不是非常理想，因此，一般的社会科学，尤其是创新研究，对设计作为公司、工业和更广泛的经济层面上的创造性经济活动的概念化程度也非常低。"这种模糊是很重要的，因为经验证据也表明，"在英国，设计是创新和生产力的四大主要驱动因素之一，可能在所有发达经济体中也都是如此。"因此，设计与创新的关系可以从以下几个方面分析。

一、设计是提供产品差异化的手段

一些学者提出"创新的性质在产品或行业的整个生命周期中都有所不同"的观点。根据这个定义，在生命周期的开始有一个流程阶段，此时可以出现各种产品配置或设计概念。企业可能会竞相开发占主导地位的设计，并且保持其灵活性，以便能够快速模仿竞争对手。在主导设计出现之后，生命周期进入更有针对性的阶段。企业通常会将这一阶段的投资转向渐进式产品创新，并更加强调流程创新以降低成本。这些阶段主要与产品开发有关，但也适用于服务和行业开发。维维安·沃尔什（Vivien Walsh）认为，设计可以为两个阶段的创新做出贡献，分别是前期的流程阶段和后期的专门化阶段。在流程阶段，技术和功能是主要的关注点，这也是工程设计的领域。在后期的专门化阶段，设计被用作差异化的手段，新的设计将产品有别于其竞争对手或早期的型号。这种类型的差异主要是造型方面的差异。设计师和公司可能会适度改变产品的外观、改变包装，或者改善销售支持，以此作为在市场上实现差异化的策略。造型主要与市场营销有关，通常只在新产品开发过程的末尾应用。正如学者盖亚·鲁贝拉（Gaia Rubera）和科妮莉亚·德罗格（Cornelia Droge）所指出的那样，"随着产品技术的标准化，这样的设计创新可能变得更加重要，这意味着当低技术创新允许标准化发生时，设计创新的价值就会更大。"

实现这一目标的另一种方法是通过标准化技术的模块化设计。例如，印刷业可提供的技术选项很少，但市场上还是有大量的产品因设计创新而有所不同。一旦技术变得标准化，通过设计来使产品的外观、美学和实用性来实现差异化就变得非常重要。鲁贝拉和德罗格观察到，一种产品的差异化可能会影响该公司的其他产品或类别。他说："设计创新的正面作用，部分是因为它有能力创造刺激和兴趣，从而刺激新的需求。企业采用设计创新，赋予品牌形象新的内涵。由于光环效应，这种正面效应在企业品牌推广中可能会产生更显著的效果，引入一项设计创新可能足以提升公司所有产品的形象，因为所有产品都带有公司名称。"

米基·艾森曼（Micki Eisenman）认为，设计可以作为一种沟通机制，通过审美变化来推进技术的差异化。在创新的早期阶段，设计的目的是向用户解释新技术，并诱使他们采用产品并扩展其潜在用途。在随后的阶段，生产效率是创新努力的重点，正如艾森曼指出的那样，设计"在组织过程中最不重要"。在后期阶段，当产品需求下降时，如因为采用率达到饱和，设计可以用来向用户推销新的卖点，并刺激销售。新鲜的设计可以掩盖"没有任何意义的技术变革"，并鼓励用新的产品替换旧的型号。根据艾森曼的说法，公司要做到这一点，需要强化技术进步的理念，并"推广各种双向层级的意义，扩展技术的原始功能"，使消费者"能够通过他们的消费行为来表达自己身份的各个方面。"这里描述的许多差异化都来自设计活动和实践为决策情况提供的视觉语言和交流的应用。从设计的层面来讲，这种视觉语言是设计实践的演变，并且成为一种用于创新的语言。

二、设计连接着创新和市场

设计实践和活动的一个日益重要的领域与探索和理解产品及用户交互有关。设计是连接客户、产品和品牌的一种方法。托马斯·沃尔顿（Thomas Walton）认为，对于战略目标群体而言，理解、预测和设计用户与产品之间交互的能力变得尤为重要。马丁强调了以用户为中心的设计实践，动手的、迭代的、协作的活动，是如何使组织能够了解并响应真正的客户需求。根据布里吉特·博尔哈·德·莫佐塔（Brigitte Borja de Mozota）的说法，使用协作技术来理解用户行为是加快产品开发过程的基础，因此也是加快整个创新过程的基础。在另一个独立但相关的方面，阿朗佐（Alonzo）、皮特·莫特森（Pete Mortensen）和戴夫·帕特奈克（Dev Patnaik）认为，通过独特的美学使用设计不仅可以在市场上实现差异化，还有助于采用嵌入式技术创新。他们提供了一套六种通用设计策略，使公司能够将新技术引入市场。这种"设计和商业战略之间的相互作用，其中设计方法被用于指导商业战略，而战略规划为设计提供了一个背景"，这就是学者们所说的设计战略。他们在 *Design Strategies for Technology Adoption* 一文中通过各种案例，从混合动力技术的汽车，到先进材料制成的拖车，再到便携式技术设备的爆炸式增长，来证明越来越多的公司正在使用设计工具和技术来推进其战略技术目标。

设计实践在鼓励用户采用创新方面还扮演着另一个重要角色。根据鲁贝拉和德罗格的说法，公司可以通过修改功能或修改形式进行创新。与功能相关的创新被认为是技术创新，而影响产品形式和美学的创新则被视为设计创新。通过帮助客户"理解具体的技术创新，设计可以减少阻碍技术采用的焦虑和不确定性。合适的产品形态可以帮助消费者激活新的分类模式，从而最大限度地提高产品本身的成功程度。由此可见，设计充当着连接生产者、消费者和产品之间的一种语言。

三、设计将想法转化为概念

许多学者将设计描述为一个转变的过程。有一部分设计理论研究的学者认为，这意味着设计将想法转化为概念。具体地说，即设计是一个有意识的决策过程，通过这个过程，无论它是有形的产品还是无形的服务信息（也就是一个想法），都会被转化为一个结果。托马斯·洛克伍德（Thomas Lockwood）认为设计是一种资源，可以帮助组织使创造性思维更加具体。另有学者认为，设计实践的转化媒介在创新过程中起着举足轻重的作用。正如罗伯特·惠特曼·韦里泽（Robert Whitman Veryzer）、斯特凡·哈布斯堡（Stefan Habsburg）和罗伯特·弗莱泽（Robert Veryzer）指出的那样，设计"是新技术以新的、可用的产品形式从研发实验室转移到市场的主要手段之一"。他们举例说明苹果产品中嵌入的创新之所以成功，是因为使用了"系统启发的设计方法"，其形式是"直观的操作、用户友好的图形界面，以及组件可以轻松地组装在一起"。刘颖、大卫·萨默斯（David Summers）和比尔·希尔（Bill Hill）断言，设计实践有能力将创造性投入转化为有价值的颠覆性创新。英国设计委员会将创新描述为将"想法转化为价值"的过程，其中设计是"创造力和创新之间的联系"。

由此可见，将抽象的洞察力、原型设计和颠覆性概念可视化的设计实践，都对创新过程提供了关键的贡献。这样的设计实践提供的不仅是产品开发过程的结构。其中的设计语言不仅包括思维和可视化工具和技术，还包括设计过程的语言，使程序构架能够将新的、新出现的想法转化为可行的开发流程。设计语言是创新过程的脚手架，通过这种方式，设计语言本身就成了创新的语言。

四、设计理论研究者的贡献

许多文献指出，设计研究人员是创新过程中有价值的信息和知识的贡献者。在笔者对设计研究文献的梳理中，也发现设计研究可以产生有价值的用户洞察力。以用户为中心的设计方法得到了一些方法的支持，这些方法不仅使设计师能够调查人们在特定情况下的生活和行为方式，从而发现他们的真正需求，而且能够与用户合作进行设计并与他们一起评估结果。从这个角度来看，彼得·琼斯（Peter Jones）说，当设计过程嵌入创新过程中时，它扮演着重要的角色，尤其是在一开始，专注于从潜在用户那里获取有价值的信息，并帮助将这些信息转化为概念。纳奥米·戈尔尼克（Naomi Gornick）、马克·琼斯（Mark Jones）和弗兰·萨马利奥尼斯（Fran Samalionis）表示，设计研究在创新中扮演的角色在一定程度上也是风险评估和管理工具，表面上这要归功于直接的用户观察和参与。帕特里克·莱因默勒（Patrick Reinmoeller）提出了类似的观点，他认为设计是一个协作的、动态的和持续的以用户为中心的过程，让内部和外部参与者参与知识创造，使企业能够战略性地利用创新。

尤西比·诺曼（Eusebi Nomen）和巴塞罗那设计中心（BCD）的一份报告表明，设计研究在创新过程中扮演的重要角色，是人们对创新是什么和做什么的认知和理解发生变化的结果。从本质上来讲，当创新被视为科学技术发展的线性过程时，设计的任务是使由此产生的技术变成可以展示的对象，其中造型是主要的展示媒介。自那以后，这一概念发生了演变，创新过程发生在一个复杂的系统内，并在多个不同的参与者之间进行。设计研究中的以用户为中心可以整合多个视角，目的是提供新的、更好的体验。卡比罗·考特拉（Cabiro Cautela）和他的同事们探索了设计科学和创新之间的动态关系，这种关系能够适应新的解释、新的用途和新的创新流潜力。另有学者将设计解释为一种研究过程，更具体地旨在揭示新的未来、新的生活方式以及未来的社会和文化趋势。这比目前关注用户的视角要宽广得多。罗伯托·韦尔甘蒂（Roberto Verganti）特别推动了设计的这一概念，并将其作为一种研究过程，旨在定义社会中在意义层面可能导致的激进创新的新兴模式。根据韦尔甘蒂的说法，设计驱动的创新是嵌入了激进概念的新产品和服务，这些概念不是来自市场需求或技术机会，而是源于新的生活方式和新的未来带来的可能性。在这里，设计研究是一个涉及各种参与者的活跃过程。他们一起探索社会是如何变化的，并提出对未来生活充满意义的主张。这是一个创造感知的过程，而不是产品和服务，设计师在其中扮演着生产和管理信息的重要角色。根据韦尔甘蒂和唐纳德·A.诺曼的说法，这个研究过程是在脱离实际用户的情况下进行的，因为根据当前用户的经验，不可能在意义上产生根本的创新。

创新背景下的设计研究是阐明"什么是什么""什么是可能"的一种手段。它使创新者能够消除不适当的替代方案，并服务于解决和集成复杂系统的多个组件。设计研究的语言也就是它的方法论、模型、目标、发现，定义并描述了通向创新的道路。

五、设计是一种创造性、生成性的思维过程

有学者认为，与创新相关的设计实践最常见的作用可能就是作为创造性思维的促进者。在设计研究的文献中许多文章都特别提到了这方面的观点。例如，丽莎·卡尔格伦（Lisa Carlgren）、玛丽亚·埃尔姆奎斯特（Maria Elmquist）和英戈·劳斯（Ingo Rauth）对描述设计思维方法如何支持创新的文章中进行了全面回顾。尽管设计思维本身有不同的定义，但大多数设计思维实践者都认为，设计思维是一个迭代的、加速的问题识别和解决问题的过程，用于确定需求，并参与以用户为中心的原型制作、实验和验证初始想法，以及受设计师的思维方式和工作方式的启发。如前文所述，安东尼亚·沃德（Antonia Ward）、埃莉·朗斯（Ellie Runcie）、莱斯利·莫里斯（Lesley Morris）以及蒂姆·布朗对设计思维也给出了类似的定义。

关于设计思维如何促进创新，笔者在众多文献中总结了两种方法。第一种方法是将设计思维定义为解决问题的过程，使设计团队能够生成和探索多种备选方案，并从中选择最合适的方案。生成过程使用涉及各种设计实务相关者的迭代实验，包括开发团队、管理人员和用户。根据一些学者的说法，原型工具和设计可视化方法是核心，而它们本身就是创新的形式。布朗说，设计思维帮助那些寻求最合适解决方案的人去进行想象，并赋予他们想要提供给用户的体验形式。

第二种方法是将设计思维定义为对设计实务相关者的能力和技能产生积极影响的问题解决过程，也有助于公司整体接受创新过程。卡尔格伦（Carlgren）和她的同事们认为，除了直接对创新过程做出贡献外，学习设计思维技能还可以提高领导技能，并激励员工以更好的态度从事创新过程。同样，雷切尔·库珀（Rachel Cooper）、萨宾·荣金格（Sabine Junginger）和托马斯·洛克伍德（Thomas Lockwood）也认识到，设计思维是如何让各种角色创造新的愿景和替代方案，从而围绕所服务的人重新定位解决问题的整体架构，这也影响了他们未来创新的方向。因此，可视化工具和方法是研究设计思维最直接和最有影响力的手段。可视化是创新设计过程中常用的工具，对企业进行有关设计在创新中的作用的教育通常会促进企业整体创新战略的可视化表现。以这种可视化创新战略的方式可以对整个过程产生积极影响，这要归功于它为各种创新参与者提供的清晰视角。基于此，我们再次看到，设计语言成为设计实务相关者创建、开发、解释和实现创新计划的语言，这些创新计划塑造了他们的产品和企业。

六、设计是表达思想和整合概念、受众和功能的技术

在许多文献中，有学者将设计描述为一种工具或一套工具，用于清晰地表达和整合概念、受众及功能，甚至集成不同类型的创新。首先，设计团队使用的视觉和数字交流方法和程序非常有效地弥合了生产者和消费者之间的鸿沟。它将供应商与用户联系起来的能力已被证明有利于服务设计流程。数字环境的进步也促进了从事"开放式"创新项目的生产者和消费者之间的虚拟互动——（OpenIDEO）平台就是一个很好的例子。根据沃尔什（Walsh）的说法，设计主要在促进创新的初始阶段起到桥梁的作用。当创新进入以对现有产品和服务进行渐进式改变为特征的阶段时，设计的角色也会发生变化。

其次，设计实践通常作为一个内部界面，它使来自不同部门的设计实务相关者能够会面和互动，以实现公司的创新目标。博尔哈·德·莫佐塔（Borja de Mozota）认为，设计活动可以通过改善组织中各职能之间的沟通来修改创新过程，从而实现更好地协调和整合。这源于设计活动经常在技术需求和市场需求之间进行调解。设计活动包括协作创建可视化工具，如草图、原型、模型和图纸，增强功能之间的沟通、协调和集成，并增强项目内部和项目之间的知识生产和流通。根据莫佐塔的说法，强有力的部门间沟通与新产品开发过程的加速之间存在相关性。埃里克·阿宾（Erik Abbing）和克里斯塔·格塞尔（Christa Gessel）指出，设计在创新中的角色正在发生变化，从而使创新最终看起来更漂亮，变成了一个有意义的可持续发展方向的源泉。设计的功能是将创新过程中涉及的各个学科合并成一个协同团队，并将富有远见、鼓舞人心的想法与切实具体的解决方案结合起来。

最后，设计活动整合了来自公司活动不同部门的知识。克里斯托弗·弗里曼（Christopher Freeman）说，设计对创新至关重要，因为它是创意的领域，是创意产生的地方，也是技术可能性和市场需求或机遇之间发生耦合的地方。总之，设计活动已经成为创新工具箱中的工具，可以充当技术创新、服务创新、以用户为中心和社会创新之间的桥梁，因为从本质上说，设计是一个以人为中心的过程。另外，设计可以帮助改变现实空间，以鼓励、支持协作和创新思维，而这正是大部分变革发生的地方。综上所述，设计工具、技术、方法和思维方式的传授使设计实务相关者能够进行创新的开发过程并产生创新的结果。设计和设计语言使许多不同类型的设计及相关从业者能够找到并阐明他们在创新过程中的位置。

七、设计师对创新的贡献

设计师的专业技能正是他们成为成功创新者所需要的技能。除了具有提出新的解决方案的能力外，设计师作为创意专业人士的特征还有愿意冒险，接受高度的模棱两可和

不确定性，发散式思考，积极地推演想法并得出结论，以及激发他人激情的能力。设计师非常适合在创新的背景下工作，因为他们拥有正确的教育、技能和心态。他们是发散型的思维活动者，也是敏锐、巧妙、自信、执着的人。有的学者还强调，他们训练有素的迭代解决问题的方法是创新过程中的一项资产。沃德和她的同事们讨论了设计师对视觉和交流工具的有效利用，他们表示，利用这些工具可以减少很多误解，让不同专业的设计实务相关者清楚地了解企业及其与客户和其他参与者之间的关系，并最终改善创新决策。设计师训练有素地与用户打交道和理解用户的能力是另一项关键技能，当然这与作为研究过程的设计者密切相关。设计师把重点放在用户和他们所做的协作工作上，这有助于组织更深入地了解客户的需求。设计者学习在迭代周期中解释、翻译和与用户协商需求，同时寻求最优和新颖的解决方案。他们与用户合作的能力，甚至在某些情况下会进行共同创作，使得设计师有别于其他专业人士。实际上，设计师们的这一贡献有助于使创新变得更友好且更容易使用，从而使其更易于被采用。根据玛齐亚·莫塔利（Marzia Mortali）和比阿特丽斯·维拉里（Beatrice Villari）的说法，设计师通过将用户的需求转化为产品和服务来与用户合作的能力有助于推动关系、公民参与、从公司到机构的合作，以及组织转型。

设计者不仅通过产生代表过程的时间和最终结果的原型和功能来为创新过程做出贡献，而且他们还影响与这些功能、视觉辅助工具和原型相关的信息如何在过程中涉及的参与者之间流动。肯尼斯·蒙施（Kenneth Munsch）进一步阐述了设计在创新过程中产生和管理有价值信息的能力，强调了外部设计师带来的信息和知识，因此被许多公司视为有价值的创新驱动力。例如，一些全球公认的市场领导者与外部设计师合作，他们通常被公认为是高度创新的设计领导者。

综上所述，无论我们用什么术语来定义设计师、创意设计师或创新设计师，都证明了一场创意与设计、创意与创新之间关系的更广泛、更复杂的讨论。例如，乔治·考克斯（George Cox）说："创造力是新想法的产生，创新是对新想法的成功开发，设计是连接创造力和创新的纽带。"

第三章
创造力概述

第一节

关于创造力的研究

一、创造力的定义

创造力（Creativity）这个词在《剑桥词典》中解释为"创造独创性和不同寻常的想法的能力，或创造新的、有想象力的事物的能力"（The ability to produce original and unusual ideas, or to make something new or imaginative）。但在中文和英文的对应翻译是"creativity ingenuity"词组，由此可见，在中文中对创造力的解释，可以理解为：一种创新的、创造思考的能力，提供新的想法产出。经过查证，创造力在《汉语大词典》中的释义正是"进行创造和发明的能力"，包括敏锐发现问题的能力、预见和评价能力、寻求解决问题方向和途径的能力以及完成某些操作和对设想进行检验的能力等。"创造力""创新"和"创造"三个概念经常会容易混淆，学术领域对此也有专门的文献进行讨论。总的来说，创造是首次创造出一个新颖的事物，创新是更改原本想法导入新的想法成就新事物，而创造力是一种内化新颖或独创的能力，来自重组自己已有的认知，借此改变本来就存在的事物。

广义而言，人类的历史上是先有创造力才出现的科学。人类拥有文明的历史至少已经有数千年，科学的发展至今也有几百年的历史了，但在学术研究领域，无论西方还是我国，都是于最近50余年才开始起步。关于创造力的相关研究大致可分为三个范畴：第一个是以心理学探讨创造力的本质、内涵与评鉴方法方面的探讨；第二个研究方向是创造力应用在各项教学领域上的技巧、策略和成效的评估；第三个则是关于创造力和问题解决能力方面的研究。根据加里·戴维斯（Gary Davis）综合各个专家学者对创造力的定义，整理早期创造力相关研究，认为创造力研究可归纳为三个"P"研究方向，以探讨影响创造力发生的机制，包括探讨具有创造力的个人特质（Person）、探讨创造产生的过程（Process）和探讨高度创意产品的特质（Product），之后美国塔夫茨大学的罗伯特·杰·斯顿伯格（Robert J. Sternberg）教授又补充探讨有利于创造的环境因素（Place）形成创造力"四-P"的研究方向。根据美国心理学家乔伊·保罗·吉尔福特（Joy paul guilford）的智力结构论，将思考历程区分为收敛性思考和扩散性思考两个概念，前者针对一个问题寻找一个可接受的最佳答案，后者指根据既有的信息生产大量、多样化的信息。扩散性思考虽然不等同于创造力，但被视为创造力的潜能或创造思考的主要历程，可用来预测创造性成果或表现。吉尔福特认为创造力是人类某些特质的组合，这些特质包括对问题的敏感度、观念流畅性、观念新奇性、思考弹性、综合能力、分析能力、观念结构的复杂度以及评鉴能力等。他认为创造力在统计上是一个连续分布，每个人或多或少都有些创造力，这些个别差异可以被测量出来。

受吉尔福特的启发，后来发展的许多创造力测验，如美国心理学家埃利斯·保罗·托兰斯（Ellis Paul Torrance）著名的创意思考测验，主要就是测量发散性思考的能力，包括观念流畅性，即能产出大量的观念；变通性，即观念具有弹性；独创性，即观念的独特程度；精密性，即品质改善程度。这些测验假定创造力是一种跨领域、一般性的特质，但也有一些学者认为创造力是领域特定的，如一个人在某个领域具有创造力，但在另一个领域不一定也同样具有创造力。所以评判者就必须使用领域特定的产物来测量一个人的创造力。而产物的创造性一般会交给由若干专家组成的委员会来评判，标准通常包括两项：第一，就该领域而言，此结果是新颖、独特或前所未见的；第二，就该领域而言，此结果是良好、适宜、有价值或能解决问题的。新颖有程度的不同，价值也有不同程度的高低。所以关于创造力的界定，可以得到几个结论：一是从思考历程来看，创造力比较仰赖扩散性思考而非收敛性思考；二是从产物来看，创造性产物必须具有新颖和价值两大类条件；三是从人物来看，人人都具有创造力，只是程度不同，领域不同。

二、创造力理论

创造力的研究起初以个人为对象，主要探讨个人的人格特质、动机取向、个别差异等因素对个体创造力的影响，然而，创造力的产生是一种累积、组合和实验的方法，研究取向不同会产生不同的定义，多数的学者认为最好的定义应落在创造力的结果或产出，是由一项具有原创性且有价值的想法，创造出新奇有用的东西。多年来，各领域学者们不断就各方面专长试图说明何谓"创造力"，但由于创造力在运作时会涉及其他层面，因此往往会衍生出见解不尽相同的创造力观点理论或模式。以下就"创造力"的想法建构提出相关理论佐证，试图从以下五个方面向读者展示创意行为发生的过程。

（一）发散性思考与收敛性思考

认知理论的研究取向十分多元，所关注的重点主要是智力发展与思考方法，跟创造力有关的思考方法大致可分为"发散型思考模式"和"收敛型思考模式"两种。发散型思考模式是一种直觉式的思考模式，类似水平式的思考，可以较不受拘束、天马行空地发想，比较适合用于可能有多种答案的问题，而收敛型思考模式是一种逻辑式的思考模式，比较适用于解决垂直式的问题。

发散思考是一种向外扩张的直觉式思考，可以从一个关键字出发，发散出多种可能，从狭窄到宽广，从具象到抽象。收敛思考是一种逻辑式的思考，将很多的问题缩小简化，不断地归纳找出最合理的答案。在一个创意思考的过程中，需要将发散和收敛思考都纳入考量，发散是为扩大问题的解决方法，收敛则可以在众多答案中找出真正的解决办法。了解自己思考的脉络走向，才能更清楚地知道可运用的创意因素，并且能将发散思考和收敛思考的时机掌握良好，以得到最好的结果。发散式思考模式是自由的思考，不用遵从逻辑，思考的方向可以是相对的或者分散的，不用受到思维和物理上的任何约束，可以同时提出数个解决方案，这种思维模式的缺点可能是思维会陷入一团混乱中，思考的方向变得毫无目的性，但优点也是显而易见的，或许可以创造新的机会，发明新的方法。收敛性的思考模式是分析和归纳式的，循着问题一步步向下找寻解答，思维是有逻辑的且目标明确的，能够帮助人们找到决定的目标方向，但这种思维模式下可能会让思想变得比较狭隘。

（二）动机理论

动机主要探讨的是社会中的"刺激"来源如何引起人类的"需求"动机，早期的创造力理论家对于创造力的普遍看法来自创造东西的渴望，就创造力议题和动机理论的整合来说，将刺激所产生的各种需求，设定为整合性的目标，将能激发个体的创造力。20世纪美国心理学家、人本主义的创始者之一的卡尔·罗杰斯（Carl Rogers）认为，创造的动机来自自我肯定与实现，自我实现的驱动力存在于每一个人身上，但是首要必须先引起动机，搭配某些条件的配合，才能达成创造成就展现自我，实现自我潜能。

以创造力动机类型而言，可分为"内在动机"与"外在动机"，内在动机主要是受到对于问题的强烈兴趣与好奇心所驱使，内在动机归于有助于创造的个人特质。研究同时发现，具备高创造力的人可以从具有挑战性的工作中得到能量，复杂的问题会让具备创造力的人兴奋，进而更加地投入工作，这也是高度的内在动机取向原因。而外在动机是属于内在动机的另一面，外在动机的取向来自环境或其他外在诱因，学者特雷莎·阿米比尔（Teresa Amabile）在《创造力的社会心理学》一书中提出观点认为，外在动机主要受到环境驱使下做事，以强迫和规定的方式进行工作，会使个人注意力分散，具体来说，受外在动机驱使的人会依赖较陈旧、较不具有创意的方式解决问题，对于激发创造力会产生损害效果。综上所述，内在动机是天生的、自动自发的性质，由好奇心和强烈兴趣驱使，可以刺激个人产出新想法，但可能有些方法尚未尝试过会不适用。外在动机是遵循规则并受环境驱使的，可能会让想法比较陈旧迂腐，但是可以帮助执行者有依循的方法走向。

（三）行为主义理论

行为主义强调增强正确的行为，以及刺激与刺激、刺激与反应之间的联结，美国心理学家伯尔赫斯·弗雷德里克·斯金纳（Burrhus Frederic Skinner）认为人类所有的行为都是经由正负增强及惩罚控制而来。就行为主义的观点而言，人类的行为是受到环境中刺激所控制的，个人一切复杂的行为都是学习来的。也就是说创造力是一种复杂的行为，因此创造力也是学习来的。行为主义学派的学者就此论点阐述创造力是取决于个体与环境交互控制的过程而来。

发展创造力是一种改变刺激的过程，受到改变的刺激可能是一种新的刺激，而刺激产生新反应，新反应又会形成新的刺激，不断延续，创造力因而产生。就创造动机而言，行为学派认为新环境的刺激往往大于个人想法，因此，改变环境就能达到新的创新行为。行为学派提出若产生创造力可能需要以下条件：一是具备大量的专业行为，无论是知识还是技巧；二是从环境中体验新的刺激；三是新刺激产生新反应，从中获得成就感产生更多新反应；四是新反应改变环境，进而产生新的刺激；五是制定创造标准；六是将新旧行为组成系统，产生新的创造能力。

（四）创造力的互动观

美国心理学家霍华德·加德纳（Howard Gardner）曾依据另一位心理学家米哈里·契克森米哈赖（Mihaly Csikszentmihalyi）的"创造力系统理论"提出"创造力互动观"，强调"个人""他人"与"工作"三者之间互动的重要性。"工作"在学科领域中指的是象征信息系统，在工作领域中代表的是环境系统；"他人"可能是家庭或同僚，也可能是竞争对手和支持者，在工作环境中代表的是相处的伙伴。"个人"是一个经常解决问题也能在专业领域定义新问题，如起初被认为是新奇，而最后能被接受，往往会受到"工作"即社会环境支持和"他人"即支持者或竞争者的影响才能产生其创造力。他同时也指出产生创造力的专业领域，往往受创造者的智能、个人特质、社会支持和专业领域中的机会所影响。

（五）人格特质与创造力之间的动力关系理论

马尔科姆·格拉德威尔（Malcolm Gladwell）曾引用经济学家戴维·加伦森（avid Galenson）的理论，将拥有高度创造力的成功人士，区分为"概念性创新者"与"实验性创新者"。前者属于天才型的创新者，很清楚知道自己的想法，主要透过一些概念性的构想便能将想法付诸实现；后者则要不断练习实践，借由不断地实验与犯错，才能离成功越来越近，常理而言，后者属于一般社会常见的创造力人，唯有通过不断地寻求新方法练习才能创新。一般所谓具有创造力的人，即说明一个人创造事物的认知历程。大卫·皮尔森（David Pierson）认为有创造力的员工特质必须能不推卸责任勇于承担外在风险。王艳平、赵文丽在《人格特质对员工创造力的影响研究》一文中提出一个有创造力的员工应该在工作时展现自信特质之外，还要具备能创新思考勇于将自我创意用于解决问题上。依据不同的解决形式，提出创造力与员工解决问题的有关方式，可分为两种不同解决问题的创造力人类型：一是创新型，即打破原本认知架构，重新面对问题核心，建立自己的解决方式，通过不断地实验重整步骤，以全新的方式解决，比较类似实验性创新人格。二是适应型，即从他人过去经验传承学习建立架构规则，修改建构有效率的解决方式。

然而，无论是创新型还是适应型解决方式，具有创造力的人（或称创意人）的人格特质往往都十分相似，整理罗伯特·史坦伯格（Robert Sternberg）和威廉·理查德·斯科特（William Richard Scott）等学者所提出具有创造力的人格特质，可分为以下几类：

一是自主性，即能够受到内在动机的驱使，不跟随众人建议，拥有积极的态度主动思考解决办法，自我发掘成长。二是新颖性和复杂性，在面对新的挑战和模糊复杂的环境时，试图打破旧有规则，勇于承担外在风险，克服问题找出新的处理办法。三是可靠的回馈，遇到问题会借由组织讨论找出解决办法，如此容易得到组织的鼓励和肯定，也进一步受到鼓舞而努力工作。另外，有学者认为：创意人多拥有一种以上的特质，且有能力将此系列整合成一个人格系统。他们可能不只是内向，有可能同时兼有内向与外向性格，能够端视所面临的历程与阶段来做调整。

综合以上有关创造力的理论，在创造行为发生时，人们应该要知道什么时候需要用到具有跳跃性、想象力的扩散思考，而什么时候必须要使用判断、分析的收敛性思考，以便交替使用激发创造力产生。从动机理论整合思考模式来说，扩散式思考模式主要来自内在动机的驱使，不断地发散想法，试图创造各种可能性。这个过程结束后，受到行为主义和外在动机的限制，工作环境会给予一定的刺激和规则，让想法受限在一定的范围内，这时候的想法会开始聚焦，也会受到他人和环境的刺激，进而刺激个人产生反应，反应又会影响环境，让新旧的标准融合，使新的创造力产生，即是一种创造力互动模式。创造力类型的人格通常属于实验性创新者，往往因为自主的意识较高，具备独立思考的特质，充满热忱且自信十足，能勇于接受风险，不畏惧迎接全新的挑战。

第二节
生成创造力的认知意象

从前文中关于创造力生成的影响因素的论述，可以非常明确地认识到创造力的生成是属于解决问题的认知部分，或是一系列思维段落有意识地进行，以建立一个可辨认的新颖产品。由一系列思维段落的观点来解释，它是执行认知阶段一段时间后想出了一个令人惊讶的解决方案。所有这些认知操作是认知过程发生创造力的主因，如果看"过程"是一个方程式的运作，那么这些认知机制就是方程式的参数，每个段落是参数的运作，有其参数值结果或称属性，整个属性的结合也就是运作后的创意产品结果。

一、创造力过程

格雷厄姆·沃拉斯（Graham Wallas）归纳问题解决和创新性思考过程是一个"系列阶段性的思考"历程。根据他的著名的创造力过程模型，在生成一个创意念头或一个科学发现时涉及准备阶段、孕育阶段、暗示阶段、顿悟阶段和验证阶段五个参与过程。准备阶段是开始着手以前，解题者需要先了解问题、收集与整理相关资料作为准备材料，开展全方位调查问题的活动；孕育阶段又称解题的潜伏期或酝酿期，是指解题者通过潜意识对待解问题进行思考，这种思考是在不自觉的情况下进行的；顿悟阶段是经过不同时间的酝酿后，解题者对问题的解决变得豁然开朗，先前遭遇的困境均得以逐一化解，使问题获得解决。此阶段即格式塔学派所谓的顿悟现象，而且根据皮亚杰（Piaget）的观点，顿悟的产生是解题者的认知结构发生调整、重建后所获致的结果；验证阶段是对于整个解题历程的反省思考，验证所使用的解题方法是否正确且合适。如果核查这个想法并简化到确切的表达形式，则完成了解题，否则就必须部分或重新进行前述的阶段，直到问题获解为止；依照沃拉斯对暗示期的解释，他发现用"暗示"这个词更容易解释灵感出现的时刻。在这五个阶段中，暗示期被一些学者认为是一个阶段，尽管没有太多证据能够证明它的实际存在，但大多数研究者都相信创意是来自对一个特殊问题的长期解题过程，并且恒定地在这个问题上做出许多新的探索，直到呈现出完整的解决方案并被确认是独创为止。这个进行时模型提供了一个非常普遍的解释，说明在主要的问题解决过程中是创造力发生的过程。

二、认知过程

在《风格与创造力：设计认知理论》一书中，陈超萃教授介绍了六种牵涉创造力的认知过程，他以此来解释之前学者所提出的"创造力被认为是一种解决问题的能力过程""创造力是一种联想过程""创造历史寻找及解决问题的活动"等问题。这六类认知程序分别是：知识积累的过程、联想和重组的认知程序、学习过程、搜索过程、推论以及心智表征。

1.认知知识积累的过程

知识可以提供基本的元素，作为建立创造力的骨架和大纲，但若是抱持着旧观念、旧点子和固定框架，则无法做出创意和前所未有的结果。事实上，如果我们仔细观察现在那些极端创造力的产物还是跟过去脱不了关系。如果没有扎根在过去经验，根本就没有创造力或是创意可言。若是天马行空做出不符合常理的东西，对人类社会来说根本没有意义。美国斯坦福大学蒂娜·齐莉格（Tina Seelig）教授在《创新引擎理论》一书中也指出任何领域的知识都是驱动想象力的燃料，个人对某一特定知识主体的了解越多，就越需要掌握更多的原始资料。虽然针对这个要素有持相反的观点，不过她进一步指出在多数案例中，这些人大都仍拥有某个领域的专门知识或技能。阿米比尔在《创造力成分模式》一书中的领域相关技能中也认为个人要产生创意之前，必须熟知某领域中具有的技能。也就是说，在进行创造思考之前，我们应该先想想过去人类生活中已经发明过哪些东西，而且能够改善人们的生活。由于世界是处于不断地进步的状态中，如果没有沉浸于理解这个领域，可能会做出与之前相似度太高的产品。在复杂的科学领域中钻研，则更需要去熟悉一些规则，而且钻研对启发性思考也有帮助。所以，知识在创造思考上变成一个环境，我们要了解这个环境里缺少什么，然后用我们的专业知识来更新事物。在围棋、运动、科学和艺术这些实操类的专业里，数十年的密切准备才可能有希望成为领域内的佼佼者。也有报告说明，十年时间的努力应该是积极地作尝试和探索，而不是简单地从标准教科书中学习。

综上陈述，知识是思考的素材，创造力需要先储备知识为基础。无论是经教学所习得的某一学科领域的正式知识或从其他渠道所得到的一些非正式知识，均对创造力的表现有所作用。领域知识可帮助一个人从事创新、思考、批判等于创造相关的活动，而要做出新奇、恰当、有创意的作品来，一定要仰赖他们工作环境中的非正式知识，非正式知识则可促使创造的结果能以合适的方式加以呈现和传播。但非正式知识的研究显示，人们可能适应良好，却很少做出有创意的事。因此，人们必须要在学校和工作场所中学习这个制度对他们的期望是什么，同时也应该学会如何超越这个期待，而让自己有创造力飞跃的方法。

2.联想和重组的认知程序

创造力的源泉来自我们怎样独特地应用知识解决问题。人类自身的知识系统是由联想这一行为所建立构成的，联想心理学相信越多的联想会增强创造力，而创意也将随之产生。另外，心理属性，如不平凡的联想建构，或追求非传统或做冒险事项的强烈动机等特色，都和创造力的现象有关。在解决问题时重新组织知识的过程，完形心理学也提出了一些概念。根据完形心理学的理论暗示，创造性思维或洞察力在创造性的发现发生时，涉及知识的累积或快速将思想重组的结果。思想重组关系到对问题情境的重新组织或重新定义。如果设计师能做出新的奇异联想，并突破传统创造新的问题结构，做出新颖和有用的造型，则创造力就出现了。很多时候问题的结构会经过一系列的改进从而得到一个满意的解决方案。

3.学习过程

当我们学习一个新观念或做一个新模拟、新隐喻时，创造力就发生在学习过程中。这种现象是一种用现有知识团块去应对现有社会文化环境的认知过程。这也说明了"知识同化"的现象，其实它不只是建成一个新知识，而是有创意地建成。在设计中，这可以用来解读别人已有的设计产品或特征，同样也可以建构新的设计观念。这也说明在有关概念的设计中，创新是如何产生的。如果学到的知识被用在新设计方案中，可能会生成出一个创意的设计成果，那么创造力也就出现了。

4.搜索过程

这类搜索过程是由"实用关联"的相关性思想做引导的。关于实用关联的定义，有些人认为思想能极度包容，存有相当广的实用关联概念；有些则有较狭窄或更传统的观念。如果一个人的思维过程极度宽阔包容，提供搜索过程许多灵活想法，那么他或她可能容易做出更具创意的事情。这种思维方式是创新的基础，在这个概念中，"实用关联"是相关信息连到手边问题的接近度。如果我们承认知识储存在记忆中是相关联的，那么实用关联的概念在某种程度上就等于联想。创作者必须建立联想，从而得到需要的信息，尤其是心理的参数属性，如果在心智层面经过搜索得到比他人更能接近不凡的高度联想，或增强追求非传统事件或冒险事件的动机都和创造力有关，那么，在设计中，物体的功能需求是解决设计问题最重要的考虑。如果设计师能搜索到新颖前卫的造型满足最多的功能要求，则创造力会经由搜索效果宣示出。

5.推论方法

解决问题的过程有时需要归纳推理，有时的决策又由演绎推理所做出。当解题者在需要通过演绎或假设找出问题时，实际都是"分析性思维"在运作。当必须要进行判断时，解题者需要结合证据和假设才能得到最终结论，这是"综合性思维"。设证推理在解决日常生活中的难题时扮演着重要角色，同时也是创造力的核心。它也是在关注一组似乎毫不相关单元的概念。设证推理通常开始于一套不完整的观察，发展出一个对这套观察最可能也最合理的解释，并创建一种依据有限数据做出最好的日常决策。这种发散性思维方式需要解题者在建立联系之后做出适当的判断和解读从而联结一系列动作。

6.寻找心智表征的过程

当一个问题反复出现时，需要设计者从经验中学到经验法则，或经过问题回溯和适当修改来解决当前问题。大多数的日常问题有可能是常规问题，他们的答案相对讲都是较为标准化的。所以，心智表征在这类问题上显得不是特别重要。然而，在解决专业特殊问题或前所未有的问题时，适当的问题表征是必需的。在设计中，使用正确的内部表征形式匹配外在表现形式非常重要。如果一个独特的心智影像被发现，并将之用作设计的表征，则其设计产品的结果将会是独特且具有创意的。

第三节

设计与创造力的关系

一、信息处理历程与创造力的信息处理特性

（一）信息处理历程

许多学者指出，创造力的表现与信息处理历程的各步骤有着密切关联。关于人类认知的历程，已有多位学者提出各种观点或模式来加以描述，然而就具体明确的角度来看，则以信息处理理论所主张的认知历程模式得到学界普遍的认可。根据加涅（Gagne）、叶科维奇（Yekovich）等人于1993年所提出来的信息处理模式，信息是自

环境中经由学习者的接收进入信息处理系统，其中，受到注意的信息会到达短期记忆（Short-Term Memory）（或称工作记忆，Working Memory）进行编码，然后送到长期记忆（Long-Term Memory）中作永久性的储存。在学习新事物时，长期记忆中所储存的信息可经由检索而回到工作记忆，进行新旧知识的组合，重建新的记忆组织。信息处理的结果所产生的反应，由适当的动作器表现出符合任务要求的行动。而在整个信息处理的每一个步骤，均受控制过程的监控与调节。

（二）创造力表现特征

虽然创造力与一般的思考均涉及相同的心智历程，但创造力所涉及者较为复杂。学者在所提出的"认知螺旋模式"中，认为创造性思考是将外在或内在刺激经过信息处理历程的转化后，产生重新组织的结果。然此一历程并非循环式，而是以螺旋连续的方式进行，使长期记忆中的知识得以因实际的需要而不断改变与增加。根据实证研究发现，具有创造力的表现者与一般人在认知方面的差异，是因其在注意、知觉、检索、记忆与后设认知等历程中均较常人为优所致。台湾学者董奇在综合大量观察的经验后指出，创造力主要是由敏锐的观察力、集中的注意力、高效率的记忆力和适度的监控能力所组成。从信息处理历程而言，具有创造力的表现者有如下几项特性：

（1）能敏锐地在众多的信息中，选择并抽取出所需要、有价值的信息。

（2）对于所接收的信息能进行适当的编码，新、旧信息的组织较具逻辑性和关联性。

（3）能选择性地活化符合任务需求的相关信息。

（4）能善用联想、类比或直觉等认知策略来处理信息。

（5）经过处理的信息，能考量本身与外在环境的需求，并采用适当的方式加以输出。

（6）能合理、有效地运用自我调整、自我监控等后设认知于信息处理各步骤的监控上。

自从人类信息处理论的观点提出后，已获得许多研究的支持，并将之作为诠释人类内在认知历程的一个共通性架构。根据此架构，创造力的表现可能涉及一个高品质、高效能的信息处理历程。除了在每个信息处理步骤均为合宜、有效外，更能透过后设认知历程在适当的时机，选择必要的处理策略，以获得合乎任务需求的结果。由此可见，决定能否表现创造力的关键之一，应与信息处理历程各步骤的品质有关。由于信息处理的品质与每个人的经验、知识、认知风格、人格特质等因素有关，每个人在这些因素上的独特性会影响其信息处理的品质，于是便造成创造力出现个别差异的现象。鉴于创造性与非创造性思考均来自同一个认知系统的运作，故若由发散性思考、知识重建等认知系统的现象相关研究入手，就可以增进对创造性思考内在历程的了解。

（三）创造性解题过程与一般性解题的差异

根据心理学领域学者的观点。创造力、信息处理与问题解决都属于心智运作的历程，三者间应有相关重叠之处，也各有其独立性。许多探究科学或其他领域的创造力的学者，也大都将问题解决视为涉及不同程度的创造力之外的表现。鉴于近年来多采用信息处理的原理来探讨人类解题的历程，而信息处理理论又可以用来解释创造力的认知特性，因此，以问题解决来呈现创造力的外在行动历程，不但具备象征性，并可为日后创造力与解题的相关研究提供一个新的思考方向。虽然解题所经历的阶段与基本步骤固然有其共同性，但也有人指出，创造性的设计过程与一般性的解题在行动序列上，可能存在以下几项程度上的差异。

（1）创造性的解题过程比一般性解题需要更有效的执行力，或多个基本步骤，即在每个步骤的品质上有所差异。

（2）创造性解题与一般性解题在每个解题步骤所花费的时间量或执行每个解题行动的次数上应有所不同。创造性解题往往需要花较多时间来定义问题。

（3）创造性解题比一般性解题涉及某些特殊的解题行动序列，可能在某些解题步骤上必须运用特殊的解题策略或技能。

（4）创造性解题涉及若干未发生于一般性解题的特殊行动或处理阶段。

在基本的层面上，创造力与解题均为信息处理的历程，只有深入探讨，才可能推测一般性的解题与创造性较高的解题所运用的信息处理历程，在步骤的有效性、时间、策略的特殊性与使用时机等方面，存有质与量上的双重差异。以往已有研究指出，创造力与解题有密切的关系。也有学者曾建议可借由解题的历程来探讨创造性行动的本质。

二、设计程序中的创造力

经济合作与发展组织（OECD）给设计的定义是一连串活动的整合，它们与概念、计划、构想和视觉化有关，其中包括草图、模型和其他表现工具，而其目的在为产生一些以前并未存在的事物做准备。因此设计是将构想付诸形体的一系列活动，最初始为解决问题的概念办法，然后运用方法、材料和零件转变成一个具体生产产品的过程，因此设计与创新通常是密不可分的。在设计组织中，创造力被概念化的步骤对应到创意思考的过程，依序包括组织成员整合发挥团体的功能、问题厘清与机会确认、产生多面向的选择方案、多面向考虑待选概念和从多重选择组成一个创新结果。在整个产品开发设计的过程中，前半部分是属于创意产生的阶段，因此需要想法上大量地扩散空间，而这个阶段成功与否在基本面上取决于设计组织的成员特质和专业能力，借由一些创意激发技巧，如脑力激荡法，将每位成员的能力加以整合后，产生加成的效果，在环境层面上则依赖组织本身对于外界环境事物的认知，搜寻符合企业利益的机会并确定合于组织核心能力的策略目标，产品开发设计过程的后半部则强调创新的应用，在创意过程中强调收敛、精炼和决策，而这些过程的实践有助于将设计创意转变成具有市场竞争力的商品。

进一步从产品开发设计探索创新的产生，一个成功的设计往往必须同时倚赖设计者、使用者和产品开发者间的创造力与合作力共同完成的。三者间的互动形成回馈的回路有助于新想法的发现和确认，并提供产品更明确的目标和价值。设计创意的来源往往由于外界的人、事、物所刺激并进而产生新构想。此外，沃尔什（Walsh）描述三种能直接介入提升创新产品设计的路径，包括让使用者直接参与产品设计的机会，然后将想法转变成具有商业价值的过程，最后运用市场销售提升产品形象。在设计创意思考的过程中，很多时候会产生所谓跳跃思考的模式，跳跃思考所产生的创意大多发生在设计者透过洞察力，突然察觉出某一概念的独特性和关联性，但是反复思考后会发现这只是在设计过程的思维中才会发生，是设计者在核心概念开始整合前的昙花一现。设计者从事设计构想发展时常通过自身经验的回忆和陈述而产生创意的想法，然而这些想法和概念有时不完全可靠。事实上，为了更深入地理解设计过程中的创造性是如何产生和运作的，一些从事经验研究的学者，已开始揭开设计的黑箱创造力神秘的面纱，在忽略单独探讨创造力的意图下，倾向将创造力融入一般的设计活动中作整体的研究。由于创造力是设计过程必然历经的活动，但却无法掌握创意产生的必然性，因此需要通过探讨设计程序中的创造性思考，来尝试总结创造力在设计程序中出现了哪些促成因素。

第四节

设计程序中创造力的出现因素

一、设计程序中的创造性思考

设计创作的结果最终会体现在设计作品之上，作品是为了达到人们的预期所产生的系统。设计师需要具备广泛的知识以及能将其整合和分析的能力。奈杰尔·克罗斯认为设计是人类本能（Natural Intelligence）的一部分，西蒙也提出设计工作就是创造一个比目前更好的局面。约翰·格罗将设计视为具有目的性的、有其限制的、决策、探索和学习的活动。设计过程起于设计问题，而设计即为解决此设计问题的结果，如前文所述，琼斯曾提出一个广为接受的设计过程，包括分析（Analysis）、综合（Aynthesis）、评估（Evaluation）三个阶段，设计过程则在这三个过程之间相互评估和协商。没有一本谈论设计思考的书籍不涉及创造力和创意思考，很多人认为设计是人类最具创造力的行为之一，因此也可以看出创造力和设计有很大的相关性。盖特泽尔斯和纽维尔等人从设计的角度探讨人类思考的架构，认为人类发现问题和解决问题的能力都与创造力相关。西蒙认为除了以新的角度探讨问题的形成外，还需要不断探索新的替选方案，并从中发现具有创造力的解决方式，这也被定义为结构不良的问题解决过程（Ill-Structured Problem Solving Process）。并提出将问题分解出目标和子目标，然后针对部分子目标去寻求答案，且进一步地说明，子目标之间相互关系的检测，能够了解设计者决策的过程。

当设计问题被认为是结构不良的问题解决过程时，设计问题常常无法被具体完整地描述出来，因此，解决方案通常也是不固定的。同时某些解决方式彼此存在着矛盾，设计问题更不可能拥有唯一的最佳解决方案。所以，如何在众多方案中进行筛选和评估是设计师一项很重要的工作。学者简·皮尔托（Jane Piirto）也有类似的观点，他提出艺术家认为他们必须自己创造出问题，并选择所要解决的问题及寻找解决方案，这一过程本身就充满了创造力。另外，芬克教授等人持续对创造力认知结构进行研究，通过对各领域创新方式的深入探索得到创造性思考，他们将重点放在艺术品的外形呈现和结果上面，发现其与设计思考高度相关。盖特泽尔斯与米哈里·契克森米哈赖曾以视觉艺术家作为研究对象，认为创造力是一种不自觉地减轻紧张的尝试，当艺术家找到一个暂时的解决方案后，紧张便获得纾解，这便是创造力发生的关键。因此，设计与艺术创作的过程，常被视为是对创造力过程的了解。

创意思考与人们处理信息时的心智表征（Mental Representation）有着明确的关联。许多研究观察到视觉想象力能使得问题的解决更具创造力，这也是心智表征的直接呈现。创造性发明所做的实验研究证实，心像的运用使原本相异的部分得以整合从而达到创造新事物的目的。史蒂芬·金（Steven Kim）认为，"视觉形象化"能帮助创意思考，因为形象是容易变化的，同时也可以呈现出一个问题的多重面貌，因此它可以很快地被处理。

设计思考过程可被视为将描述转换成视觉图像的过程。设计过程中的创造力，其主要特征为"有意义且重要事件的发生"（The Occurrence of a Significant Event），也被尼格尔·克罗斯称为"创意跳跃"（Creative Leap）。事件的发生有时是突然出现的，设计者忽然认知到有意义的新事物，然而，通常都是事后回顾或是观察者观察其设计过程时，才发现并指出这个重要概念的出现时机。马赛·谒访（Masaki Suwa）等人认为新事物的发生，是通过设计者本身具有的知识之沉默元素为中介。类似的观点，杰里·苏尔斯（Jerry Suls）也提出一个非常规性的设计流程模型，说明创造力多是指新构想的发生，即在可预期的设计过程中产生不可预测的行为。

西蒙认为设计创造力的特征通过方案的丰富性所体现，即为设计创造力的特征。至此，有越来越多的学者将创造力置于设计领域进行研究。相关研究指出，在群体设计过程中，很多设计师都不记得群体之间是如何发展出此主要的设计概念，他们虽然试图回想当时是由哪一个个体第一个提出，但通常都力有未逮，这也说明了设计研究的难度。但劳森认为设计师至少能够感知到自己的思考可能受到群体的行为所影响，且同样地，其行为也会影响群体其他成员的思考。而群体中的设计师之间彼此是较处于竞争的状态，对于信息的交流过程中会有所保留，避免其他同侪借此得到更好的表现，抑或得知对方具备的知识后，基于竞争的心态或是自我表现的内在驱动，而转为追求更为独特、与众不同的表现，又或者是设计师较倾向于将资源整合，收集众人的想法，提出一个完善的解决方案。有关于这些设计师互动过程的认知行为是如何运作的，目前都尚不得而知。

另外，克罗斯通过五点解释"创意飞跃"是如何产生的：一是它来自早期的潜在意图或想象；二是它似乎将某一特定问题作为重点进行考虑；三是它被快速细节化和复杂化，以此来满足一系列其他问题；四是它综合解决了众多设计目标和制约条件，被认为是联结问题和解决方案的桥梁；五是它出现在对早期的概念和想法进行回顾的阶段。

劳森认为设计师最重要的思考模式为"推理"和"想象"。"推理"是指有目标地将其导向特定的结果，其包含逻辑思考、问题解决和概念形成；而"想象"则是来自个人经验与资源的整合，是一种非结构、无目标的方式，如白日梦即为这种思考模式的表现，而艺术家和创意思考常被大众认为是富有想象力的象征。此外，劳森也将产生创造力分成"定义问题导向"和"解决方案导向"两种策略，并指出以设计问题而言，在解决方案导向中所产生的方案较具独特性，因此，解决方案导向将会是设计行为中的主要策略。而设计创造力是对现有的事物，产生新的架构、新的单元物件，或是新的组合方式，从而改变设计原型的角度。维诺德·戈埃尔（Vinod Goel）整合了相关研究中所提出的一些可以产生创造力作品的方法，其包含"组合""突变""类推""设计原理"和"突现"五种。"组合"是指从旧有设计的一个特征，整合进一个新的整体或结构中；"突变"指的是对某个已存在设计的特定属性或几个属性的修改；"类推"被认为是创意设计的基本思考；而"设计原理"被视为一种产生优秀设计和创造性设计的方法，在设计过程中依靠设计原理有利于设计师更好地理解设计内核。它假设设计是通过分析需求与功能，从而得到设计结果。设计的核心是如何实现从功能到形式的跨越；"突现"是未被察觉到的特征通过设计师的设计被呈现在设计结果当中。

二、创造力在设计程序中发生的促成因素

设计学科不同于其他领域，它重点强调如何解决问题。设计致力于塑造出物体以满足某些目的，或是构建出新的结构以适应不同环境，这些努力需要专业的美学感受、功能用途、社会符号象征和市场需求。人为设计的本质是有意识地被一些意向所推动，经由一系列的设计动作生成一个设计作品。由设计认知这个理论角度切入，设计可以解释为心理过程，先是认识问题的根源情境，选择设计需要考虑的议题，针对所考虑的议题

设立目标或约束去应对，寻找或设计出适当的行动方针及程序步骤以便落实这些目标，并评估选择适当的替代轮换行动以得到一个令人满意的解决办法。根据上述创造力理论、认知因素及设计程序中创造性思考的分析，可以总结出以下几个方面为创造力出现的促成因素。

（一）知识创造是创造性过程的一部分

由于知识产生的过程是不能经过系统整理而来，而是片段概念组织产生的，所以知识产生无法用图表显示形成的过程，而是一个多重资源整合的现象，这种无迹可寻的整合又常常导致新概念、新想法的产生。因此，从认知心理学的角度来说，设计者知识积累和个体经验是产生创造力的基础。

（二）在设计中联结多样化知识信息

创造力在设计师根据不同的知识团块作出新的联想或者用不同的知识解决现有的设计问题时发生的多样化知识信息联想。这种联想可能是不同领域之间的、不同生物体之间的或者不同事物性质之间的想象联结。例如，英国科学家凯利模仿山鹬的纺锤形，找到阻力最小的流线型结构，又或根据鸟类飞行结构的原理，人们制造了能够载人飞行的滑翔机，机翼形状正是其发自鸟类翅膀。

（三）运用独特的目标秩序

独特地应用外在及内在的约束是说明促成设计结果具有创造力的第三个因素。如前所言，设计师运用内在约束，一则减少做设计决策的频率次数，二则缩小寻找解决方案的空间和能量。从设计策略的角度而言，敏锐运用内在约束会让设计过程更有效果，也更有效率。当然，外在约束也会产生不同的效果。但过多的外在约束会为决策设限，束缚知识运作，压缩寻找解答的空间，更不能有弹性地进行创造性思考，或进行独特的知识联结。因此，创造力存在于较少约束的设计环境中。

（四）由行动反思促成的问题组构以及再组构

因为设计问题的定义在很早的阶段就开始考虑，所以独特的思考方式将问题框架独特地定出，因此能引导设计的结果找到一个独特而且具有创意的最终形态。在设计的过程中，设计师如果可以经常反问自己比较有价值的问题，致使原本的问题框架因而得到改变，问题结构得到重组，这时可能有创造力的想法就会出现，设计的最终可能会是一个有创意的解答。

（五）运用符号性的设计表象

运用一个非常规的设计符号生成设计概念时，也可能是酝酿创造力的因素，即运用内在及外在表征。在设计学习的初期，通常会做这样的训练：在一个物体或者现象中提取对象物的代表性符号，再对符号进行二次转译和解读。如果设计师能做出一个全新而且以前没有出现过的表象特征解决同样的问题，那么产品就有与众不同的创意。

（六）应用特别的设计策略

特别的设计策略有别于隐喻、模拟或变形的其他方法。例如，英国建筑师托马斯·赫斯维克（Thomas Heatherwick）在他的设计项目《上海天安千树》中（图3-1），将建筑空间中隐藏承重柱子的设计策略，反常态地将数百根支撑柱子裸露在外，并在柱子的顶部设计成花盆的形态，每个花盆内都种植树木，使整个建筑的形态看起来犹如种满树木的山丘。整合后的植物作为一个自然的平衡元素，模糊了建筑的边界，以减少其对周边创意园与公园的影响，促使三者间形成更好的融合关系。

设计被认为与创造力有很大的相关性，而设计活动是一个追求创意的思考过程。一个创意的概念可在思考中由复制概念生成，创意也可以由大规模的重组概念产生，更或许是经过重新更换概念达到令人惊叹程度的创意，这些都是对不同层次类别的创造力程度的表达。如果一个设计师非常了解问题，做好思考，有足够的专业知识和认知技巧，也有恒心做出一个独特崭新的创作，那么经过环境的支持，设计师会达到一个较高程度的创造力水平。

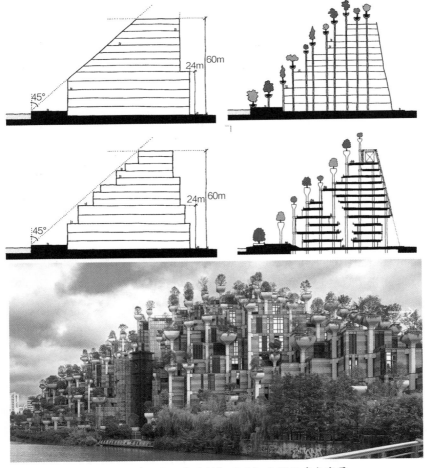

图3-1 《上海天安千树》项目概念图及建成实景

第四章
从程序角度看设计活动

第一节

设计程序的内容

通俗来讲，设计程序是指为了完成一个设计目标而运作的一系列程序活动。美国学者凯尔·乌尔里克（Karl T.Ulrich）与史蒂文·埃平格（Steven D.Eppinger）曾指出："程序乃是将一套输入转换成输出的一连串步骤。产品开发程序是指企业用来构思产品、设计产品及产品商品化的一连串步骤或活动。这些步骤与活动，有许多是智能性与组织性的，而非实质性的。"他们将开发程序分成六个阶段，分别为规划、概念、系统层次设计、细部设计、测试与改进、量产开始。李砚祖在《艺术设计概论》一书中将设计程序分为一般设计程序和产品设计程序，并对设计程序有如下叙述："设计程序是设计实施的一种过程，每一种设计都有自己的过程即程序。设计程序与设计方法又有一定的互为关系，即设计程序往往与一定的设计方法相适应。设计程序包括'建模→对策→决策'三个阶段，即'目标→管理→设计→实现'四大步骤。在计算机作为辅助设计手段后，设计程序可以分为五个阶段，包括获取信息阶段、创造性设计阶段、参数决策阶段、显示及记录设计对象阶段和综合评价等。"王明旨在《产品设计》一书中，将现代产品开发设计的程序分为：产品设计的立案阶段、设计阶段、决定设计方案阶段和生产准备阶段。"设计程序"作为一个专业词汇的定义有多种解释，很多设计理论研究者和学者认为设计程序应当被视作一种创作、生产、计划以及全面性的设计过程。

设计是一个涉及专业非常宽广的领域，对于设计程序的研究，最为核心的部分在于对设计活动中设计师的一切动作进行分析。对于任何设计过程，其实都充满了复杂性和随机性，因此为了深入了解设计过程就需要将设计阶段进行序列整理和排列，将设计发展脉络的多样性进行梳理，同时清晰可视化的设计过程为之后的回溯、评估和修改提供了依据。笔者希望通过本书内容的学习能够寻找那些可能对处理开放的、复杂的、网络的和动态的问题情况有用的设计实践程序。在构建一个通用但灵活的设计程序之前，我们需要对设计程序中涉及的问题和理论做一个简单的剖析。

一、设计问题

对于设计师的分类，人们往往根据设计结果，也就是设计产品的类型进行分类。在以往对设计研究中很难看到根据解决问题的类型对设计师进行分类。所以当我们提到室内设计师，就是指那些从事室内空间改造和装饰工作的人；而展示设计师的工作，则主要是策划展览内容，设计展示空间和展示媒介。当然，在现实中对于设计师的分类不会如此泾渭分明，很多设计师都会驻足多个领域，如从事建筑设计的很多设计师都会做家具产品方面的设计。因此，我们认为出现这种情况的原因是不同类别的设计师之间对于工艺以及技术范围的认知差异所形成的。例如，一位好的建筑设计师往往有能力设计出一把椅子，因为作为一名优秀的建筑设计师他掌握了有关材料以及结构方面的知识。但是家具设计师还能够一眼辨认出这是哪位建筑设计师所设计的椅子。这是因为大多数建筑设计师因为长期从事建筑设计，所以对于家具设计所采用的设计语言往往与职业的家具设计师有所不同。此外还有很多材料也可以同时用于家具设计与建筑设计，但由于两者在设计流程以及制作规模上都有着较大差异，因此当面对同样的材料时，家具设计师与建筑师所使用的设计方法往往会大相径庭。

此外，人们对设计进行分类时还经常会参考设计问题的难易度。对于设计问题复杂性的定义主要在于设计师必须考虑到层级分类体系的层次。因此，如果要定义一个设计问题，就需要明确设计中具体要达到的深度。例如，当设计一栋住宅楼时，建筑设计师不太可能对橱柜门的具体开启方式投入太多精力。当然，也许他还会考虑橱柜门究竟是采用旋转式、推拉式还是铰链式，但即使考虑到具体样式也不会对细节抠得太细。然而对于房车或者游艇的设计者来说，对此类问题就需要非常细致地考虑了，因为在一个局促的移动过程中的空间内如何打开一扇橱柜门，对于整个设计过程来说甚至会起到决定性作用。因此关于设计类型以及设计类型分类等问题不能只流于表面，而是要看到设计的本质。

设计的过程并不存在绝对意义上的结束，设计师也无法精确地判断出某一问题到了何种程度才能称为完全解决。那如何才是将设计问题完全解决呢？对于设计师一般情况而言，一个设计过程是否结束会有两个原因：第一个原因是时间已经用完了；第二个原因则是设计师自身认定对某一问题无须继续探究下去了。在这方面，设计和艺术有很多的相似性，就如同画家判断一幅作品何时能够称之完成一样，这种专业上的判断力是一项非常重要的能力。对于设计专业的学生以及设计从业者来说，这方面的能力从来都不是轻而易举就能够掌握的，它只有通过长期的实践才有机会培养出来，由于设计工作以及相关问题没有绝对意义上的完结，所以判断解决一个设计问题或者方案究竟需要多长时间就难以估算。当设计工作越是接近完成，设计师就越难精准计算出还有多少工作需要做。正如前文中在创造力的促成因素中提到的，我们需要根据当前的问题情境随时调整问题的结构来进一步地理解问题的本质，通过寻找解决方案来了解设计问题的难易和痛点。由此可以看出，当我们面对设计问题时，第一印象通常是靠不住的，这一点在设计专业初学者中非常明显。因为缺少足够的训练和实践，初学者对设计问题的判断往往会流于表面，无法看到其中深层次的问题。所以到了设计后期，在最终的设计作品中会体现出这方面的弊端。设计专业的初学者对于解决方案所需要的时间以及问题的难易程度判断问题上总是过于乐观，这常常会影响他们的设计结果以及作品的深入程度。

从前面的分析可以看出，设计问题的基本特征之一就是问题本身不够明确，需要人们主动地去发现。与数学、物理、生物等较容易明确的科学类型的问题不一样，在设计过程中，最终目标的实现和其中可能遇到的问题往往难以明确界定。事实上，在设计开始时就将问题明确下来的做法，常常会给后期工作带来很大误导。设计问题的这个基本特征，使设计师不会在已经出现的问题面前止步。为了描述设计师面临的这种不清晰、不稳定的情况，劳森在他的《设计思维：建筑设计过程解析》一书中通过一个设计门把手的案例来说明设计问题结构不清晰、定义不明确的问题，向人们阐释出设计常常会使用的两个方法，一个是"扩大"，一个为"缩小"。设计师可以通过这两个方法将问题始终控制在层级分类体系的范围内反复思考。面对为某个品牌设计标志的任务，设计师建议："也许我们应当自问一下，这个标志能否代表该品牌的理念？"紧接着，设计师又开始质疑："该品牌是否具有足够的视觉特征？"然后又开始考虑"该标志是不是太复杂了，不容易让人记住？"问题就这样不断地出现和升级，这样类似的一系列问题反复出现，这种对问题的"扩大"，将导致问题范围的无限制蔓延。在扩大了问题范围之后，下一步的工作就是要在这个基础上，分析解决方案的发展走向，缩小问题范围，有针对性地对结构分支出来的子问题一一对应地找到解答，再统整所有的子解答，进一步地缩小答案的范围，综合全部找到最终的最优解。

　　但正如前文已指出的那样，在找到一个解决方案之前，很难明确哪些问题是相互关联的，哪些信息是有用的。如唐纳德·舍恩提出的反思实践论所述，设计的过程本身就是一个根据当前的问题情境在不断反思调整的过程。在人们传统的认知中，设计就是需要进行创新，它需要带给人们前所未有的体验，但现实中的设计往往并不是这样理想化的，它需要做很多"修修补补"的工作，相当一部分设计工作就是对有缺陷的内容进行调整。例如，将老建筑重新规划和翻新从而打造成新的商业空间，将旧厂房改造成艺术空间，这都是不同设计领域对不尽如人意的现实情况作出的某种修正。正是因为有太多的设计案例出现类似的情况，很多设计领域的研究者认为设计其实就是提供某种"调整"，设计师就是在某些方面努力改善或调整现存缺陷的人。如果将设计看作一种关于"调整"的工作，那么，假如设计注重调整事物表面的缺陷，是否真正需解决的深层问题会被我们忽略掉。例如，在高速公路上采用隔声屏障确实能够降低噪声，但实际上，汽车使用内燃机才是产生噪声的根本原因，隔声屏障并没有对这一深层问题起到什么作用。由此可以看出，设计问题的重要组成部分与事物的原始缺陷有着密切关联，定义任何设计相关的问题，需要判断有多少原有缺陷可以被纳入设计问题的范围。与设计相关的问题并没有非常明显的边界范围，它们往往是被粗略地进行分类的。一个设计问题能清晰地指出何时开始，又是什么时刻结束。所以创造性地划定设计问题的范围，对于设计师来说是一项非常重要的能力（图4-1）。

　　此外，设计问题往往具有多重性特征。设计的目的很少是单一的，设计问题在大多数情况下相互作用、相互影响。美国建筑师菲利普·约翰逊（Philip Johnson）曾经发

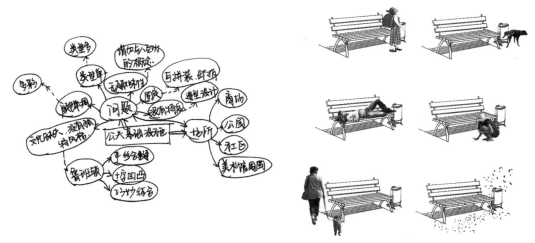

图 4-1 公共长椅设计的现状观察和需要考虑的复杂问题组合

现：一些人之所以认为某把椅子漂亮，是因为这把椅子坐上去很舒适；而另外一些人之所以认为椅子舒适，则是因为它们外观看上去很漂亮。由此可见，人体工程学与视觉在椅子的设计中都占有非常重要的位置。椅子腿的形状、结构和制作方式，展现出的也绝不只是几何结构问题，它还要满足一系列的要求，例如，首先，它必须具有一定的承载力以确保稳定性；其次，它要保证椅子叠放时椅子腿儿能够相互咬合；最后，它还要满足设计者对椅子造型上的审美要求。设计师在设计过程中无法将一把椅子的稳定性、支撑性、视觉审美等多重问题分开考虑，所有这些问题都需要在一个方案中同时解决。除此之外，设计者还要考虑很多相关的常识性问题，如该设计项目的预算、制作工艺的限制、材料的实用性、耐久性等。在实际的设计项目中，往往需要找到一个综合的解决方案以满足这一系列要求。例如，设计一个公共空间中的座椅设施，虽然简单，但是也需要综合满足多种需求。在功能保证的基础上，需要结合周围建筑的功能、主体人群需求、当地自然环境等多方面的综合考虑，在满足以上条件的基础上还要做到功能或者形态抑或材质等某一方面的创新，以打破如图 4-1 右图中，公共长椅同质化、形态单一的现象。

一个好的设计必须对所有问题产生综合反应；一个好的设计师就必须具备融会贯通的综合能力。一个好的设计更像是一幅全息图景，整个图景由一个个片段所组成，但很难指出，问题中的哪一部分是由设计方案中的哪一部分解决的，它们不是简单的一一对应关系。建筑设计师谢尔门耶夫（Chermayeff）与克里斯托弗·亚历山大（Christopher Alexander）曾经提出：如果将问题模式看作手中的目录或者杂志中的一幅图像，那么很多设计师就会陷于表面的形式模仿，而忽略发掘并顺应合理的内在结构要求，创造出新的具有原创性的形式。每个设计问题都有一个内在结构，好的设计就是在设计师的掌控下，根据问题的内在结构顺势而为，而不是专横地逆反行事。

二、早期理论观点

在有关解决问题的理论发展中，活跃着两种截然不同的观点，也就是后来赫伯特·西蒙（Herbert Simon）提出的技术理性原理和唐纳德·舍恩（Donald Schön）提出的反思性实践理论。这两种理论的前身都可以追溯到发端于19世纪末的联想主义机能学说，其所涉及的内容包括：有一些不可再细分的定律性关联，据信它们可支配精神运转，通过利用这些关联，以求对解决问题的行为做出解释。与此相反，另一些人则更努力地从行为习性和非精神的角度来对问题解决做出解释。

首先联想主义是19～20世纪之交，在涉及问题解决的各个方面理论思索中，大多奉行的学说。联想主义主张人类学习的唯一机制存在于对各种印象的持久联想中，而这些印象会再三呈现在结合起来的诸感官知觉中。持联想主义论者认为创造性解决问题兼具原子性与机械性。原子性是指它假定意念成形为一个个类似于基本物质实体的单元要素，它们联系起来以形成关于问题的想法或见识。机械性是指同样基于物质世界中的原子结构范式，可应用简单的邻接法则来引起各单元要素—意念—联想，以构成想法。在这一观念的引领下，创造性地解决问题被视作将一个个联想连接起来，每一次联想都会产生新的关联，并因此产生新的认知。这一学说也由此慢慢演变为一种经验论观点，它认为心智就像干净无字的写字板，经验则可记录在这空白的写字板上。归根结底，创造力很大程度上是一种随机事件，它可以被视作一种偶然性事件。

在1900年前后，经验论心理学家的两派形成了一场争论。其中一方以威廉·冯特（Wilhelm Wundt）为代表的拥护联想心理论，他主张心智意象，他认为感官知觉与情绪感受是认识与学习时必不可少的组成部分。举例来说，当某个词汇引入我们的认知之后，它就会在我们心中产生相对应的图像。理解这幅图像，即理解了该词汇的含义是什么。争论的另一方则主张心智行为，以奥地利心理学家弗朗兹·克莱门斯·布伦塔诺（Franz Clemens Brentano）为代表，他认为以同一个例子来看，某个具体词汇产生意义并不是因为它伴随着某个图像，而是因为它伴随着某种心智行为。

后来在20世纪最初的10年间，来自德国南部符兹堡学派出现了。在德国维尔茨堡（曾译符兹堡）大学心理学实验室奥斯瓦德·屈尔佩（Oswald Külpe）的领导下，对思维、判断和意志等高级心理现象进行实验研究的学派，又叫屈尔佩学派。核心学者还有纳尔兹斯·阿赫（Narziß Ach）、卡尔·布勒（Karl Bühler）、和库尔特·科夫卡（Kurt Koffka）等人。他们的观点逐渐取代了联想主义论学说。这个团体尽管一开始跟随着冯特，应用加以引申的内省法，但其研究成果却表明：一旦受测者接受相对复杂的任务时，他们得出答案时并不会伴随任何意象或其他感官知觉。从上述的发现中，可以看到产生了很多具有创新性的概念。"意念的联想"不再被认为是在解决问题行为中起主控作用的机制，取而代之的是"决定趋向"。在这里，任务指引思考的方向，尤其是在解决问题的过程之中。由此可以看出，具有创造性去解决问题本质上是带有目的性的，所以不可能仅靠运气就能够解决问题，而是受控于某种设限颇多的方式。维尔茨堡学派的另一主要贡献是采用系统化的内省法，以此作为描述"解决问题行为"的手段。他们在很多实验中要求受测者在其记忆中的体验仍旧鲜活时，再现其想法次序。这种采集信息的方式在之后的很多领域得以使用和发展。

20世纪20年代，格式塔心理学在一批德国心理学家的带领下得到了长足发展，其中比较突出的有沃尔夫冈·苛勒（Wolfgang Köhler）、科特·考夫卡（Kurt Koffka）、马克斯·韦特墨（Max Wertheimer）等人。这批心理学家拒绝了与联想主义论相关的机械性学说。取代先前所持的离散机械性观点的是，一个关于统筹信息的整体原则理念，具体来说就是格式塔完形概念。

格式塔心理学对于人们认识"人类怎么思考"这一问题做出了很大的贡献，尤其在视觉、知觉等领域的研究工作上尤为突出。同时它也延展了维尔茨堡学派关于"创造性解决问题即受控行为"的理念：从决定趋向概念发展出了"预见"概念，或者更宽泛地说，是指问题解决者在面临某个任务时的心理预见。关于"创造性解决问题即受控行为"这一理念的延展，使得与解决问题的行为有关的思考过程会受到多方面的影响，不再仅仅来自当前任务。这一概念在之后的理论发展中被合理推进为"心理图式"机制，即信息体系的组织架构。以视知觉的例子而言，这些架构被外在的视觉刺激影响着，并大力促成多种感官体验从而转化为各种有效信息。其中，弗雷德里克·查尔斯·巴特莱特爵士（Sir Frederic Charles Bartlett）尝试以"心理图式"观念来解释创造性思维尤为突出。他在研究中提到大脑中有某些固化安排，有力地联系着过去对大致各类刺激的反应及认知经验。此处我们再一次看到，联想主义论所依托的随机机制在这里不再受到重视，而维尔茨堡学派的"任务及决定趋向"概念被推广开来。我们还可看到，这一观点就其理论基础来看仍然是立足于机械论与心智论的。就像巴特莱特所阐述的那样：创造力或者想象力是由上述一系列相关的心理图式进行自由搭建而构成的。

行为主义的观点始于对早期心智论学说的反对。它不再对内在心智过程进行研究与实验，也不再区分肉体概念与精神概念。相反，持行为习性论者假定，人类包括解决问题在内的行为习性只能在非精神的、具象的条件下得以充分阐释。实存条件的意思是为"行为模式"是可以被观看、测量与再现的。在这一理论研究的基础上很快就引出了今天人们熟知的"刺激—反应"（或者称为"S-R的行为范式"），此范式的建构基于如下假设：就某一给定的外在刺激，人们完全有把握预知会有何种反应。由此，尽管行为主义论者仍然需要应用试验性办法，但他们不再像维尔茨堡学派那样使用内省法，他们认为内省法所得到的结果并不可靠，他们开始着手展开新的理论建构，即让环境刺激与它们所能证明的东西形成关联，以建立行为反应的恒常模式。这一观点在心理学与相关学科中得到了强有力的发展。伯尔赫斯·弗雷德里克·斯金纳（Burrhus

Frederic Skinner）在20世纪30~40年代的研究与成果使格式塔运动达到顶峰，并被广泛地普及开来，甚至通俗化为如下观念：行为习性上的障碍与病状可以通过适当的环境修正而得到治愈。

在问题解决理论中，有些观念是由行为主义论所引发而产生的，这一系列理论研究支持了研究者发展出"阶段形态"或者说"固定形态"的概念，从而用作阐释"创造性解决问题行为"的范式。该种行为被广泛认为是遵循某种片段式进程，由几乎不连续的行为阶段形态构成，相互之间也不尽相同。隐藏在这种范式背后的目标乃是去辨明并描述各个阶段形态及其序列。尽管在之后的研究中发展出很多不同的范式变体，但基本结构都是由四部分组成或者与这四个部分相关联的，这四个部分即为手头任务或情况做准备、沉思、启迪或灵感以及求证，并包括测定提议方案。在上述范式结构中，启迪阶段形态发生于问题解决者意识到问题的潜在解答时。这种意识的发生通常是不自觉的，灵感往往来自一瞬间。同样意识也可能持续工作，不断创造出灵感从而系统化地追寻各种直觉预感。此外，关于解决方案方面的意识并不总是完整的，它通常来自某一个"角落"，你需要通过对这个"角落"的探索与开发找寻全局的样貌，从而得到最终的解决方案。行为的沉思阶段形态通常仅被定义成"为启迪做准备的时期"。在这一阶段，进程中的任意步骤都是可以被重复的，想法是允许相对不受限制的，直到手头问题的各方面都得到处理为止。在这一范式结构中，不同步骤之间的渐进关系总是保持不变。

同样在这一时期，也有部分持其他意见的观点。亚瑟·凯斯特勒（Arthur Koestler）对创造性思维的理论研究起于"两个相互不调和背景的双重联想"，这可回溯到格式塔心理学者的"心理图式"观念。总结凯斯特勒的观点包括三个方面：一是在一个有着参考物、连带背景或逻辑类型的架构之下进行的常规思维；二是在常规个人处理中，我们在许多参考架构中操作着，但每次只能处理一个架构；三是创造是关于将两个通常独立的参考架构进行关联，或用凯斯特勒的话来说就是"母体的双重联想"，与此有着相似观点的是布鲁纳（Bruner），他运用"纵横字谜"概念来尝试解释解决问题行为。在此，当问题解决者面对一个新的且尚未解决的问题时，便会以他/她所经历过的某些明显相似的问题来覆盖那尚未解决问题的结构。后来，又有戈登（W.J.Gordon）的"共同研讨式理论"（Synectictheory）及其关联办法，试图通过"化生为熟与化熟为生"而提高创造力。

三、问题解决理论

在早期理论提出的基础上，认知科学领域发展出其最重要的学说就是"解题模式理论"。设计需要解决多种类型的问题，解决多种问题与不断建立认知系统是分不开的。所以设计过程也是一项认知活动。西蒙的理论研究直接引发了20世纪70年代的科学性研究设计思维的新运动，因为他发现研究"设计过程"的方式能够发现很多方法，从而让学者有系统地预测并阐释一些与设计行为和认知形态相关的心智现象。在此之后的研究方向慢慢将了解设计者是如何以惯例常规的程序去解决问题作为研究的重点，从而代替了过去发展系统化方法以便管理经营整个设计过程。这一系列的发展也使得有更多的研究者着力于把设计活动看成是破解问题的手法，而这个趋势也被"解题模式"这个理论推向新的境地。

与西蒙同时期，诸多解题研究的学者进一步将一系列之前发生过的问题进行分类并探讨各问题的本质。其中设计类问题总是具有开放性的，在其中总是能发现多种令人满意的解决方法。在此我们可以将设计问题分为"能够明确界定的问题"和"非明确界定的问题"这两大类。"非明确界定的问题"还可进一步细分出"棘手问题"这一子类别，如艺术、人文、社会科学以及工程领域中的相关问题通常都没有固定的解题方法，同样目标程序难以界定，有着多样性的解决方法和极大的"解题"空间。与之相反的是解决路径明确，方法有限，目标清晰的问题，类似填字游戏、象棋、自然科学或数学计算等领域。当找到相对应的规则和正确的公式时，采用特定不变的步骤即可找到问题的答案。在工业中，常常用于解决"能够明确界定的问题"的方法是"故障排除法"。故障排除法的使用会逐一定位已存于系统中的问题并依序逐个修正。这也涉及系统化地运用程序列表方式。依此类推，"明确界定的问题"同样可被依序分解为一些子问题，再不断分解成可被掌握的小问题单元直到问题解决后才停止。

关于设计问题的一般特性，我们可以依据不同的问题状态做分类分析。每一个问题都有它的起始状态、中间状态和目标状态，为了获得最终的解决方案，一系列的分析动作必须在每个状态中逐步进行。设计问题的解题过程首先需要定义问题、臆测解答方案、测试解决方法并判断问题是否已经被解决。陈超萃教授将解题活动总结为八个认知程序，即识别并选择问题、分析所选的问题、产生可能的解答、选择并规划出解答、实现解答、评估解答、决定问题是否已解、把最终的解决方案存在记忆中作为日后使用的知识架构。在设计领域中，每个程序中都有其特别的设计认知操作。解决"明确界定"和"非明确界定"两种问题手法的不同之处在于：解决前者时，设计者本身大部分时间都知道问题是什么，而且解决的方法也是有限的，评估结果的步骤也不多，而且目标状态非常清晰；而在处理"恶性问题"则与"非明确界定的问题"时非常相似，设计者需要先分解问题为多个子问题，再逐一界定和寻找可能的解决方案，集合子问题的解决方案再综合评估，最后找到最佳的解法。

任何问题都包含着"起始状态"和"目标状态"。"起始状态"包括解题者的开始状况，而"目标状态"即是问题已被解决的结束点。我们可以将"起始状态"到"目标状态"的整个过程模式化，并从中看到过程中一系列的转换、连接和生成。图4-2简单列举了"明确界定问题"的问题空间。点代表问题状态或知识状态，箭头线代表将状态往前推动的操作单元。"明确界定问题"空间仅需少数的知识状态和操作单元即可获得解答。有些问题的目标状态单一，只存在一个解答，而有些问题则具有一些有限的目标状态，也容得下一些有限的解答。

当"非明确界定的问题"进行下一步细分时就会划出"棘手问题"这一子类别。"非明确界定的问题"的目标与策略都较为模糊，限制与起始状态都不够清晰。设计问题的特点是因为由状况转到状况时，目标会变得难以明确，问题的结构会发生转变。图4-3简单地展示了存在于解决"非明确界定的问题"中的空间元素。因为设计过程的不确定性，往往会有多种方式得到满意的结果。也因为设计过程的复杂性，设计师需要同时负责构架解决方案和策划指定问题。问题结构是影响搜寻策略产生解答的主要因素。这些认知活动都有可能在设计思维过程中产生。任一问题会在问题开始时被架构出，也会在设计课题里重复架构。这整个问题的框架就是"问题的结构"，而做框架的过程就将成为解答的结构。

在设计程序研究的层面，曾有学者受设计问题的解题理论所启发，以心理模式仿真设计师在设计过程中如何行动和思考。关于设计的解题理论与认知心理学的密切关联确实为研究设计程序的相关特性提供了很好的研究架构，可以科学化地解释人类如何学习、处理、储存以及寻找设计数据。20世纪50年代，很多关于人类思维形态模式化的研究取得重大突破，这也使得有关"设计问题的解题理论"研究有了新的平台。例如，早期对创造性思维的假设是说创造性思维是一种特别的解题行为，而最近几年设计认知领域研究的新方向是通过对思维的外显来观察设计过程中的特性，了解设计程序的本质。认知心理学在此相关领域的研究方法也为设计思维的外显化提供了更多可能性。

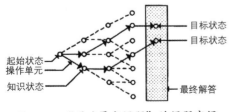

图4-2　"明确界定问题"的问题空间

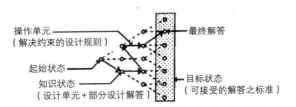

图4-3　"非明确界定问题"的问题空间

第二节

设计程序研究的历程与现状

一、设计程序研究的发端

在经历过两次世界大战之后，与战争相关的工业设计体系得到了空前的发展，相关的厂房设施和生产设备能够做到高度的自动化以及惊人的精密性。最早有关"设计过程"的记载大概出现在1920年前后，它描述了如何为英国皇家海军设计一艘战舰。

关于设计以及设计过程的讨论在第二次世界大战后不久就开始了，之后相关的研究在控制论、运筹学和大型工程项目管理三个领域的军事研发中快速成长起来。由于战时没有照顾到除军工以外的民生工业发展，如房屋、食品或运输等，在战后又需要满足大批量生产，因此战时的大量军工产业就为民生工业设下了自动化的典范。同时，生产设计的研究也更加关注生产效率方面的问题，希望通过增加机械化程度从而增进生产效能。然而因为单个设计师的能力有限，并不能充分掌握越来越复杂的工业产品，因此，系统性地掌握生产方法就成了新的研究焦点。劳工问题以及民生用品生产力不足的困境也让厂家设法寻求新的自动生产方法来应对变化。例如，20世纪50年代的工业设计就开始研究在设计中如何进行系统性的生产，让生产过程更为方便、快捷。因此这段时期的设计研究重点主要被设计中的系统理论及系统分析所影响，这也奠定了后来的设计方法运动的基础。

二、设计程序研究的发展

系统理论及分析源自信息处理学及运筹学这两个研究学科中的理论，因此在20世纪60年代也启发了学者研究有关设计方法方面的内容。由此很多设计理论相关的学者开始研究设计过程，希望制定出一些系统性方法可以为设计师提供参考，就此开始了关于讨论制定设计过程的现代设计方法运动。

设计方法运动的研究学者们一直认为设计应该被当作一门独立学科来看待。在传统的认知上，设计工作被认为是基于惯例、经验和直觉。在今天，这种观点应该被彻底修改或者被更高级的过程所取代。西蒙最早在麻省理工学院的演讲中提出了"设计科学"的观点，他认为设计应当被看作解决问题的方法，其结构在所有设计学科中都是相似的。他的研究兴趣在于如何系统性地解决问题。

设计理论家霍斯特·皮泰尔（Horst Pittel）将现代设计方法运动分为两代。第一代主要提倡用系统的方法解决设计问题，如采用从计算机和管理科学等学科的方法分析设计问题，并发展出解决问题的方法。这一代的设计活动主要集中在20世纪60年代，他们试着将传统设计方法进行科学化改进，从而使设计成为一种知识上理性的、可分析的与科学平等的学问。但进入20世纪70年代，现代设计方法运动遇到了很多阻碍，包括现代设计方法运动的参与者也开始质疑这场运动。例如，设计研究的倡导者之一克里斯托弗·亚历山大（Christopher Alexander）就首先提出了设计方法研究无用论"，他认为科学逻辑框架与设计过程的差异性使得他们无法共存。现代设计方法运动的先驱，设计学家洁·西·琼斯（J.C.Jones）也说过："我反对设计方法，我不喜欢机械的语言、行为主义以及试图把相关联的事情都纳入一个逻辑框架内的尝试"。随着个性解放时代的到来和自由主义的兴起，理性为主导的设计方法也不被当成设计准则，设计方法运动于20世纪60年代走入低谷。

针对第一代设计方法运动过于理性、机械的缺陷，第二代设计研究逐渐转向多样化解决问题途径的探索，强调设计是一个得到"满意解"或解集（Satisfactory Solutions）的过程而不是"最优"解的过程，虽然这一系列的研究并没有说明第一代设计研究是完全无用的，但从根本上脱离了第一代设计研究的束缚。西蒙提出的"有限理性说"认为人类的思考、计算、逻辑推理等能力受环境多样化和自身认知水平的限制，设计工作本质上就具有部分非理性的特点，因此设计也就不能称为纯粹的科学。

经过了20世纪60～70年代的彷徨，80年代的设计研究有了实质性的进展，一系列设计方法论的专业杂志相继问世，并且有关于设计认知理论的书籍出版。人们逐渐将设计作为一门独立的学科对它进行分析和研究。

三、设计程序研究的新动向

在20世纪90年代之后，设计学的发展主要基于新型设计理论期刊的出现和全球各地各类设计组织的建立。有关设计过程的研究则主要依托广义方法学，当前的研究热点在于设计思维方面以及设计方法在创新性企业的组织管理等方面的结合。

在广义设计方法学层面，目前有3个主要流派：英、美、日的创造性设计学派，以美国麻省理工学院（MIT）徐南朴教授（Nam Pyo Suh）为首的设计理论研究小组提出的公理性设计理论；德国与北欧机械设计方法学，以帕尔（Pahl.G）和拜茨（Beitz.W）提出的普适设计方法学（Comprehensive Design Methodology）为代表；苏联、东欧的设计方法学，其代表成果是发明问题解决理论（TRIZ，Theory of Inventive Problem Solving）。

在设计思维层面，设计研究结合心理学研究的相关方法，从设计者的心理过程、方法和模式出发，侧重于设计过程中的创新思维，对产品设计的创新过程进行研究。建筑师内里·奥克斯曼（Rivka Oxman）在研究中阐述了设计思维过程、计算机辅助模式对设计创新的影响，他对设计认知过程和计算机相关领域进行了深入的探索。中国台湾学者刘裕田将设计思维过程看作为一个检索过程并随之建构了相关模型。学者约翰·杰罗

（J.S.Gero）对设计过程中有关创新的内容进行了分析，他在研究中探讨了设计创新的来源，并以此建立了创新知识模型、过程模型和情境模型。

综合来看，有关设计过程的研究较为重视设计的动态过程，思考过程和求解过程是研究的重点，目的是构建设计过程模型和创新思维模型，即设计"任务本体"。目前设计过程研究在工程设计领域取得了长足进展，但在艺术设计领域仍然欠缺系统性研究。

在设计研究领域，人们始终对理解设计过程的本质和创造性发现有着很大的兴趣。其中最为盛行的两种观点：一种来自西蒙所持实证主义的技术理性，认为设计关注的是事物应该是怎样的；而另一种观点的代表人物舍恩则认为设计是一种与情境的反思性对话，他的一系列观点也被称为建构主义的实践认识论。根据第一种观点，设计是一个递增的过程，其中内容（设计对象）和结构（推理过程）之间的关系是分层的；而第二种观点则认为设计是一种反思实践，是基于环境的上下文行为，内容和结构之间的关系是可以相互转换的。这里主要关注的是关键动作的演变及其在设计推理过程中创造性概念形成中的作用。

第三节
关于设计程序的讨论

研究人员研究并开始理解设计的第一个范式是由西蒙在20世纪70年代初提出的。在西蒙的范式中，设计被看作一个理性的搜索过程，即设计问题定义了"问题空间"，为了寻找"令人满意"的设计解决方案，必须调查这个"问题空间"。把设计看作一个理性的问题解决过程，就需要采取实证主义的科学观，将自然科学作为设计科学的范本。理性的设计问题解决方法是基于实践的设计过程阶段模型和认知心理学领域的设计者作为信息处理器的模型的结合。把这些联系在一起的黏合剂是"人类问题解决"理论。这一领域的中心范式是，问题解决可以被描述为"在（问题空间内）巨大的可能性迷宫中寻找解决方案。"成功的问题解决需要有选择地搜索迷宫，并将其缩小到可管理的范围。通过对解决国际象棋和密码学问题的受试者进行协议分析，研究了这些搜索过程，它们可以在"问题行为图"中显示和分析。

西蒙对设计方法论的关键贡献是指出了生产性的设计思想可以在相同的实证主义框架中被捕捉到。问题解决者被视为"寻找目标的信息处理系统"，在客观和可知的现实中运作。西蒙明确表示，他的理论没有考虑到人类感知的过程和结果，他假设"被视为行为系统的人是相当简单的。"而事实上，我们行为的明显复杂性在很大程度上反映了我们所处环境的复杂性。在研究"适应性系统"时，我们通常可以根据系统的目标及其外部环境的知识来预测行为，而对"内部环境"的假设很少。

在西蒙后来的一篇论文中，他通过将设计问题定义为"结构不良的问题"，解决了将理性问题解决方法应用于设计时可能出现的一些困难。结构不良的问题应该在"直接问题空间"中解决——这是整个问题空间的一部分，被认为太大、结构不良、定义不清，无法描述。迫在眉睫的问题空间通过（未指定的）"注意和唤起机制"来处理和组合。设计过程的目标是得到一个"足够好"的解决方案："我们通过寻找备选方案来满足，这样我们通常只需适度搜索就能找到一个可以接受的方案"。在1969年出版的《人工科学》一书中，西蒙认为设计问题是分层组织的，设计复杂结构的方法是找到可行的方法将其分解成子问题，解决这些问题，并将它们结合起来，得出一个新的整体解决方案。在问题解决理论中，"好的"最有效的推理过程被定义为涉及通过问题空间的最短搜索路径的过程。

舍恩提出了一个与西蒙截然不同的范式，他将设计描述为一种涉及"反思性实践"的活动。这个实用主义的、建构主义的理论是专门用来解决舍恩在专业实践中理性解决问题的方法中发现的一些缺点的。舍恩认为，这些职业的设计成分被低估了，人类设计活动的本质被误解了。舍恩强调每个问题情况的独特性，并认为设计师的核心技能是他们决定如何处理每个问题的能力。舍恩称这是设计实践的本质或"艺术性"，并认为不能用理性的问题解决框架来描述它是不可接受的。

对舍恩来说，设计师的基本问题之一是决定如何通过"一种智慧行动中固有的知识"来处理每一项独特的任务。虽然他承认这种隐含的"行动中的知道"很难描述和传达给学生，但他认为，可以教授和考虑的是引导一个人养成行动中知道的习惯的显性反映，即"行动中的反思"。在"与情境的反思性对话"中，设计师的工作方式是命名情境中的相关因素，框定问题，朝着解决方案迈进，并对这些举措进行评估。这些框架基于潜在的背景理论，符合设计师对设计问题的看法和他的个人目标。舍恩将这一理论与实证主义理性解决问题的方法进行了对比，指出"尽管西蒙建议用设计科学来填补自然科学和设计实践之间的空白，但他的科学只能应用于已经从实践情况中提取出来的形势良好的问题"。将设计描述为反思性对话集中于设计师的结构角色，在一个框架动作中设定任务并勾勒出可能的解决方案。

框架作用的强度决定了任务中结构的数量框架的中心概念被克里斯·阿盖里斯带入组织领域，他强调了框架在其中起关键作用的学习周期为"单环"和"双环"。这些想法在圣吉等人的工作中取得了进展，强调了"学习型组织"的重要性。许多人立刻意识到这些理论是对组织生活世界的一个重要方面的描述。但也有人批评他们缺乏管理组织所需的那种结构——理性解决问题提供的那种结构。理性地解决问题的方法从目标定义开始，建立了一套广泛的计划和控制方法，以最有效的方式实现这个预先设定的目标。这使得可以明确控制和客观测量的结构化工作过程成为可能。

西蒙和舍恩建立的实证主义和建构主义两种范式代表了两种完全不同的设计实践模式。因此，他们处于贯穿科学和哲学的深刻分裂的对立面。他们都在理解设计实践方面发挥了作用。

第四节

设计程序模型

以下将以时间线的方式梳理设计史中所提出的较为重要的设计流程模型，从多个角度对这些模型进行分析和说明。较有代表性的为以下三位。

一、哲学家卡尔·波普尔

卡尔·波普尔（Karl Raimund Popper）的哲学思想对理性范式方法论产生了长期的影响。他将逻辑科学和经验科学做了区分，给出了逻辑形式、科学假说和概率论的限制性观点。这个理论与所有试图用归纳逻辑的思想来操作的尝试都是相反的。波普尔认为典型的科学假设是普遍的，它们必须经过客观的推导才能得到结果。这一假说的特点是它能够被证明是错误的，它可以被一个相反的例子伪证，而不是任何归纳的支持或任何程度的概率，这就是它的科学性所在。因此，这种方法拒绝任何主观的概率理论。另外，波普尔指出归纳方法不能从一系列归纳概括中形成复杂的理论模型，也不能从逻辑上归纳自然界内部运作的复杂模型，因为它必须进行想象力的推测，然后通过测试数据判断是否支持。美国建筑师协会成员席勒（Hillier）等人在波普尔的观点之上又提出了"推测—配置—分析模型"来解释设计思维过程。在这个过程中，设计师会预先构造问题以解决问题，现有的知识和以前的经验会影响解决方案的性质。

二、设计理论学者马奇

马奇（March）认为设计中的主要推理模式是归纳，他也由此开发出一套模型，该模型将溯因推理与演绎、归纳等常规推理形式相结合，以描述设计过程中的创造性活动并对此进行评估与分析。这个模型的理论基础源于皮尔斯（Pierce）所提出的三重活动模型，而这个模型是为说明溯因推理的过程而提出的。在设计推理的第一个阶段，设计者使用原有的知识储备来提出最初的解决方案，而在演绎推理的第二个阶段，通过对设计过程的分析继续优化方案。在归纳推理的第三个阶段，设计的某些方面被修改和改进，从而得到更好的解决方案。这个过程被认为与技术理性理论所提出的模型一样，都具有面向解决方案并无限循环三个过程的性质。

三、德国的设计师古伊·邦希培

古伊·邦希培（Gui Bonsiepe）将设计与设计研究之间的关系描述为"不稳定的"，这可以归因于设计学科在不影响设计实践的情况下其实是缺乏理论基础的。设计理论的学者对此类设计流程概念模型的评价并不全是正向的，因为它们在具体的设计实践中无法针对不同的任务要求或临时遇到的情况做具体的指导。这可能意味着设计科学虽然是一门真正的科学，但它对设计实践没有影响，因为它没有满足设计实践中所需的真正概念的要求。

设计理论研究者试图对设计过程模型进行定义和分类，并将研究范式与面向科学或学科的模式区分开来。很多学者在对设计过程进行分析以确定选择哪种方法更为可靠时，将设计模型的特征与设计实践的认识论联系起来，这对于设计理论的发展是非常重要的。主导这一系列研究的是西蒙提出的指令性模型，琼斯提出的"分析—综合—评价"模型，克罗斯提出的设计师式的认知方式，库斯提出的分析—综合—评估，阿舍儿提出的工业设计过程分析—创意—执行，马克罗斯提出的"探索、产生、评价和交流"模型，还有德国的帕尔（Palh）和拜茨（Beitz）提出的任务、概念、体现和详细设计的描述性模型，约翰·杰罗等人提出的"功能—行为—结构"（FBS）模型，共同进化设计过程模型和"描述性"模型——即"感知的定位错误和修正"，舍恩提出的反思实践，科尔布的信息转化为知识的情境化模型及结构性反思实践模型等等。这些模型的提出说明了人们对各种关于设计知识体系的认识都有所提高，特别是英国皇家艺术学院在1979年发出的倡议：物质文化的收集经验以及收集的知识、技能和理解，这些都体现在规划、发明、制造和实践的艺术中，关于设计的所有研究都应该为设计教育所有，这才是设计研究的价值体现。

第五节

设计程序模型的规律

当前的设计研究路线可分为描述性路线和规范性路线，描述性研究路线是形式化设计实践以改进设计活动本身，而规范性研究路线多用以完善现有的设计实践。同样设计模型也可分为描述性设计模型和规范性设计模型，描述性设计模型从认知角度描述设计过程，其作用是辅助设计者；规范性设计模型则会给出基于规则、步骤的设计方法和技巧。

在讨论描述性设计过程模型之前，首先需要分别界定何为规范性、何为描述性。哲学、心理学和决策科学对规范性和描述性都有相关的解释和定义。哲学上对两者定义：

规范性是基于价值判断，无关逻辑；而描述性无关价值判断。心理学对两者的定义：规范性理论从认知角度致力于认知如何理性推理、判断和决策，理论基础主要是形式逻辑、概率理论和决策理论；描述性理论描述人实际如何思考。决策科学认为描述性理论是有关决策实际是如何制定，而规定性理论是有关如何制定合理决策。

对于设计方法界来说，亚历山大在《形式综合论》中描述的方法揭示了建筑设计的多产理论是可能的。该方法被视为是一个统一的、基于规则的、可以管理整个设计过程的系统。在设计教育中，很多教师或学生都会感觉部分实验方法的实施是耗时且乏味的，并且，当他们注意到开始使用这些系统方法后，在最终的设计解决方案中却看不到任何提高。在过去很长一段时间里，一些研究人员认为失败的原因在于他们所开发的方法并不完善。因此，他们希望通过寻找更好的计算方法和计算设备去改善这一状况。这一努力使计算机辅助设计取得了长足进步，但对设计师们概念化问题和解决问题的方式却没有任何影响。基于此，研究者开始意识到仅仅通过指出方法的缺陷来解释方法缺乏有效性是有问题的。设计师们在设计过程中似乎陷入了固有的思维模式，因为各种方法的规定性质要求设计师以相当严格的顺序遵循预定的步骤，这似乎与"自然设计思维"的设想不一致。

上述一系列问题的出现，使研究者对描述性设计模型的研究开始投入更多的精力，研究人员将其与规定性设计模型进行对比。他们的论点是，对实际设计行为的良好描述对于理解思维的过程至关重要，因为它发生在真实的设计实践中。研究人员认为人们对设计师的思维方式，尤其是他们如何产生和发展创意等相关问题鲜有研究，因此多个描述设计思维过程的描述性模型应运而生，如约翰·杰罗提出的FBS模型，约翰·纳尔逊·沃菲尔德（John Nelson Warfield）的设计理论概括人类设计过程的共性原理，以及为设计思维提出了可操作的规范模式的TRIZ理论等。设计是一个思考的过程，设计通过思维实现功能与结构之间的转换。C-K理论（Concept-Knowledge）认为这个过程是概念和专业知识相关联、从初始概念发展到精确专业知识的过程。该理论认为初始概念与专业知识相关联，继而产生新的概念，新概念进一步与更具体的专业知识关联，如此反复最终产生设计方案。这类方案经过了知识验证，且通过知识进行表达。

一、问题空间的设计搜寻模式

1995年，西蒙提出的搜寻模式主要理论是在替代方案（Alternative state）的问题空间中搜寻设计目标，起始点为问题，经由一连串的中间状态，进行到满意解的目标状态，如图4-4所示。搜寻策略的进行上，由于人类会根据个人条件与问题属性应用各种不同的问题解决策略，不需要经由搜寻整个问题空间也能获得满意解答。同理，设计师的设计过程也许也不是完整搜寻，但由于其搜寻策略应用得当仍能得到满意结果。

经验较为丰富的设计者在设计过程中会表现出"直觉性"的行为，这种行为被视为对已知知识的重新编译，而有经验的专家可以将此经过分解并删减至最有效用的策略形式。对此，在先前的研究中存在着不同的看法，例如，美国心理学家吉尔·H.拉金（Jill H. Larkin）指出，专家设计师在问题处理的操作过程中倾向于前推式的搜寻策略，他们分别通过数学及物理运动问题的解题过程来指出专家在处理设计问题上，因其凭借着丰富的问题处理经验，所以倾向于采用前推式的搜寻策略，运用其领域的程序性知识来解题，如此能产生出较为明确的进行方向，也就是以资料导向的搜寻策略。心理学家约翰·罗伯特·安德森（John Robert Anderson）在其研究的实验中也发现，其解题的过程中会以广度优先的解决方式来运作，而不像生手那般是使用深度优先的策略。前推式策略的运作方式如图4-5所示。在前推式策略的问题空间中经过层级性的分解，问题解决的方法经由格状构造被向下引导着，在一开始便创造出倾向于是某问题的概括性细分，并且逐渐产生出为数较多的详细子问题。不明确的问题空间也随着时间轴的推进而朝向解决方案与事件的终结，因此在整个问题转化为系统性的问题架构上，前推式策略能扮演着重要的角色。

中国台湾学者陈政祺的研究则指出无论有经验的设计者还是设计新手，在搜寻策略

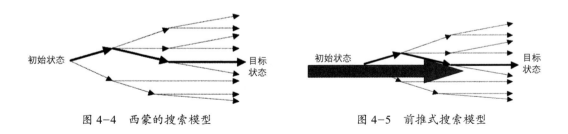

图 4-4　西蒙的搜索模型　　　　　　图 4-5　前推式搜索模型

上都具有一定程度上的"一致性"，即倾向于使用倒推式策略来处理问题。他们都需要应用已知的知识法则为基础，由目标状态反向出发通过大量的运算步骤来获得达成目标的必要条件。陈政祺同时指出设计中由于对设计细节的加强创新，因此可在每次的设计中将专家设计师视为处理问题的生手，故而提出专家倾向于使用倒推式策略来进行设计问题处理。倒推式的策略不同于前推式策略能掌握整个问题空间的清楚概念，它能将许多问题的分枝与节点呈现出来，并超越由问题解决者所粗略列举的可能性，因此倒推式策略在问题独特性上的处理，能够提供具有相当特质的初步考虑，并在整个问题架构的建立上提供强化的功能（图4-6）。

随着搜寻策略在问题处理上的广泛应用，自然会涉及经验法则的部分，而经验法则的重要性在于问题解决能够在较熟悉的方

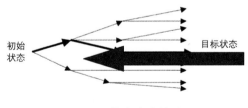

图 4-6　倒推式搜索模型

式下被有效率执行，此种有效率地解决问题的程序是有用的，因此，经验法则的应用使得为专家设计师在解决问题时，能具有快速从模糊的概念推展到的具体细节的能力。而从以往的设计经验中可以得知，纯粹由上而下（也称前推式）或由下而上（也称倒推式）的设计过程是少见的，更多地会采用互补的方式进行设计。这也说明设计过程中并不是单一地使用某种策略，而会伴随其他相关搜寻策略，因此在整个过程中可以看出其应用的倾向，但并无法知晓明确的使用策略。由于设计问题的处理需要将问题分解再重组，因此问题架构对问题处理的效率扮演着重要的角色。此外，我们也了解到有关设计片段的应用与生产，就如同经验法则般并不全然传达活动推理的本质，而重点在于增进对特殊问题上的执行能力。

二、问题—解决空间的协同进化设计模式

协同进化模型（Co-evolution Design Process）最早由玛莉·卢·迈赫（Mary Lou Maher）等人提出，这个模型在西蒙的设计理论基础上构建而成并进一步假设在任何设计过程中都存在两个并行的搜索概念空间，分别为问题空间和解决方案空间。其基本思想是设计师迭代地搜索每个空间，使用一个空间作为衡量的基础，同时使用另一个空间来评估之前的动作，反之亦然。如图4-7所示，该模型表示两个概念空间存在一种联结转换的关系。迈赫和唐玄辉认为共同进化的设计模型可以发展成一种认知模型，其目的是描述设计师如何寻找设计解决方案以及对问题规范进行修订的方式。这种感知强调设计认知过程是不断循环的，在循环中各概念空间的相互作用是周期性的且迭代的。假设计算模型和认知模型之间存在着相关性，假设问题和解决方案空间之间具有共同进化的性质。

克罗斯认为，设计师喜欢把假设性解决方案作为进一步解决问题的手段。因为孤立于解决方案之外的问题不可能被充分地理解，所以假设性解决方案就被当作探索和理解问题的一种辅助手段。正如雅内·科洛德纳（Janet Kolodner）和琳达·威尔斯（Linda Wills）研究分别对工程设计专业的高年级学生和有经验的工业设计师进行对比研究。工程设计专业的学生认为：提出的解

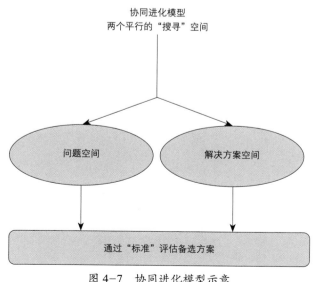

图4-7 协同进化模型示意

决方案通常会直接提醒设计师考虑重要问题——问题与解决方案协同进化。而对工业设计师进行的口语分析研究结果表明，他们的观点是：设计师从探索问题空间开始，进而寻找、发现或认可局部结构。他们利用解决过程中的细部内容来产生一些能形成设计概念的初步想法，接着进一步扩大和发展这一细部内容，然后他们将这一设计完成的部分转回到问题空间，再一次利用它的影响扩大问题空间的结构。他们的目的是创造一对相配套的问题—解决方案组合。观察设计师"重新定义"设计问题，调查该问题是否"符合"以前的解决方案，通常是对当前的稚嫩解决方案进行"修改"的过程。参照多斯特和克罗斯在几个设计过程中应用共同进化模型观察创造力的结论，图4-8划分了问题和解决方案之间的共同进化关系，说明了设计的连续阶段。从早期的命题开始，在共同进化的过程中，通过对核心解的分析和概念空间之间提供的信息，最终以对最优解决方案的修正而结束。设计师的关注点在问题和解决方案两者之间相互转换，逐渐形成问题和解决方案这两个空间的局部结构。

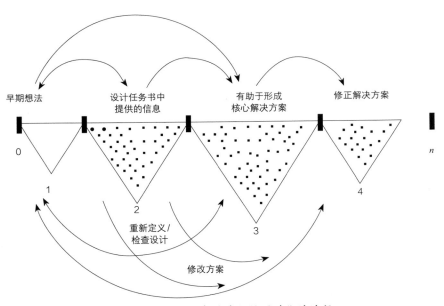

图 4-8　问题与解决空间协同进化的过程

第五章
通用设计程序内容与结构的建立

第一节

设计实践的剖析

在构建通用设计程序之前，我们对设计实践活动先进行一个简单的剖析。基于前文对设计的本质属性，设计思维的程序以及设计程序研究的讨论，实际上是围绕五个行为活动组成的。第一个活动是从问题领域中对问题的表述或识别开始，然后通常以新的角度和方式对问题进行构建；第二个活动是问题和解决方案的表达，在文字、草图和当前先进的可视化技术的支持下，允许设计者在与这些表达意图的对话中发展他们的想法。设计人员倾向于并行使用多个表达法，其中，每个表示法都突出展示了正在演化的解决方案的某些显著特性；第三个活动是处理问题和创建解决方案时的策略或设计步骤可以是完全原创的，可以是设计者的全部技能的一部分，也可以是常见的设计实践；第四个活动，为了保持设计项目的正常进行，几乎需要持续进行评估。在项目的早期，这种评估必然是非正式的和测试性的，之后评估可以更加正式和客观；第五个活动，管理设计项目仍然是一个挑战，因为它们是解决问题的过程、创作自由和行动反思驱动的学习过程的混合体。项目概要不断变化的事实加剧了管理层面的挑战，随着可能的设计结果具体化，项目的目标也可能会随之改变。因此，对以上五项程序可以进一步进行总结：①探索发现，即对问题进行理解、识别、框定；②问题界定，想法外化、符号转换，使用多重表征；③构建程序框架，创建初步解决方案，根据设计要素之间的关系进行想法推演；④重申设计概念的框架及结构，创建逻辑结构，定义细节，在客观和主观两个层面进行行动反思；⑤验证、实施及监控，平衡各种设计要素及约束限制并进行方案反馈，最后汇总所有图纸表达制成设计报告。

以上是设计的整个程序中会经历的认知活动，但根据设计者经验的不同，可能对每个阶段的活动认知也有不同程度的发挥。针对此问题，劳森和多斯特总结过在设计专业经验感知层面的七个等级：最低层级的设计活动是由日常生活中非专业的普通人完成的。它通常基于从一组现成的设计解决方案中进行选择或模仿复制较早的设计。第二层级是新手探索什么是设计，并将设计理解为一系列以线型过程组织起来的活动。新手探索的目标是为了发现这个"游戏的规则"。第三层级是高级初学者，他们认识到的设计问题是高度个人化和局部化的。在这个级别，他们对待设计问题的态度不会像新手设计师那样认为使用一套标准的设计程序就能得出一个解决方案，而是掌握了一种讨论和批评设计的语言，使这种专业知识的状态有别于以前的状态。第四层级是专业的设计师，他们是能够处理和理解在其设计领域内发生的所有常见情况的人。在设计专业知识开发的早期阶段，设计师基本上可以对问题的情况作出反应，而有能力的设计师则积极引导设计问题的发展。因此，在这个层级的设计者拥有更多的控制权，允许设计实践在多个项目的过程中形成一定的深度。第五个层级的专家设计师，是以通过他的设计作品表达的一种方法或一套价值观而闻名的。这种水平的设计实践的特点是对情景的隐含认知和流畅、直观的反应。第六层级是到了大师等级的设计师实践经验。在这个层级的设计师们可以达到一个创新的水平，会质疑专家传统既定的工作方式，并突破该领域的界限。他们的作品会以出版、新闻发表、访谈、学术研究等形式广泛地流传，供其他人学习和欣赏。到第七层级即最高级别设计师的工作旨在重新定义自己的设计领域。远见卓识的人在设计概念、展览和出版物中表达他们的激进想法，而不会体现在现有成品的设计实务中。以上这七个专业水平代表了七种不同的设计思维方式：基于选择的（设计初学者）、基于惯例的（新手设计师）、基于情景的（高级初学者）、基于策略的（专业的设计师）、基于经验的（设计专家）、开发新的图式（设计大师）及重新定义领域。这七个层次的设计实践都有自己的方法，有自己的批判性技能，有自己的反思模式，因此，并不存在所谓完美的、通用的设计程序。

广泛的设计实践可以被可视化为一个框架，其中五类设计活动与专业水平交叉。从建筑到产品设计、视觉传达设计、时尚、动画等，每个设计学科都可以制作这样的程序框架。设计是一个巨大而且丰富的领域，充满了各种不同的职业。在这个庞大的设计实践范围之外，我们将主要关注"程式化"活动，因为它在早期的推理模式分析中已经作为设计的特征浮出水面。为了从设计实践提供的最佳经验中学习，我们将专注于高级别的设计专业知识（以专家和大师为主），以便从他们那里学习如何更有效地处理我们今天所处的开放的、复杂的、网络的和动态的问题情况。

第二节
设计程序的框架结构

一、设计思考的程序

凯利在2016年接受专访时指出，设计思考的蓬勃发展是靠之前的学者专家逐步构建成形的，如奈杰尔·克罗斯、克劳斯·克里彭多夫、拉里·J.莱费尔（Larry J. Leifer）等。凯利认为，由于斯坦福大学设计思维学院致力于创意与设计的研究教学，以及麦克金姆涉及需求发现的研究并提倡以人为中心而不是以技术或业务为中心的想法，之后借由凯利、莫格里奇以及纳托尔三人于1991年共同创立IDEO并逐步推广设计思维的概念，设计思维或许只会停留在个人的工作阶段，而无法扩充到团队实践，更遑论能将传统设计概念转变为现下的设计思维（图5-1）。IDEO现任主席布朗在经过多年的设计思维实务经验与相关研究之后于2009年出版《设计改变一切》；并向大众宣传设计思维。

图 5-1　卡马乔总结的斯坦福大学设计思维的演变过程

在该书中，布朗展示设计思维的环境要素、条件限制、基础框架与执行步骤，为设计思维的发展建构完整的基础。彼得·罗在1987年所出版的《设计思考》一书中，将"设计思维"一词正式运用到设计界。然而，在此之前或是之后，许多专家所构建的与设计相关的思考模式并未使用设计思维一词。以下为了分析与研究各专家的思考模式与执行程序，统一使用"设计思考的程序框架"一词来作为论述的呈现方式。

（一）约翰·杜威的设计思考程序框架

杜威曾在 *Logic：The Theory of Inquiry* 一书中介绍他解决问题时思考的程序框架。他于文中提到"每一个想法都源自一个建议，但并非每一个建议都是一个想法"。当建议通过检测作为解决给定情况的手段时，它就会转变成想法。杜威认为过去的经验是面对新的问题时的建议，但是建议存在着适合与不适合的问题，因此在解决问题时过去的经验并不等于必然的想法，是需要经过探究的过程，才能有效地筛选出合适的答案。因此，杜威提出解决问题的六个步骤，即调查、提出问题、解决方案、推理、运作特征与解决问题（图5-2）。

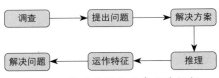

图 5-2　杜威的设计思考程序框架

1.调查

对不确定的情况产生怀疑，进而对所怀疑的事件进行充分的调查。调查的过程涉及心理与物理两个层面，当调查的环境受到干扰，所得到的结果会因为事件的发展而有所不同。

2.提出问题

提出问题是为了增加对事件的认知程度，也是拓展研究的第一步骤。提出问题的优点在于便于厘清不确定的情况，有助于确认调查内容和策划接下来的步骤。

3.解决方案

透过既有的经验来拟定可能的解决方案。杜威鼓励以渐进式的方法来探询解决方案，不需要被经验主义与理性主义的思维制约，可以采取综合理解的方式，借由直觉、概念与观念之间的相互依存关系来作为获取解决方案的途径。

4.推理

根据假设做出合宜的决定。这涉及上述关系之间的发展，必须依照事实、逻辑与发展脉络来进行。

5.运作特征

依据所观察到的事实（存在的事实）与观念（不存在的事实）来获得更多解决问题的线索。无论是事实还是观念在成为证据之前都必须经过检验与证明以增加它的可信度。

6.解决问题

运用常识与科学探究来作为解决问题的途径。杜威认为常识与科学之间的区别在于常识是解决问题的符号，而这些符号是反映群体日常文化的一部分，科学是一种比较无私的研究过程。他认为常识的重点是质量，而科学的重点是相对关系。

从杜威解决问题的步骤中不难发现，他的方式偏向逻辑推演，依据常识与科学的线索来获取问题的解决方案。这样的框架属于分析式思维模式，着重于可靠性与理性的思考，适用于处理结构良好的问题。有学者认为，杜威的框架着重于探索知识与从未知转换为常识的过程。

（二）赫伯特·西蒙的设计思维程序框架

西蒙在《人工科学》一书中倡导将设计作为一种科学思维和行为方法的概念；他在书中定义了解决问题的设计过程模型，他的模型在一定程度上影响了当代设计思维框架的建构。前文概括了西蒙的模型总共为七个阶段，即定义、研究、构思、原型、选择、实施和学习。设计人员可以依循西蒙的步骤，从定义问题开始积极地进行资料搜集并针对问题提出多元的想法，再借由分析产生构思，透过原型制作来选择最妥适的答案。在执行的过程中不一定以线性的方式进行，设计人员可以反复测试其中多个阶段，直到获得满意的结果为止。如果事实证明该解决方案失败或是无法满足需求，那就会是一次学习的经历，可将结果带回过程中的某个阶段重新执行。西蒙的设计思维程序框架归纳如图5-3所示。

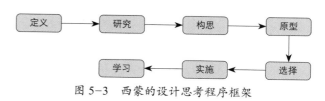

图5-3　西蒙的设计思考程序框架

1.定义

确定需要解决的问题以及厘清问题中主要的利害关系人角色。考虑优先执行的项目并建立描述问题的术语表。

2.研究

回顾与问题有关的历史资料，同时收集解决问题的范例，并参考专家对于相关议题的见解。与项目或是计划的支持者、投资者、评论家以及最终用户进行广泛的意见交流，借此获取有助益的想法以利后续设计的进行。

3.构思

确定最终用户的需求和动机，与设计团队成员沟通，尽可能产生多元的想法来满足已确定的需求。

4.原型

借由不同群体的反馈来创建工作原型以结合既有的构想，透过多个草稿向客户展示设计概念和想法。于讨论的过程中保留判断力并维持态度中立。

5.选择

在讨论的过程中避免共识思考，尝试抛开个人的情绪与想法并检讨所有可能的选项，之后选择最有影响力的构想，而不一定是最实用的问题解决方案。

6.实施

在选定方案之后进行任务描述，依照计划安排执行步骤、分配任务以及资源配置。最后完成执行阶段，将成果交付予最终客户。

7.学习

借由收集各利害关系人的反馈来衡量问题的解决方案是否达到目标。透过资料分析来讨论改进的方向，作为未来修正时的参考。

西蒙的模型建构在合理化与系统化的基础上，采用科学的方法来解决设计的问题。亨利克·格登瑞（Henrik Gedenryd）认为西蒙的设计框架结构严谨且具备逻辑性，将设计师实际工作的步骤与方式做出了详尽的描述。由于西蒙所设定的各个阶段不需要按照顺序来运行，所以在迭代过程中经常会同时发生并且产生重复。研究者们认为，由于西蒙已经意识到结构良好和结构不良问题之间的差异性，若要提供一个通用问题的解决程序，在框架的设计上就必须贴近问题，才能从中挖掘解决问题的有效方案。因此，西蒙的模型被许多人视为最典型的设计思维框架。

（三）IDEO 的设计思维程序框架

凯利和乔纳森·利特曼（Jonathan Littman）在《IDEA物语》中揭露IDEO成功的秘诀，就是在计划阶段落实设计思维的五个基本步骤，即理解、观察、创意奇想、评估和优化以及实施（图5-4）。

他们强调设计应该以人为本，通过访谈、观察与集体讨论的方式来探寻人们的需求；通过跨领域专家的集思广益，逐步建构出富有创意的新思维，紧接着制作出多个模型，借由反复测试来获取消费者真实的需求。IDEO的设计思维程序框架归纳如下：

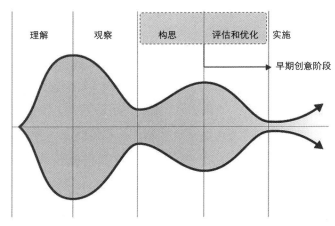

图 5-4　IDEO 设计思考程序框架

1.理解

设计人员运用移情和参与的方式沉浸在目标用户的角色中，借此收集利害关系人的需求与相关资讯，借此获得其思想、态度、行为等有助于加深对问题的理解程度。

2.观察

设计人员透过观察利害关系人，如实际用户、员工、客户或是在设计过程中可能提供灵感与建议的任何人，进行详细的调查。设计团队无须涉入被观察者的环境，仅需被动地在有限的时间内收集与纪录相关信息，以作为后续解决问题或是开发产品的基础。

3.创意奇想

在这个阶段，设计团队将整合上两个阶段的资讯并进行分析，尝试定义到目前为止所发现的问题。在厘清问题的形态之后，将结果套用在产品开发或是问题解决的流程中，借此协助设计人员建立具备独特性、功能性或是其他条件的模组，以利于进行后续的程序。

4.评估和优化

本阶段是将研发成果交付于用户手中，以获取他们的反馈。成果可以是任何形态的原型，设计团队通过观察并记录用户与原型之间的互动历程，收集用户的反馈并进行检讨与修正，以确定最终原型符合用户的需求。倘若测试结果不如预期，设计团队可以重回上述各个阶段进行工作、研究或是补强。

5.实施

在最后阶段，是将最佳的构想转化成具体的、完整的行动方案。通过原型制作，将创意以实际的产品、服务或是组织架构完整地呈现。在创建最终产品或是服务之后，设计团队必须协助用户制定沟通策略，将解决方案传达给组织内外的不同利害关系人，甚至是跨越语言和文化的障碍。

对于IDEO而言，设计思维是一种运用创造力解决问题的方法，主要核心围绕着可行性、存续性以及需求性，借由创造性活动来促进团队合作，通过以人为本的方式解决问题。IDEO采用初学者的思想以保持开放的态度和好奇心，随时接受失败的挑战并将歧义视为创新的机会。IDEO的内部团队在执行设计工作时会针对案件的特殊性适度地修改设计思维的框架，借以符合用户的实际需求。IDEO认为透过设计思维框架所产出的产品与服务，能够在市场上保有竞争力与永续经营的商业模式，并且受到消费者的青睐。

（四）蒂姆·布朗的设计思维程序框架

布朗提到设计思维的运用范围很广，从产品设计、组织架构、服务规划以及社会结构的建置上，都能利用它的逻辑与方法来实践。布朗采取以人为中心的设计理念与跨学科的团队工作环境，使用创造性的思维模式来分析问题，并通过原型设计、测试与修正的迭代循环来提升产品的质量和价值。布朗将他的想法融合成一个三步骤的设计思维框架：灵感、构思以及执行，让决策者可以拥有像设计师一样的思考方式，把设计思维运用到开发产品、服务、流程甚至是策略运用中（图5-5）。

布朗的设计思维程序框架归纳如下。

构思 —— 灵感

实施

设计思维的三项核心活动

图 5-5　蒂姆·布朗
设计思考的程序框架

1.灵感

设计的起点是从灵感展开，它是一种激发寻求解决方案的问题或是机会。灵感的阶段是短暂的，是一组精神上的体现，而这些体现提供设计团队思维框架的起点，可以作为衡量整个案件实践的目标与进度的基准。

2.构思

构思是一种产生、发展和测试构想的过程。当灵感启动创意的程序，设计团队将会展开相关研究与资料收集，然后进入构想的整合过程。在过程中，团队将会产生多种选择以及不同见解，通过交互体验与相互竞争的方式发展出可能的结果，经由测试逐渐收敛构想的范围，形成数个具备创新条件的概念。

3.实施

实施就是将构想过程中所产生的最佳概念转化为具体的、完整的行动计划。实施过程的核心是原型制作，透过原型将创意转化为实际的产品和服务，然后对其进行测试、送代和精制。在完成原型制作流程并创建最终产品或服务后，设计团队将会制定沟通策略，提供解决方案予组织内外的不同利益相关者，以利跨越语言和文化障碍。

布朗认为，设计思维之所以能够快速渗透至企业，是因为设计思维可以帮助他们进行创新、建立与区分自有的品牌以及更快速地将产品或是服务推向市场。许多非营利组织也开始运用设计思维来为社会问题开发更好的解决方案。布朗的框架将程序步骤设计成一种循环，而非单方向的执行方式；而循环的模式可以停留在任何一个阶段之中，直到想法获得改进并且采取新的方向。

（五）罗杰·马丁的思维程序框架

马丁指出分析式思维和直觉式思维都有其必要性，若单靠一种思维方式是无法产生最佳的商业绩效。他认为未来成功的企业会透过设计思维的动态交互作用，逐渐取得两种思维模式的平衡。他运用知识漏斗的理论模型来解释商业模式设计的三个发展阶段，即探索谜题、获得启发以及形成程式。马丁于《商业设计》一书中提到，设计思维工作者具备观察、想象和布局的能力，他将这三种特质与知识漏斗的理论交互运用，成为他的设计思维框架（图5-6）。

马丁的设计思维程序框架可以归纳

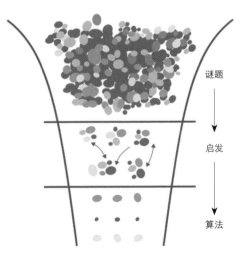

谜题

启发

算法

图 5-6　罗杰·马丁的知识漏斗思维程序框架

如下。

1.通过观察以探索谜题

在商业环境中，企业所面对的问题与挑战是严峻的，然而要从艰困的环境中获取解决问题的资讯与线索却是非常有限的。因此，设计思维工作者与团队，必须借由深切、缜密以及谦恭的观察来驱动知识进展的新视野，工作团队在业务执行的过程中必须仔细聆听与观察各利害关系人受测的回应方式，广泛收集相关信息，从中节选有限的事实，进而提出有利于市场运作的洞察观点。

2.借由想象以获得启发

想象力是一种人类心智的运作模式，每个人都拥有这种能力，只是发挥的程度有所不同。因此，设计思维工作者与团队必须善于将想象力转变为具有推论、测试与迭代能力的系统工具。透过组成跨领域团队，依据上阶段所生成的洞见观点为基础，运用成员之间不同的专业知识与构思模式，推动多元的想象力环境，为客户设计出符合需求的产品或是提案。若最终解决方案经过市场测试并获得早期使用者的青睐，表示本阶段已获得实践。

3.运用算法以形成程式

算法是指把想象力转换为能够产生所需商业结果的活动系统。上一个阶段所获得的最终解决方案可能并非完善，在执行的过程中或许存有瑕疵，这时候必须借由仔细观察消费者的反应与建议以进行计划的修整。最后建立商业模式所需要的完善活动系统，即完成本阶段的工作。

马丁指出，整合性思维是一种后设技能，能够让工作者同时面对多种正、反面的思维脉络，在面临挑战与紧张关系的情境下，能够产生具备创意的解决方案。他认为设计思维就是运用整合性思维以解决分析式思维和直觉式思维之间的冲突。具备设计思维能力的组织和个人，会不断地在科学和艺术、有效性和可靠性、探索和开发之间追求平衡。这也是马丁认为现下商业环境最需要建构的思维架构。

（六）英国设计协会双钻石设计思维程序框架

双钻石设计思维程序框架（The Double Diamond Design Process）是由英国设计协会在2005年提出的一套设计流程，主要由探索（Discover）、定义（Define）、发展（Develop）、实行（Deliver）四个步骤组成，在这个程序中每两个阶段在思维层面就是一次从"发散"到"收敛"的过程，由此组成的形状看起来就像是两颗钻石，所以被称为双钻石。也因其在英文中四个步骤开头第一个字母为D，也被称为"4D Model"。这几个阶段可以结合在一起成为一个路线图，设计师可以用来组织想法，以改善创作的流程。双钻石模型的第一阶段，在于了解影响问题和可能解决方案的不同变量。公司通常会通过提出问题，提出假设并定义可以了解更多讯息的方式来开始这一过程。双钻石模型中此阶段的目标是识别实际的问题或机会并将其关联，可以把它想象成一个绘制比赛场地的探险队。研究发现，保持员工对所有可能解决方案的开放态度，对于确保最大限度地解决创造性问题至关重要。此阶段的正常活动包括市场研究和用户测试。设计协会委员会观察到一个现象：所有公司都以用户为导向，能够转化为关注用户的需求和行为。另外，成功的公司还倾向于使他们的设计师紧密参与研究过程，使设计团队与用户面对面。例如，在星巴克公司，企业的政策规定，任何设计师在设计任何东西之前，都要花一个月的时间在星巴克咖啡店担任服务生。这使设计师能够沉浸在真实的场景中，并且厘清实际遇到的问题，同时促进了跨职能的合作。在双钻石设计思维程序框架中的四个阶段，其中用发散的方式审视情境背后的根本问题，再收敛于一个最终对问题的定义，而通常应用在产品开发过程、服务设计流程或适用于相关领域的设计前期阶段。具体的分阶段步骤如图5-7所示。

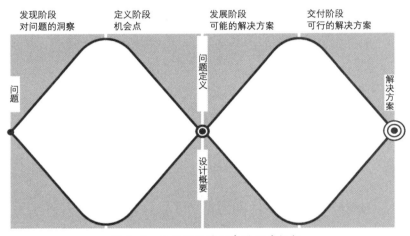

图 5-7　双钻石设计思考的程序框架

1.探索阶段

双钻石流程的第一阶段也是设计活动的起始点。此阶段从一个已知的问题或想法出发，但不急于解决它，而是采取一个发散观点去全盘理解专案的背景、问题、现象等，再从各式工作的结果中提取洞见并发现新的机会。此阶段相对应的工作包括市场调查、使用者研究、企业内部数据分析、利害关系人分析等。

2.定义阶段

在定义阶段，设计师们必须针对在探索阶段提出的洞见或新的问题进行收敛，提出可行性评估，并针对问题的严重性与急迫程度做出优先顺序的制定，同时考量到是否有兼顾到公司的商业目标。在这阶段最重要的是"找对问题"与"从哪开始"，并以简单的设计提案简报来与相关利害关系人沟通。简单来说，双钻石模型的定义阶段代表了对第一阶段中的想法和数据进行过滤。它还设置了产品开发的环境，评估了可以完成工作的真实性，并分析了该专案如何与企业品牌保持一致。定义阶段的结尾伴随着公司的审核评估。这是一个成败的时刻，最高管理者可能会取消该项目，也可能会批准该项目，并为其提供进行该项目所需的预算和资源。

3.发展阶段

在定义阶段清楚定义设计问题与方向后，进入第二颗钻石的发展阶段。在此阶段，我们可以透过脑力激荡、工作坊、快速原型等方式来策划各种解决方案。发展阶段也透过迭代的方式进行快速的测试、验证与修改，直到找到一个令人满意的解决方案为止。这里值得注意的是，在发展阶段涉及许多跨职能的工作将设计师与内部合作伙伴整合在一起，如工程师、开发人员或其他具有项目所需专业知识的部门。这样的开发方式有利于提高效率，通过将不同的部门组合在一起，可以加快解决问题的速度。在此阶段，企业都在采用开发方法，同时，所有方法都针对相同的产出进行原型设计并将解决方案付诸实践。通过让不同的部门参与设计过程，可以确保所需的原型更少，并且在测试中发现的问题更少。

4.实施阶段

到设计程序的尾声，设计师运用先前的成果提出最终的设计方案，并以高保真的原型进行测试、微调，最后交付产品经理与开发团队。最后，产品或服务正式上市后所得到的反馈与问题将开启新的循环，成为下一个双钻石设计流程中的起点。

双钻石模型是一个可以在各种行业以及几乎任何地方使用的框架。对于设计师来说，它不仅是一个简单的工具，它还可以应用于需要解决方案的任何问题。

与前面提到的设计思维程序框架相比，双钻石模型特别强调设计过程中的两次发散性思维与收敛性思维，这也是设计思考中比较少被强调且容易被忽略的。通过双钻石模式来增强设计思维程序框架中的理解、定义问题和构想、原型及测试这两个阶段，避免落入"定义错问题"或"太快进入解决问题的阶段，忽略其他更好的解决方案"的困境。双钻石模型的设计原则包括四个方面：一是以人为本，要了解使用服务的使用者，他们的需求、优势和愿望；二是进行视觉化，帮助人们对问题和想法达成共鸣；三是共同创造、工作，并从他人的工作中获得启发；四是反复操作，这样做可以尽早发现错误，避免风险并建立对想法的自信。综上所述，双钻石模型清楚地将设计过程传达给设计师和非设计师。这两个菱形代表了一个过程，更广泛或更深入地探讨问题，即发散性思维，然后采取聚焦行动，也就是收敛性思维。

（七）斯坦福 d.School 的设计思维程序框架

斯坦福d.School认为设计是一种实践的工具与方法，适用于各种形态的问题。然而，当问题变得复杂且混乱时，就必须运用创造性思维来解决。他们借由跨领域的合作模式，邀请来自不同学科、观点与背景的学生、教职员工与实务工作者加入团队，通过激烈的思辨过程来探究问题的解决之道。斯坦福d.School将每一阶段执行步骤统整为一个完整的设计思维框架，借由执行各阶段所肩负的任务条件，逐步完成对问题的解析与探询解决之道。

斯坦福 d.School 早期的设计思维框架包括理解、观察、观点、构思、原型制作以及测试六个步骤。这个框架在经过反复的演练与应用之后，于2010年提出新的版本，包含同理心、定义、构思、原型制作与测试五个执行过程，这也是现今教育界与实务界运

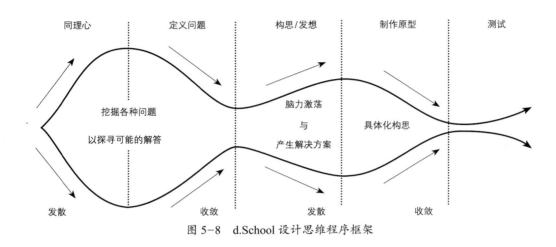

图 5-8　d.School 设计思维程序框架

用最为广泛的设计思维程序框架（图5-8）。

1.同理心

第一阶段为同理心，属于发散式的资料搜集步骤。此过程采取团队工作的模式，通过访谈、咨询以及深入研究的方法以获取大量信息，借此对问题进行更深入的理解。此阶段不需要有太多私人情绪与见解，便能广纳意见、探索到可能潜在的难题，以利后续阶段的运作。

2.定义

本阶段的目标是制定有意义且确实可行的问题陈述，为未来的实践过程带来清晰度和焦点。因此，定义阶段的结论必须具备说服力，对于问题的观点需要明确表达，并将上个阶段的发现综合成为洞见；而最终的观点必须将用户、需求与洞见这三要素相互结合，以利推动后续的工作。

3.构思

构思是采用上一个阶段所产生的观点为起点，运用想象力来推动构想，将问题过渡为解决方案的过程。在设计工作的前期可以运用脑力激荡与产生解决方案的方法，从资讯中萃取精华，尽可能推动多个构想，而不仅仅是找寻一个最佳的解决方案。在获得多个构想之后，可以通过团队投票的方式选择二至三个创意观点，导入下一个原型制作的阶段。

4.原型制作

原型的建构一方面是具体化构思，另一方面是通过原型来审阅构思的可行性。原型可以采用各种方式呈现，例如，模型、图像、影像、音乐、表演等，其目的是将构思具

体化。原型不一定要精致，不需要耗费过多资金，只要能够表达其含义即可。原型可以迭代生成，工作团队借由快速的反应与修正来获得更接近最终的解决方案。因此，原型不但具备验证构思的功能，还可以借此发现潜在的问题，进而降低失败的风险，并且省下不必要的开支。

5. 测试

当原型获得客户认可之后，即进入测试阶段。这个阶段的目的是将实验室或是办公室内所获得的具体结论，提交给利害关系人做测试，倘若测试的结果不如预期，可以重回上述各个阶段重新进行。而最佳的解决方案将在通过用户测试和反馈之后以具体的方式呈现。换言之，通过实际测试可以避免因狭隘见解所带来的失败风险，进而增加项目成功的机会。

斯坦福d.School的设计思维程序框架可以活用于微观的设计活动之中，例如，产品设计、教学课程的开发、企业组织的改造等；也能运用于宏观的设计活动之中，例如，公共建设的流程设计、社会政策的修订与创新、医疗卫生网络的建置或是教育制度的建构等。它采取以人为中心的理论核心，组织跨领域、跨学科小组的团队，通过集思广益与创意发散的过程，将解决问题的概念以具体的方式于设计的过程中预先展示，提早接触失败的可能，借此获取未来成功的资本。由于这个程序框架思路清晰、流程浅显易懂，有助于融入理论研究、实务创新、组织改造以及教育推广的领域。

以上将具有代表性的设计思考程序汇总，其目的之一是借由梳理与统整学者专家的思维框架，深度理解设计思维用于解决问题的程序与步骤；其二是通过资料的整合可以建构出设计科学演变的历史进程；其三是呈现出设计思维程序框架能够在不同的环境条件下，针对多元议题提出符合需求的优势。如今，设计思维被广泛地运用在不同的学科与领域；设计思维的团队以及个人能够通过它的理论建构出合乎要求的执行框架以利研究工作或是实务推展。换言之，设计思维是以用户为中心的实践方法，采取主动解决问题的方式带来创意与创新。而创意与创新可以呈现差异化和竞争优势，借此达到产品生成、组织改造或是系统建立的目的。

二、设计调研的程序

"调研"一词拆解开来看就是调查和研究的意思。调查是通过某些方法收集有效信息，这一过程是设计研究不可或缺的环节。调查是一种应用广泛的社会科学，分为普通调查、统计分析调查、询问调查等。从广义上讲，所有与设计相关的调查、研究工作都可以被称为设计调研。狭义上是指通过人与人的互动，获得有效信息并加以分析，最终为设计帮助。设计调查综合其他学科的方法并配合设计学科的独特方法，以此得出具体事实与调查内容的关系，为设计师提供有价值的信息从而可以开发出符合用户需求的产品。设计调研与常规的调研方式有着较为明显的区别，主要表现为设计调研在执行中，不仅需要涉及设计相关的内容，还要融入艺术、文化、技术等与之相关的元素以及用户或消费者的不同感知等。因此设计调研需要进行全面、综合并有针对性的调查和研究。近年来，设计调研受到行业内的广泛重视，成为设计师必备的能力。它是一种基本的职业思维方式和行为方式，更是设计过程中必不可少的步骤。

在设计调研的过程中，最重要的是在设计前期以及设计过程中对设计的概念、方向、新思路等方面有所察觉和提取，也就是在设计调研的过程中对解决方案的概念方向有所洞察，这样才能实现设计调研的意义。实际上，设计前期工作主要包括接受设计任务、设计进度规划、设计任务分配、设计调研等，其中设计调研是最为重要、最为关键的内容。设计调研是针对设计目标所进行的调研。设计调研的结论、结果应该为设计师所用，对设计起指导性作用。目的越明确，调研越具体。例如，在室内设计或展示设计中，我们可以通过设计前期研究，充分地了解设计的场地情况、周边环境、背景情况、用户诉求等辅助设计推进的信息。设计不同于一般的艺术创作，往往会和市场、商业、消费者、用户有直接关系，不能仅凭设计师自身的知识、经验为判断标准，而需要从用户的需求入手，从设计调研开始，通过设计调研真正了解用户的生理和心理需求，才能准确定位，有针对性地进行设计。例如，在着手设计一个企业展厅的具体方案前，我们需要对企业文化、企业的历史、发展历程、产品特点、技术水平、企业优势、取得的成绩、员工的情况、党政建设等方面进行全方位的调研，才有可能在调研过程中，获取的多样化的信息中对设计对象有所了解，进而找寻企业展厅的设计方向，通过梳理收集到的信息启发设计概念的产生。因此，为了让设计更符合服务对象、为了更好地激发创造力，就需要围绕设计目标进行广泛的设计调研。

在介绍设计调研具体的程序和方法之前，需要明确设计调研的目的和优缺点。设计调研的重要目的就是明确使用者与设计对象及其周围情境的关系，主要包括场地情况、周围环境、人文因素、背景情况、用户需求分析等多方面的内容，从而辅助我们的设计推进。通常，设计调研得到的只是一种较为模糊的信息，而不是明确的设计解决方案。设计调研需要从定性研究和定量研究两个方面入手，感性和理性两方面都要兼顾，不偏不倚。理性的数据量化分析，可以为我们提供客观环境的真实情况，辅助我们合理地制定设计目标；强调感性认知的调研方式，是尝试研究情感关系和设计敏感度，从而满足使用者的真实需求。通过详细的设计调研可以更好地把握用户的需求点，有效降低设计失败的风险，提高设计的效率。需要注意的是，有时候设计调研所得到的结论、结果又时常会表现成为了迎合客户的需求，就可能导致产生相对平庸的空间表现或是产品，从而缺失更具前瞻性的设计概念。因此，对于设计调研需要谨慎对待和合理把握，才能最大程度发挥设计调研以促进设计洞察、辅助设计的推进。

（一）调研步骤

通常，设计调研的内容主要分为定性分析和定量研究两大类。定性研究包括社会文化因素分析、场地的条件和信息分析、使用者需求分析以及周边情况和情境分析等；定量分析包括气候、环境等客观条件分析、人流现状和行动路线分析等，总的来说，可以分为三个步骤，即社会文化因素、场地分析和使用者需求分析。

1.社会文化因素

社会文化因素也是文脉分析，主要指一个国家、地区的民族特征、价值观念、生活方式、风俗习惯、宗教信仰、伦理道德、教育水平、语言文字等的总和。文脉场地并非独立存在的，它必然和其周边的一切息息相关。例如，中国的园林文化、西方的宗教建筑等都具有鲜明的地域文化特色。场地分析也不是去分析一个静止孤立的对象，而是要关注与人的关系，与周围环境、人群、文化相融合。文脉对设计项目的影响是多方面的，对所有设计的面向都有着重大影响。了解一个场地的历史背景是设计师能够将新的设计和场地结合起来的关键。通过对场地历史的分析，能够从中得出什么是不合适的设计，要避免什么样的问题，周围有哪些可以增加场地自身价值，这样可以帮助我们做出更合适的设计。新的设计反映了周围的环境，也避开了不必要的场地因素。历史的分析能够得知场地的限制条件，从而给我们带来设计灵感，这尤其对改造类项目意义重大。利用历史研究来制定改造措施，所以一张场地历史的分析图就很好地承接了具体方案的提出。

在设计开始之前，应分析、研究和了解跟设计目标相关的社会文化环境，针对不同的文化环境制定不同的设计策略和解决方案的发展方向。包括对场地的人文、经济、政治等方面的调研，同时也包括特定的历史文化分析，我们需要去思考如何设计出符合场地文脉的解决方案，以此来增加项目的合理性，并对设计方向有引导作用。在绘制场地历史分析图的时候，可以通过时间轴的方法，充分展示场地的前世今生。有些场地具有时间维度，可以把某一个重要时间点当作场地分析的切入点，它在这个时间点是什么样的设计，它的设计进程是什么样的，发生了什么样的变化都会清楚地展示在作品中。包括之后的设计草图、未来蓝图等也可以放在时间轴里，用于体现场地的未来的发展方向和项目的设计过程。文脉分析的视觉呈现可以如图5-9、图5-10所示。

2.场地分析

场地分析是设计调研必不可少的重要组成部分。任何人在开始一个设计前，除了手里的任务书以外，没有任何头绪和所谓的灵感。任何的灵感都是建立在大量的专业知识储备之上的。所以首先要做的就是围绕目标场地展开调研，第一步就是要客观地收集和了解场地全方位的信息，一定要确保信息收集的完整性和信息整理的逻辑性，这与之后的具体设计阶段息息相关。然后将这些信息转化为有效的信息图像，也就是绘制场地分析图，以呈现在设计报告中。

场地的分析可以从两个方面进行，分别从物理环境层面和精神环境层面出发，为自

萌芽

前期日本因受法国自然主义的影响，主要是以世界本身为看，从作品本身看，虽然制作简单粗糙，动画形象单一采板，但日本动画界一直在追赶欧美，虽然速度缓慢却始终在不断进步。后期，开始向教育动画领域发展并且艰难地生产着

（1917—1945）

探索

第二次世界大战后，反战题材的动画影片颇受欢迎并且影响深远。期间的代表人物是敬日本动画界为"怪人"的大藤信郎，他把流传在中国数千年的皮影戏和日本独有的千代纸结合起来制动动画

（1945—1962）

全面振兴

这一时期在思想上开始注重世界和平、人间亲情的开发与运用，后期具有"草根"特色的"边缘人"题材开始得到欢迎

（1963—1978）

黄金时代

20世纪70年代日本涌现出大批科幻机械类动画大师，如松本零士、富野由悠季、河森正治、美树本晴彦等。而同期的宫崎骏却摆脱了SF类动画风格的局限，以剧场版动画为契点，走出了一条"宫崎骏式"的唯美动画风格。其作品是传达美的思想触及人类心灵的深处，启发着人对自然、清新对神的敬畏，对生命的思考

（1978—1989）

世本辉煌与新世纪发展

在20世纪90年代，日本动画产业进一步完善。动画的种类、形式、内容题材的多样化，随着动画风格的细分，日本动画进入了明显的细化阶段。此期间，日本动画的种类丰富多样，有以浅香守生为代表的美少女动画，有以大地丙天太郎为代表的搞笑动画。另外，押井守执导的《攻壳机动队》，自成一种风格也得到观众的认可；今敏创作的《千年女优》采用了扑朔迷离的叙事手法探索了一种全新的动画表达方式，走出一条独特的深具自身民族特色的动画之路，到目前为止，二次元已成为青少年之间相互沟通的记号。总之，日本动画以"机器人""美少女"为契点

（1990—2018）

图 5-9　文脉分析图（时间轴展示）

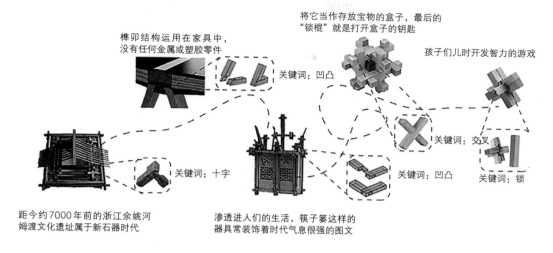

将它当作存放宝物的盒子，最后的
"锁棍"就是打开盒子的钥匙

孩子们儿时开发智力的游戏

榫卯结构运用在家具中，
没有任何金属或塑胶零件

关键词：凹凸

关键词：交叉

关键词：十字

关键词：凹凸

关键词：锁

距今约7000年前的浙江余姚河
姆渡文化遗址属于新石器时代

渗透进人们的生活，筷子篓这样的
器具常装饰着时代气息很强的图文

图 5-10　文脉分析图（形态演化展示）

己的概念寻找充足的设计条件。

（1）物理环境层面。物理环境包括地理环境、建筑形态和室内空间构成。所谓的地理环境即项目场地具体位置，南半球还是北半球抑或赤道附近，光照、气候、温度等地理环境；建筑形态即我们所需要设计或改造的建筑原有形态；室内空间构成即在建筑的基础上，室内空间的具体形态，如建筑墙体所在位置。

（2）精神环境层面。精神层面包括两个方面的内容，分别是场地环境的人文方面和室内空间体验方面。场地环境人文与上一个调研阶段的文脉分析有部分重合，也是对当地周围特征文化的了解分析，如各个地域都有自己独特的文化元素；室内空间体验指的是无论是学生或是设计师，每进入一个空间都会在尺寸和比例上产生自己的认知，把这部分的认知记录下来，并以二维视觉图像的形式呈现出来。对于以上场地地理环境条件、建筑设计条件的分析、理解和归纳所得出的结论能够为我们呈现出对场地情况一个尽可能全面的认知，根据场地和建筑的认知从而进一步推导获知哪些属于室内功能上的限制条件，初步得出项目方案的设计方向、目标和主题。场地分析图的呈现形式是多样的，可以与地图结合，也可以自行绘制当前空间场景，标注场景中的问题所在，如图5-11所示。

3.使用者需求分析

"使用者"指的是所有以任何方式与空间发生联系的人，包括在其中居住、工作、参观、消费者、维护管理的人。使用者可能具有强有力但却是间接性的影响，犹如购物者的购买倾向影响着商店的布局一样。根据重要性的程度可对使用者进行分类，如业主、长期使用者、短期使用者、访客。在这部分我们可以对用户进行深度研究，了解他们的行为模式、职业习惯、日常行为、生活状态甚至是性格进行分析。通过对用户的研究，得到用户的核心需求，用于之后的方案设计，从而满足使用者的真实需求。使用者调查

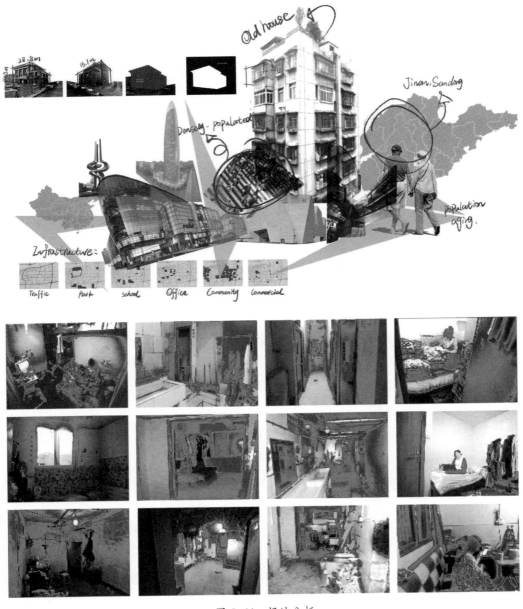

图 5-11　场地分析

泛指了解使用者所应用方法以及施测和结果分析等一系列的过程。使用者调查的方法很多，如问卷调查法、眼动仪追踪法、深度访谈法、田野调查法、焦点团体访谈法、观察法、大声思考法等。现如今互联网以及手机的普及，网络调查法被广泛应用。不同的调查方法有着不同的方法论，各方法都有优缺点。因此调查方法的选择需要以调查目的为依据，参考环境、资源、技术、时间等多重因素，以获取较为完整和精确的使用者经验资料。只有在应用时对各种调查方法全方位地了解，才能将其切实地用于研究当中。

（二）调研方法

一般说来，当研究者在某个使用者身上花费较多时间时，相对应得到的资料就会更详细。但是，在一个使用者身上所花费的时间越多，也意味着没有充足的时间在调查中接触更多使用者。使用者研究的领域致力于收集必要的资讯来达成共识，一些研究工具，如使用者访谈、焦点小组，问卷调查最适合用于收集使用者的普遍观点与感知。下文简单介绍三个常用的调研方法。

1.现场调查法

现场调查法多用于了解在日常生活情境中的使用者行为。现场调查法是由考古学家在研究文化和社会学时采用的方法演变而来。它通常应用于一个较小的范围，并且执行方法都是相同的。例如，了解外卖员一天的行动轨迹与了解购买蓝牙耳机的消费行为用的都是同一种方法。现场调查的缺点是它在一些情况下会非常费时费力。但是如果调查资源充足，并且调查要求对使用者有更加深刻的理解，一个全面的现场调查可以揭示一些无法通过其他方法获知的使用者行为。目标人群的现场调查分析图的形式可以是多种多样的，如表5-1所示，图中是一个健身房设计项目的前期目标人群的分析图，调研人员按照年龄为18～36岁的男性，36～58岁的男性和18～36岁的女性，36～58岁的女性分别观察并记录，他们去健身房的频率、时间、交通方式以及在健身房训练的总时长，训练项目和单个训练项目的时长，将跟踪调查记录汇总制作成表格以便信息读取。

表5-1　健身房使用人群分析

续表

年龄	男性				
18~36	姓名：Zhang 年龄：32 职业：程序员	跑步 时间：30分钟	按胃 时间：10分钟	跳跃并触摸膝盖 时间：10分钟	蹲跳 时间：10分钟	蹲跳 时间：10分钟
		时间 1小时10分钟	器材	走步机	瑜伽垫	类型　减脂训练
36~58	姓名：Kan 年龄：57 职业：专业健身模特	引体向上 时间：10分钟	高轮滑 时间：15分钟	硬拉 时间：20分钟	三头肌伸展 时间：15分钟	Abs 车轮 时间：15分钟
		时间 1小时15分钟	哑铃　杠铃	固定装置	类型	力量训练
	姓名：Stephane 年龄：48 职业：工程师	竖立壶铃 时间：15分钟	引体向上 时间：10分钟	蹲跳 时间：20分钟	伏地起身 时间：15分钟	
		时间 1小时	器材　水壶球	单杠	瑜伽垫	类型　健康训练

年龄	女性				
18~36	姓名：Xlj 年龄：28 职业：专业健身教练	侧向移动 时间：10分钟	蹲跳 时间：10分钟	抬腿 时间：10分钟	臀桥 时间：10分钟	
		时间 40分钟	器材	瑜伽垫	类型	力量训练
	姓名：Ninnie 年龄：25 职业：专业健身教练	箭步 时间：10分钟	蹲坐 时间：20分钟	侧抬腿 时间：15分钟	单腿提举 时间：15分钟	送髋 时间：20分钟
		时间 1小时20分钟	器材	杠铃	类型	力量训练

续表

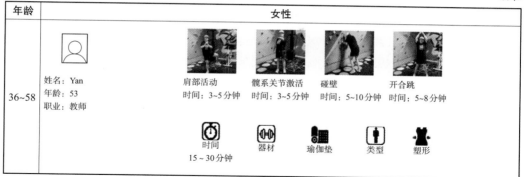

年龄	女性			
36~58	姓名：Yan 年龄：53 职业：教师	肩部活动 时间：3~5分钟	髋系关节激活 时间：3~5分钟	碰壁 时间：5~10分钟 开合跳 时间：5~8分钟 时间 15~30分钟　　器材　　瑜伽垫　　类型　　塑形

　　从这个案例可以看出，在现场进行观察调研的时候，对观察目标进行有目的的分类非常重要。现场调查方法现已成系统理论体系的代表之一是博物馆观察研究。博物馆观众研究是用以了解进入博物馆参观的民众，此领域综合了社会学、心理学、消费者研究等各式领域理论，既可记录观众在博物馆内的活动与行为，也可探索其参观动机，以及评估其满足程度。一般博物馆常用的科学研究，大致分为观众行为的观察研究和观众统计学研究。古典观众研究学说可追溯至20世纪30年代，当时研究主要了解观众在博物馆内会做些什么，以及从博物馆中学到什么。策展人本杰明·艾夫斯·吉尔曼（Benjamin Ives Gilman）注意到观众观赏展品的数量，与欣赏单一展品花费的时间长短，会随参观行程进行逐渐下降，称为博物馆疲劳。心理学家阿瑟·梅尔顿（Arthur Melton）则是首位为观众进入展示会场习惯向右转并以逆时针方向行进，且有75%的民众会遵循此一模式提出文献证明的学者。到20世纪70年代，经由学者扎实的基础研究，发展出不同类型的研究技巧、认知结构，并有相关著作的累积建立起博物馆研究基础。

　　观众行为研究为博物馆提供重要的展场设计心理学应用信息；而观众统计学则借由问卷或意见征询方式，借此所得信息分析观众社会背景的各项属性百分比，如性别、年龄、职业、教育背景、收入水准、居住场所、参观次数、停留时间、单独或群体、信息来源、参观动机、欣赏种类，同时可了解展示传递信息的能力，观众对展览整体的喜好及满意度。深入的博物馆观众研究，在设计可信度高的观众调查问卷需要深谙方法学的理论技巧、评估者主导设计、统计专家检视问卷的可行性，以及市场分析等。发放问卷后，还有问卷资料的收集、编码、填写日志等工作。尽管博物馆进行的人口统计研究，可剖析博物馆观众组成，但仅能就当前提出预测，未来会因应实际状况有所改变。

　　除此之外，还可以把现场调查的目标群体进行分类观察，还是以博物馆的参观群体举例，可以分为经常性观众（每年参观三次以上）、偶发性观众（每年参观一到两次）、非博物馆观众，并从个人选择休闲活动的六个标准，和其他人有所接触的社会互动、做值得做的事情、在环境中舒服自处、新经验的挑战、学习机会、积极参与，探讨三种观众类型之间的不同。这样得到的信息数据可能会更符合目标人群的习惯特征，获得更加细微的行为数据，但缺点同样是费时费工。现场调查在某些情况下也可以用一种更低成本、更轻量级的方式来实施，即任务分析法。这种方式可能不像第一次完整的使用者研究一样获得深入了解，它与现场调查比较类似。任务分析的概念是认为每一个使用者与设计目标的互动行为都发生在某一任务的执行过程中。有时任务非常具体，如亲自使用产品参与体验，而有时任务比较宽泛，如学习美术馆志愿者的服务手册。任务分析是一种仔细地分解使用者完成任务的精确步骤的方法。这种任务分解可以通过使用者访谈来完成，让使用者通过自己的叙述将使用经验介绍出来，也可以通过现场调查来完成，在使用者的"日常生活环境"中直接研究他们的行为。

2. 行为地图法

与现场调查法相关的另一个方法是行为地图法（Behavioral Mapping）。这是一种直接观察并在地图的形式中记录的方法，通过跟踪人们在特定的空间和时间内的行为，以帮助设计者把设计特点与行为在时间和空间上连接起来。这种方法最早在20世纪60年代末开始应用于研究物理环境特性如何影响人们行为，包括活动的水平和类型等。研究人员依据地图或地图的布局平面，记录研究对象的位置，在特定时间的停留时间以及一些其他特征，如性别、年龄和与他人的互动程度。这种方法被广泛用来研究人们在超市、学校、医院、儿童照顾中心和杂货店的行为。这是一套有系统的观察与记录方式，也被使用于研究环境对于行为的影响，并认知到环境与行为之间的相互作用方式，以便于研究自然环境中具有特征的项目如何影响人们的行为，包括活动水平、活动类型等，并希望将空间设计与行为结合起来。

这项研究方式依赖于对行为直接的观察，再加上对行为进行记录，并于后续分析显示于地理空间地图中。其观察的方向主要分成两种：①以个体或人群为单位，主要观察行为者的行为及行经路径等；②以地点为单位，主要是针对公共设施做观察。另外，学者李道增在《环境行为概论》一书中说明，行为地图的记录有几项优点：在进行记录时已齐备观察特定地区的平面图，并已明确界定人的观察、行为、描述及位置上的标定，在进行记录过程时有日程表，以标示观察记录的时间，并设计符号编码，利用统计及数据系统以最有效率的方式来得到记录成果。例如，在观察场地时，画一张场地的平面草图，这对于之后的活动很有用处。然后复印几份草图，用于不同的数据采集过程。图中应包括场地的各种要素，如原始平面边界、入口、道路、设施、主要植物、主要空间或设备等。可以在主要的详图上标出这些要素的材质情况，不同之处也可以用不同的图注或颜色表示，如图5-12所示。

综上所述，行为地图的分析方法有四个方面的优势，一是在记录方面，能将模糊的需求拆解为各要素，并用文字加上图形表达出来；二是评估方面，可以清晰地将当前产品和服务的状态以及预测未来可能出现的情况；三是可以体验过程中的痛点，寻找并发现创新机会；四是在形式上更易于分析，可以帮助团队更好地交流和讨论，作出更好的决策和设计方案。

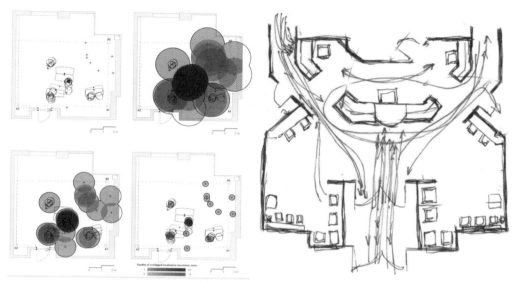

图 5-12 行为分析地图

3.使用者测试

使用者测试是另一种经常被使用的调研方法。使用者测试会请使用者来帮忙测试设计产品。有时使用者测试会用于测试一个全新的产品，也可以用于测试改版后的产品。另外，使用者还可以测试一个正在设计过程中的产品，甚至是一个粗略的概念设计。这个过程对于不同的测试者表示了不同的含义。有的人认为它是一种测试方法，主要针对有代表性的使用者来测试，而有些人则认为它适用于非常具体的开发方法。就调查问卷与焦点小组而言，在坐下来与使用者面对面之前，调查者最好对想要了解的问题有一个清楚的概念。然而，这并不意味着使用者测试局限在"分析使用者如何成功地完成某一项特定的任务"这类具体问题上，它也可以用来了解一些宽泛的问题。

另一个使用者测试的方法是让使用者测试原型。原型可以是各种形式，从纸上的草图，到低保真度的、用指令码实现的模拟界面，以及看上去像是一个已完成的产品和"可点选"的高保真原型。大型专案在不同的阶段使用不同的原型来搜集使用者意见，这将贯穿到整个开发过程中。有些使用者测试根本不需要用产品或原型，而是招募使用者来参加各种不同的活动，通过这些活动就可以洞察到使用者如何看待并使用你的产品的反应。对于由信息驱动的产品，卡片排序法（Card Sorting）用于探索使用者如何分类或组织各种资讯元素。给使用者一沓索引卡片，每一张卡片附有信息元素的名字、描述、影像或内容的类别。然后使用者根据小组或类别，按照自己感觉最自然的方式将卡片排列出来。分析几位使用者的卡片排列结果，就可以帮助我们了解使用者对产品资讯的看法。收集各种各样的使用者资料是非常有价值的，但有时候会忽略统计数字背后所代表的真正人物。因此，通过建立人物角色（Personas），有时也叫使用者模型或使用者简介，可以让你的使用者变得更加真实（图5-13）。

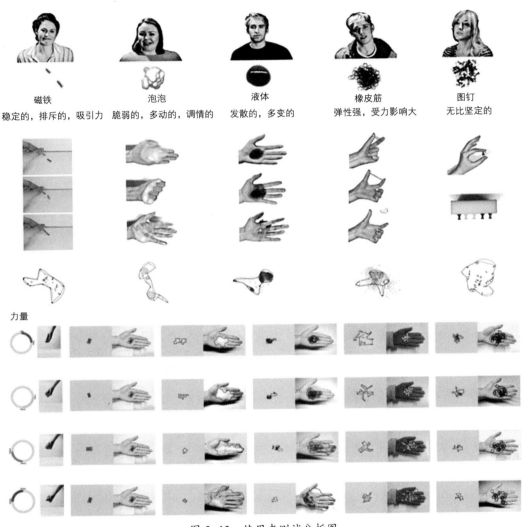

图 5-13　使用者测试分析图

三、设计分析的程序

　　设计分析是非常系统化与条理化的过程，是设计体系中高度理性的部分。设计分析的完整过程包括外部空间分析和内部空间分析两个部分。设计分析的程序主要包括设计分析与综合两个过程。理解设计分析需要从宏观过渡到中观，再具体到微观，由整体到局部，要站在整体的角度思考，再从细节入手。理解顺序的递进关系有着严格的逻辑关联。在设计的分析阶段，设计师不得不面对结构不明甚至没有明确定义的问题，解释这个问题、定义问题框架、重新定义问题结构，再到锁定设计调研的目标和范围，收集调研数据，而后开始组织、诠释数据，比较和综合替代方案，提出问题以及质疑，直到这个问题最后能够顺利地找到最佳的综合解决方案。在这个过程中，需要注意的是，明确和重构问题的过程以及寻求解决方案的过程并不是接连发生的，相反，它们是同时发生的。设计分析方法是设计方法学中特别重要的内容，它是将设计的复杂问题分解，逐项求解，然后合成一个完整的答案。设计分析为设计提供依据，要时刻秉持整体意识，通过数据记录、空间测量、资料收集来获得，不可以凭空想象与捏造。因此，以下将重点讲述设计分析中的两个重要程序——分析与综合的运作原理。

（一）分析与综合构成了设计分析程序中的两个基本任务

设计分析程序中的两个基本任务是分析与综合。布朗在《设计改变一切》一书中写道："分析与综合，是发散性思维和收敛性思维的天然补充。"设计师采用多种方法进行资料收集和学术研究，在社区中采用田野调查的方式进行信息收集，这需要同时进行访谈并评估专利、供应商和经销商等。收集到数据后开始组织、整合直到可应用至拟解决方案中。从中可以看出设计的过程就是一种分析与综合的过程。无论是设计网站的视觉系统还是汽车车灯的材料，设计师在分析复杂问题时都需要使用分析工具。创造的过程也是一个综合的过程，综合的过程需要将各个部分整合之后再创造出一个完整的想法。当完成数据收集后，需要对所有数据进行筛选并识别出有效信息。分析和综合在创造选择和做出选择中都扮演着重要的角色。

西蒙曾经将设计活动描述为，设计行为是把现有的情况转变为理想的情况，分析和综合是设计过程中的关键，既要了解现有情况又要设定目标。对分析和综合的讨论通常集中在对于"工具"或方法的描述上。这种基于方法的研究有助于实践者的自身拓展，并向客户或管理层进行阐述。然而，对工具本身的过度使用会导致方法策略的不平衡，从而会对它们的执行质量产生不利影响。设计方法或工具的目的可能会被工具本身的受欢迎程度所掩盖。对于分析与综合的理解还需从内涵方面入手。

"分析"一词的英文为"Aanlysis"，源于希腊语中的"Analusis"，在英语中的释义为"分解"。追踪分析的溯源比亚里士多德和柏拉图等伟大哲学家的时代还要古老。分析是将一个大的个体分解成多个片段的过程，这一过程是将一个较大的概念分解为较小的概念。"较小的概念"对于深入了解问题来说是非常必要的。如果可能的话，问题陈述中不同的子问题将逐一解决。针对每个子问题解决方案开展的思维方法平时最常用的就是头脑风暴法。随后进行可行性检查，在可执行和潜在可行性的基础上排查不合理的解决方案。在此基础上，设计者需要将多样的想法联系起来，并审视每个想法的构成方式。将问题较多的陈述分解为多个较小问题的陈述，并检查每个问题陈述，这个过程就称为分析。

综合是指将碎片化的信息进行整合的过程，它是具有创造探索性活动过程中的最后一部分。这一过程有利于整体性的创造，从而产生全新的东西。那么在设计思维中综合是如何工作的呢？一旦设计者将不可行的方案排除，并将注意力集中在可行和潜在可行的解决方案集合上，那么就需要让设计者把他们的解决方案进行综合。例如，在8个可行的解决方案中，有三四个方案可能会被排除，因为它们不适用于更综合的背景，即实际解决方案。设计者从问题陈述的空间开始，然后以另一个更大的空间结束，即解决方案。解决方案与问题陈述完全不同。在综合过程中，确保多种想法彼此间保持同步，并且避免冲突的发生。因此，分析和综合构成了设计思维的两项基本任务（图5-14）。设计思维过程始于简化论，即问题陈述被分解成更小的子问题。每个子问题都由设计者及其团队进行头脑风暴，然后将不同的较小的解决方案放在一起，形成一个连贯的最终解决方案。

那么，分析与综合对设计思维的影响如何呢？假设一家公司正面临"人员流失"的问题。在考核周期结束以后，高质量的员工往往会选择跳槽离开公司。因此，一个普通的公司会失去其宝贵的人力资源，并承受培训新员工的成本。这就浪费了时间和一系列培训项目的额外人力资源，也增加了公司的成本。现在需要制订一个计划来控制公司的人员流失。

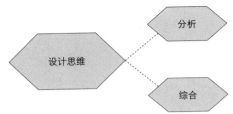

图 5-14　分析、综合与设计思维的关系

在分析阶段，需要将问题陈述分解成不同的组成部分。以下为同一问题分解后的子问题，分解为基本的级别：

①员工们不再有动力在公司工作了。

②评估周期与人员流失有关。

③对新员工来说，知识转移是必要的。

④知识转移增加了公司的成本。

现在，开始分别解决每个子问题。在这一步，将进行综合阶段。需要注意的是，在这个阶段一次只分析一个问题，试着只为该问题找到解决方案，而不考虑其他问题：

①为了解决缺乏动力的问题，管理层可以计划一些可以定期给予的激励措施，员工们付出的努力必须得到很好的回报，这将保持员工的积极性。

②为了解决考核周期中出现的人员流失问题，管理层可以与离开组织的员工召开一次会议，了解他们离开公司的原因。

③对于知识转移，管理层只能聘用某个领域的专家。

④对于知识转移的预算问题，管理层可以有一个由某一领域的专家准备的文件上传到内部网，提供给新入职员工。因此，知识转移不需要额外的人力资源，这将减少公司的预算。

如果反复推理，第三个解决方案可能并不总是可行的，因为无法保证总能邀请到专业人士。此外，专家的高薪酬也将增加公司的预算，所以这一点排除。因此，现在把其他三个解决方案结合形成一个连贯的解决方案。最终的解决方案是，管理层先与离职员工进行交谈，了解人员离职的原因，然后制定合适的奖励机制，并在组织中创建一份可以便捷获取的文件，用于知识转移。通过这种方式，分析和综合共同作用于设计思维过程。设计者首先将一个问题分解成易于处理和研究的小问题。然后将不同的解组合成一个一致的单一解决方案。

从更深的层面解读分析的目的，简而言之，分析需要分解层次关系以及问题结构，以此清晰地呈现出设计问题中各元素间的内在关系，从而明确其中的设计路径，取得必备的设计信息以及识别各元素特点。戚昌滋先生总结设计的系统分析包括以下几点：一是总体分析：确定设计的总目标及相关客观条件的限制；二是任务与要求分析：为实现总目标需要完成哪些任务以及满足哪些要求；三是功能分析：根据任务与要求，对整个系统及各子系统的功能和相互关系进行分析；四是指标分析：在功能分析的基础上确定对各子系统的要求及指标分析；五是方案研究：为完成预定任务和各子系统的指标要求，要制订出各种可行性方案；六是分析模拟：由于一个大系统要受许多因素影响，当某种因素发生变化时，系统指标也会随之发生变化，这种因果关系的变化通常需要经过分析模拟加以确定；七是系统优化：在方案研究和分析模拟的基础上从可行方案中选出最优方案；八是系统综合：选定的最佳方案是原则性的，要付诸实施，必须进行理论上的论证和具体设计，以使各子系统在规定的范围和程度上得出明确的定性、定量的结论，包括细节问题的结论。

分析是综合的前提，也是设计过程中不可或缺的环节，与之对应的综合则是它的必然结果。综合需要从大数据中提取出有效的设计模式，从本质上讲综合是一项具有创造性的活动。中国台湾学者黄英修认为：分析与综合的过程是将设计问题解构成有层级性的树状结构系统，这当中包含多个子集合，子集合之间都有所关联，这些子集合都属于整体设计问题架构下的一部分，这一过程为分析；当产生树状问题层结构之后，再进一步将各个子集合实现，这个过程称为综合。因此，可以通过分析综合的反复循环来解决设计上的问题。综合是实现有序要素的一种集合，它是基于分析结果并对其进行评估、改进以及整合的。这种集合并不是采用相加的模式得到的，它注重的是整体的架构以及对不同综合方案的平衡。就如同在前面提到的收敛性思维和发散性思维，分析与综合也是符合先发散再收敛的思维路径。

（二）分析与综合的组织程序框架

工程学家维杰·库马尔（Vijay Kumar）开发了一个分析与综合的组织框架，该框架包括16种类型的活动，其中包括7种综合模式以及9种不同的分析模式。库马尔曾介绍这个框架提出的目的是提供一种理解机制，以便设计师能够更好地理解过程中所使用方法的功能，从而在设计过程中可以选择合适的方法。如果没有直接满足其需求的方法，也可以更容易地开发出新的方法。库马尔将框架总结为设计创新过程的二乘二模型（图5-15）。该框架分为分析和综合两大部分，其中分析由组织、探索、转译三部分组成：组织中包括聚合、解构、分类；探索包括沉浸、操纵、联结；转译包括抽象概括、解释以及可视化。综合由制定和规划两部分组成，其中制定包括总结、策划、叙事；规划包括定位解决方案、预估、溯因、造型描述。以下将逐一解释框架内各类别的内涵以便更深入地了解设计过程中的分析与综合。

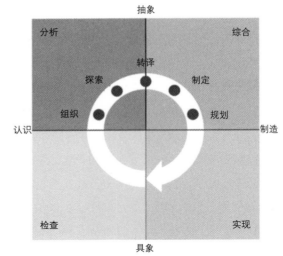

图 5-15　设计创新过程二乘二模型

1.设计分析

在以往的设计活动中，分析技术往往被忽略，但它在设计过程中又占有极其重要的地位。在分析收集而来的研究数据时，主要目标是确定数据中的关键特征，明确这些特征存在于数据中的原因以及确定这些特征所暗示的内容。

（1）组织。梳理和标准化原始数据。为了利用从任何类型的研究中收集到的数据，必须做一些准备工作以备使用这些数据。对于设计分析人员来说，有多种多样的组织形式可以为之所用，主要有以下三种。

①聚合：准备进行数据分析的首要步骤就是将数据进行聚合，使之成为可用的形式。聚合数据可以采用多种策略，大多数策略依赖于数据标准化，即可能来自多个来源的各种数据类型在语义和功能上按相同标准进行规范调整，或转换为相同格式的过程。为了准备好标准化数据，有时还需要对其进行清理，或者去掉使正在使用的数据中有价值的部分变得模糊的无关组件。

②解构：早期设计分析的另一个基本步骤是将复杂数据分解为标准化的元素，这样在后面的使用中会更加便利。例如，将原始视频剪辑成相似长度的片段，分类标注并放入数据库中以日后进行检索，或将音频转录成彩色编码的粘贴，以便后续操作。解构的方式有很多种，但目标始终是达到一种明确的"基础单元"状态（这个基础单元是由研究目标定义的）。同时解构还需找到合适的策略，通常是将数据呈现为对后续步骤有用的形式。

③分类：分类是数据组织的最后一步，它是根据层级关系、相似性等相关内容数据进行整合的过程。分类可以通过将数据组织成在其执行之前被带到研究中的预先制作的类别来完成，如流程中的步骤或市场细分，通过后期探索阶段在数据本身中发现的特殊

类别，或者通过其他研究方法确定的类别，如识别用户类型。分类与解构和聚合有所不同，分类可能在数据探索的后期阶段之前或之后完成，这取决于设计分析师的意图和将数据与现有框架统一的必要性，或开发对数据集的新理解的愿望。

（2）探索。数据探索在任何分析里都是极为关键的步骤，就是通过各种方法操控数据。在很多人看来这项工作并不重要，实则不然。具体的方法与之前数据整合的系统是相同的，设计分析人员先对已知数据进行熟悉从而帮助提高对所研究对象的理解。具体的方法有沉浸、操纵、联结三种。

①沉浸：沉浸是数据探索的第一步。一个友好的沉浸策略是将数据进行可视化的转变，这将加快识别模式和各元素间的转换关系。除了模式和结构发现，沉浸式能够让分析者理解数据的背景和语言，了解研究对象固有特征，这些特征可能会为方案制订提供建议，或者确定收集的数据中的差距或漏洞。分析者可以通过沉浸的方式感知当前数据集的质量和完整性，以评判当前手头的数据是否符合研究需求。

②操纵：一旦通过沉浸对数据进行了了解，分析者就可以使用这一系列数据了。操纵数据是探索数据的一种手段，本身也是一种分析工具。具体指对数据进行重新排序、重新排列或以其他方式移动研究数据的过程。这可以作为一种准备技术，也可称为活动前兆。同时它也是一种对操作技术的评判，将数据写在索引卡或便笺等可移动的元素上，并将这些便笺放置在空间上彼此接近的位置，以识别两者间的关系。有时，数据元素的简单并置将触发查看模式或识别对即将到来的设计综合阶段有用的特征。

③联结：数据探索的另一个关键步骤是定义数据元素间的联结关系。在很多情况下，该步骤是在数据中创建类别的方法。操纵是一种通过关系识别潜在模式和结构的方法，而联结是使这些关系具有意义的行为，因为数据元素被分组，它们被命名、定义并准备进行进一步的描述。联结可以采取多种形式，联结也可能导致定义的分层关系或其他关系出现，这些关系将用于揭示数据中的模式以及结构。联结后的表现形式为一些典型的思维导图流程图或者组织图等。

（3）转译。数据的转换是基于分析和综合过程中的过渡步骤，也就是从数据中创建价值和模型。从理解收集到的数据出发，分析人员开始处理数据，将数据转换成某种新的形式，这种形式开始暗示意义，或有助于确定所研究现象的结构或机制。具体的操作方法有抽象化、转换、可视化三种为例。

①抽象化：设计分析人员的一个关键转换方法便是抽象数据，抽象化地根据分类方法更改数据，保留元素的关键特征，并在消除数据元素的同时继续保持这些特征。其他有用的抽象方法是创建数据元素的原型，或将工作重点转移到已经派生的数据类别上，并在合成活动中处理这些内容，总结抽象出最显著的特征或特点。抽象类似于泛化，即捕获数据元素的本质，有时会导致创建关于研究对象的规则、原则和真理。

②转换：解释过程中最关键的组成部分之一是从数据中创造意义，有些人将其定义

为价值建构。具体来说，就是从数据到意义的转换。转换的一个关键因素是对所使用的元素进行定义，即清晰地表达数据中固有的含义。设计分析者需要提出强有力的论据来说明数据的含义。为了提出能够令人信服的论点，必须提供相对应的证据。此证据可以来自设计前期，但不应简单地将一个数据元素表示为"发现"。这些洞察力通常是模型或模拟的核心组件，了解数据元素是如何交互的，或者研究主题中的某些组件是如何"工作"的。

③可视化：另一种转换方法是创建数据的可视化表示。除了数据元素本身的可视化操作之外，可视化还可以通过研究其数据集发现数据之间的结构、关联度等。这种可视化可以揭示数据模型中各元素间如何活动，并且有助于揭示分析的含义。一个好的模型提供了一个可重复的理论来分析类似的体验，它描述了体验的结构并评估体验的变化（如产品或服务的引入）。可视化技术可以帮助理解设计思想如何相互联结，通过利用观众的视觉灵敏度，如大小、颜色、位置、分组等因素有助于揭示模型的机制。

2.设计综合

综合指的是将各种元素结合起来从而形成新事物的过程，与分析不同，它将知识碎片组合成一个整体。在设计综合的情况下，结合的元素包括从分析本身发展起来的理解，并为开发面向解决方案的想法提供了一个有用的背景，这些想法通常与设计有关。最佳的设计综合提供了建立基于观察的理论基础的能力，但同时也提供了原创性、创造性表达和颠覆性创新的机会。综合可以指设计对象、产品、服务、环境、交流等的创造，但为了框架的目的，我们将综合的定义局限于基于设计分析的想法或概念的创造。

（1）制定。根据定义，将现有的数据综合到一个框架内有助于开始构建任何解决方案的背景意义。描述数据中的特性可以帮助分析人员的论点，或者直接向听众传达理解。制定框架的行为是有目的地从数据中选择元素，然后在不做出价值判断的情况下说明它们。

①小结：在研究数据中识别共同特征或主题可称为小结。研究数据的总结倾向于识别出数据集中的关键含义。总而言之，执行综合的分析人员试图对他们通过关联而确定的选定集合或数据集作出解释。小结描述了数据集中的关键元素，并开始从对数据的调查转向对综合分析人员所认为重要或有趣的内容的交流。

②内容管理：内容管理作为构建框架的一种策略，依赖于从分析中识别出能够"代表"整体的数据元素。内容管理中有两个关键的方法来辅助设计综合。第一个策略需要总结信息所呈现出的关键特征。为了传达综合分析人员想要的含义，从数据中选择典型的例子来代表这些关键特征。第二个策略是提供一组代表整体研究数据的例子。通过这种方式将数据元素集合在一起就可免掉分析人员的特定陈述，同时增强对整体的理解。

③叙事：创造一种叙事性的陈述是构建框架的第三种方法。故事化比其他描述方法更容易让观众参与进来。叙事性的描述方式结合了管理和总结两种元素，并将相关主题

放在个人描述中。为了生成叙述，首先需要识别嵌入在数据中的最重要（或有趣）的含义；其次，在内容管理的筛选中确定每个被标识的代表性数据元素；最后，为每个元素创造具体的叙事，省略无关的细节，并专注于关键点，要么延续故事，要么支持综合分析者的论点。它们被组织成一个有逻辑的顺序或情节，按时间顺序或其他方式。角色的发展可以帮助观众从情感角度更直接地理解故事。

（2）规划。在设计综合的情况下，规划是指将通过分析形成的理解模型延伸到未来，辨别对分析的潜在反应，并以适当的设计解决方案回应由此产生的想象情景的设计活动。

①定位解决方案：是指一种综合方法，由此发展出可以通过分析直接证实的想法。最常见的综合形式和最简单的定位解决方案直接解决了观察到的用户需求或市场机会。定位解决方案依赖于直接观察或自我报告的需求，并不会严重依赖于设计分析的质量。尽管定位解决方案可以不断创新，尤其是在过去很少进行观察的设计环境中，但它们可能无法进行突破性创新。

②预测：对许多商业人士来说，设计综合的魅力在于可以根据设计分析做出预测和相对应的方案。预测是从数据中进行观察，专业技术人员对其进行综合分析并对未来发生的事情进行新的观察。任何人在任何情况下都无法保证预测的结果，因此专业的工作方式往往会做出多个预测。对设计环境进行预测的一种有用形式就是情景规划。这种形式的预测通过对当前情况的分析推导出各种在未来可能发生的情况。一旦描述了这些可能的未来，就可以创建一系列潜在场景以应对突发状况。预测可能会在未来高度不确定的环境中提供颠覆性创新的机会，但解决方案高度依赖于分析的质量和概述的潜在未来的情况范围。

③溯因：奥斯汀设计中心（Austin Center for Design）的创始人乔恩·科尔科（Jon Kolko）解释"溯因"的意思是采用"根据事实提出的假设进行推理的一种形式"。基于溯因推理是一种特定的有经验的猜测，所以由此而定位的解决方案可能不容易在前期获取支持依据。溯因是一种机制，它可以从数据的特征中推导出解决方案，这对于设计综合来说很重要。当一个综合发展出"在给定观察到的现象或数据并基于先前经验的最有意义的假设"时，就会找到一个基于溯因推理而出的解决方案。科尔科曾以自己生活中的例子解释："如果我的设计是为学生家长购买礼物，我可能要做一些非正式的观察。在日常生活中我们会看到社区咖啡馆经常是拥挤的，同时一些父母需要在送完孩子后赶地铁，以便准时赶到公司。使用溯因推理，可能我会认为，那些可以控制自己早上时间的父母也许会喜欢这家咖啡店的礼品卡，但同时也要准备另一份礼物，送给那些有其他需求的家长。"在科尔科这一陈述中有一系列推论或溯因式跳跃。溯因推理赋予综合能力来建立设计思想的基本原理，但允许在不相关的观察之间建立联系。由于突破性创新具有更高的潜力，溯因方法既依赖于分析的质量，也依赖于团队的创造性火花，从而在

这些不相关的观察结果之间建立有用的联结关系。

④造型描述：这种形式的设计综合采用了一个更广泛的概念，即以一种完全不同的媒体形式来表达对现象或话题的回应，字面上就是"围绕目标跳舞"的概念。根据这个定义，一场展览、一段影像、一个装置，甚至是一篇批判性的评论，都可以被视为对研究主题的回应。批判性地判断一个分析主题可能会给它与潜在的设计综合中其他相关主题的解决方案排名，以判断其独创性，并就任何潜在解决方案的价值提出观点。造型描述依赖于对原型认识的深入程度，而不重新设计它。这种描述将它作为一个参考点，以一种崭新的、不一样的媒体形式进行创作。造型描述的优势在于，它可以为用户提供熟悉的内容，但它在很大程度上依赖于团队概念化反应的能力，这种反应是原创的，而不是太明显的衍生，以便实现颠覆性创新。

综上所述，设计的本质是一种创造性的活动，因为设计的目标是创造一个崭新的实体，因此，设计思维和推理过程都需要创造性思维的参与。在巴纳斯、克罗斯以及普格的模型中，可以看到在设计过程的前期阶段要实现的综合，实际上是发散性思维和收敛性思维的循环应用，其中构思和评估彼此频繁地相互关联，是在循环检验实施方式和基本原理。这些都是设计程序中联结特征的萌芽。一方面，它在发散性思维和收敛性思维之间产生变化。另一方面，它也在分析和综合之间不断转化。这些元素和各子系统相互联结，从而有机会形成一个结构化的设计程序，并有机会获得满意的设计结果。

第三节
设计程序的内容构成

设计程序框架并不是通用的，设计程序也并不是一成不变的，虽然从宏观的角度，设计大多要经历一些相似的程序。通常，设计者都要了解设计基本条件，明确设计目标，提出一个或多个解决方案，而且要经得起规范检验。有时，还需要就设计成果与他人交流。然而，这些"程序"的发生并非总是遵循某种顺序。实际上，在整个设计过程中，"问题"与"解决"总是交织在一起的。很多情况下，如果没有尝试性地提出解决途径，对问题本身便无法进一步了解。很多优秀的设计师在设计初期，可以极敏锐地切准设计的要害，并且用富有力度的表达方式传达出来，甚至在最初的草图里也可能包含最终设计的细部尺寸。贯穿设计中的"问题"与"解答"犹如在一面镜子的两侧，相互印证又互相影响。这面镜子是由设计者的"分析、推理、综合、评估"过程综合构成的，而设计，便是整个镜子内外的"映射图景"。由于设计者的经验、思维、个性、教育各不相同，因此这面镜子注定是带有个人色彩的，就像世上没有完全相同的两个人，也没有两面完全相同的"镜子"。各自的映射方式不同，必将产生不同的"映射图景"。

在这个前提下，再次明确本书的目标是寻找一个可能对处理开放的、复杂的、网络的和动态的问题情况有用的设计程序框架，通过对设计程序的研究，使我们重新关注设计方法，让设计方法的研究更容易操作，避免在某些基本理论上出现含糊不清的情况，重新认识设计程序在各领域设计中的重要地位，进一步厘清设计过程中的结构关系，并

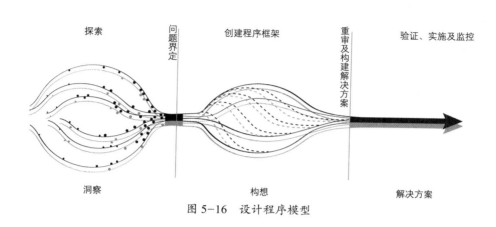

图 5-16 设计程序模型

通过对各程序阶段的剖析发现设计创新和设计风格化的新途径。因此，基于前文的理论研究，我们可以总结设计程序就是一个寻找并解决问题的过程，在整个设计活动过程中可以划分为五个关键的阶段，如图5-16所示，分别是：第一阶段——探索；第二阶段——问题界定；第三阶段——创建程序框架；第四阶段——重审及建构解决方案；第五阶段——验证、实施及监控。

一、设计探索阶段

针对专业层级设计实践的研究表明，在开始寻找令人满意的解决方案之前，并没有对设计问题进行明确的界定。在这个阶段更多的是发展和完善问题的表述和搜集信息以思考解决方案的想法，因此可以称为设计探索阶段。找准设计问题，是本阶段的第一步，也是明确设计方向的重要一步。一般来说，那些对功能的需求或对现实不足的改进，都可以成为设计问题。在起步阶段就是去寻找这样的问题。在开始具体的设计探索之前，第一步要做的就是明确目标，将问题定位。

褚冬竹教授在《开始设计》一书中提出了四步骤定位设计问题的方法，分别是建立目标、搜集要素、界定需求和表述问题。

（一）建立目标

首先需要在心中反复思考的问题包括什么是这项设计工作最需要达到的目标？为什么是这个目标？如果对这个问题没有进行思考，后面的工作多少会有些盲目。并且，思考的目标应该具有指向性，它要求设计者准确地理解"目标"与"理念"之间的关系。

如果说"目标"是最终我们的设计要达到的状态，那么"理念"就是对如何达到这个状态的初步描述。"理念"与"目标"具有前后一致的特性，这种一致性也会对目标的最终检验产生影响。具有实践意义的目标里面，必然暗藏着合适的理念，这种理念将会随着目标的推进不断给予其能量。当然，目标也不能定得过于空洞。例如，大概没有人会反对类似"展示内容多样化"或者"观众参与度高"这样的设计目标。它们既没有什么明显错误，也没有太多值得争议的内容，但过于宽泛和空洞，而且一个好的设计都应该达到这样的标准，所以在一定程度上削弱了它作为目标的力度，针对性弱，以至于难以真正地指导设计的前进方向。同时，设计问题的多层次性也决定了目标的多层次。在总体目标以下的各级次数目标也是设计中的构建整体框架的重要支撑。

（二）搜集要素

定位设计问题的第二步是搜集要素。在众多基础资料的搜集中，只有与设计相关的要素才是有意义的要素。与设计相关的诸要素包括我们在调研的程序中提到的对现状环境中的物理特性的"硬"要素，如场地、周围建筑功能、流线等问题，以及如社会性、目标人群的特征、文化背景环境等"软"要素。这些问题需要以设计的模式加以整理，长篇累牍的调研成果并不能有效地促使设计构思的形成。调研内容需要围绕设计目标展开，将其按照合理的组织方式进行分析，挖掘出数字信息背后的内容，并以设计的语言加以整理。

（三）界定需求

要素搜集后的第三步是转向现实的约束条件，界定需求。任何项目都需要计算经济成本和时间成本。在有些项目中合乎情理的要求，在其他项目中可能并不适用，所以这需要各方达成一定程度的共识。因此，在众多目标中，确定出"需要"达到的目标，便显得重要了。虽然在学习过程中的设计任务很少受到这些限制，但理解并理智分析设计需求的层次，是走向真正设计的重要一步。

（四）表述问题

问题定位的最后一步是一个综合的过程，即表述问题。前期构思的中心任务是在不确定的设计背景下逐步明确要求，提出目标，为后面的设计工作做准备。对问题的表述是推进整个设计向前发展的基础，也是整理设计者思路的有效途径。与前期筹划工作的草图相比，进入设计阶段时，问题的书面表述是从另一个角度推动设计发展的源泉。"语言媒介—核心概念—视觉媒介"这样的综合传达方式将持续设计的全过程。无论是怎样的表述，能否对设计起到推动作用，是检验问题表述的关键。在目标的确定、问题的界定等阶段，都涉及前后不断尝试、比较，对前端的思考，也需要不断地预测后端的可行性，同时进行多个方向的选择、比较，最终确立恰当但又有一定高度的设计问题，为下阶段的设计发展埋下伏笔。

需要注意的是，褚冬竹教授提出的定位问题的四个步骤不能仅从问题的角度去操作，界定问题的过程就是在问题空间和解决方案空间两者之间来回传递的分析、综合和评估的循环迭代的过程。问题空间这一概念是由西蒙和纽厄尔提出的，是指问题解决者认知问题的状态，由问题所包含的相关信息构成，认知问题的初始状态、目标状态及操作这三个方面定义了问题空间；解决方案空间是由一系列潜在的解决方案构成。克罗斯和多斯特认为设计"空间"包括问题空间和解决方案两个空间，并且设计的过程就是解决方案空间和问题空间共同进化的过程。在这样做的过程中，设计者都是在寻求生成问题和解决方案相匹配的设计要素。克罗斯和多斯特通过实验证实了这个结论，他们提出，设计师从探索问题空间开始，进而寻找、发现或认可局部结构。这种问题空间的局部结构也能带给他们解决方案空间的局部结构。他们利用解决方案空间的局部结构来产生一些能形成设计概念的初步想法，接着进一步扩大和发展这一局部结构，然后将这一成熟的局部结构转回到问题空间，再一次利用它的影响扩大问题空间的结构。他们的目的是创造一对相配套的问题—解决方案组合。简而言之，这个过程是从问题空间中生成密集的连贯信息或想法的点子，并在另一个空间进一步激发核心解决方案的想法。这一核心解决方案理念反过来又改变了设计者对问题结构的看法。然后，设计者重新定义问题，并检查新定义是否仍然适合先前的关于解决方案的想法。同时，当横架在两个空间之间的一座连接桥建成时，具有创造性的概念就会发生。通过锁定一个关键概念，随后在问题空间和解决方案空间之间进行平衡和选择。研究证实，专业的设计活动会始于一段探索期，在此期间，问题和解决方案空间是不稳定的，直到暂时锁定或框定问题和解决空间的配对方案。经验越丰富的设计师，他的这种框架能力对于高水平的设计至关重要。一个好的设计概念可以被描述为在对问题的看法和可能的解决方案之间突然"涌现"的连接点。一旦问题和解决方案很好地结合在一起，结果就会呈现出前所未有的品质：出现一个简单而连贯的结构，它整合了最初混乱的问题舞台上的所有需求。这是一个完全让设计师欣喜若狂的时刻，看到过去几个月、几天或几周里放弃的探索、担忧和混乱都消失在一个整洁的解决方案想法中。当然，并不是所有的问题解决者都会采用这样的策略，他们通常会在寻找解决方案之前就试图做到彻底地定义或理解问题。综上，在这一阶段的原则就是要先考虑确定适当的目标作为研究对象，而不是建立抽象的关系和生成属性特征，从而形成值得探索的设计要素。也就是说，在这个阶段，我们思考的重点不是以问题为导向地对问题进行分析验证，而是以解决方案为导向，重要的是对解决方案的假设和评价。

二、问题界定

在前文中，已经多次强调了设计问题是一种没有明确定义的，结构不明甚至有时候还是非常棘手的问题性质。甲方给出的宽泛定义，以及许多可能并不明确的约束条件和准则，这些都说明了在设计项目中根本无法完全确定什么是问题。已有学者通过相关实验证实了我们可以把设计实践描述为问题和解决方案协同进化的过程。那么，有经验的设计师会把设计实践中重新表述问题的行为和生成合适的解决方案的目标看作同等重要的事情。正如前文所述，如果我们要向专业设计师学习，就需要在学习过程中将注意力转移到与问题相关的知识、技能和策略的研究上。而问题和解决方案两个空间协同进化的方法只是整个设计程序的开始。任何参与过设计实务项目的人可能都明白最初给定的目标会随着项目的进行而被重新定义，因为更重要的问题重构发生在自由流动的设计实践中，在这种实践中，专业设计师在本质上发展了问题情境本身。出现问题的可能性从根本上改变了设计实践的范围：到目前为止，在描述溯因推论时，我们一直认为在设计开始时期望的结果、期望的功能或价值是不会改变的。但专家的设计实践表明，即使是想要的结果也可能随着新框架的采用而发生变化，使设计师能够更自由地摆脱最初的悖论。对贝克·帕顿（Bec Pat）和多斯特在其合著的《简报和重构：一种情境实践》一文中发表了他们针对专业平面设计师的研究，表明他们使用大量的实践来开发问题情景，并在设计过程中不断地改变对设计项目的预期结果。文中还谈到，设计师在和甲方的沟通中，客户眼里的设计师有三种身份，第一种是设计师被视为"技术员"，这种情况是客户确切知道其需要什么，然后表述给设计师来执行；第二种是"促进者"，即客户知道需要什么，但不知道实现它需要什么；第三种是"专家"，这种情况是客户有部分形成的想法，设计师必须利用他的专业知识来协商出一个可行的概要表述。而对于这些平面设计师来说，首选的工作模式是"协作者"，在这种模式下，客户和设计师在问题和解决方案空间方面共同构建项目框架。宾夕法尼亚大学教授约翰·托马斯（John Thomas）和约翰·米拉·卡洛尔（John Millar Carroll）在对多种创造性的问题求解任务及设计任务进行口语分析研究和观察性研究中发现，设计师的行为特征是把给定的问题当作未明确定义的问题来处理，甚至在处理封闭式问题时，他们也会改变目标和限制条件。托马斯和卡洛尔对此总结，设计是一种解决问题的方式，解决问题的过程中设计师认为问题本身、问题目标及初始条件都具有不确定性，甚至初始条件都存在相互转换的可能性。所以，经过对问题空间与解决空间协同进化理论的多次解释，我们可以总结为，在设计中，通常只有在激发创意解决方案时，与之对应的问题才会得到明确定义，设计师通常不需要在初次定义设计问题时在问题本身上花费太长的时间，用非常严格的标准来定义问题，可以利用溯因推论的方法，在定义问题的同时对解决方案进行假设和构想，然后重新定义问题空间，同时审视解决方案空间所有设想的合理性和可行性。

　　在前文中也有提到，在这个阶段是需要与客户一起协同界定问题的框架，同时需要注意的是，这时与客户的交流也是需要技巧的，在大部分的情况下是切忌被客户主导问题的方向，否则就会加重问题与解决方案的悖论关系。笔者从文献中对专业设计师的采访数据中发现，设计师会使用抽象的描述，或强调设计不能止步于当前，而必须在未来的未知环境下仍保持其先进性，以此来动摇客户从解决问题的具象方法转向允许谈判的新框架。这些都是引导问题讨论的方向从具体结果转向探索更深层次情景价值的有效方法。设计师使用隐喻、情境参与和猜想来与他们的客户一起"分解"问题情况，从而允许重新界定问题空间。这时候常用的方法，如"情绪板（Mood Board）"，这是一种可视化的沟通方法，是一种视觉呈现或"拼贴"类型，由图片、文本和构图中的对象样本组成。它可以基于设定的主题，也可以是随机选择的任何材料。情绪板可用于传达对特定主题的总体想法或感受。它们可以是物理的或数字的，并且可以是有效的表示工具，设计师可以用来引用比喻和类比。情绪板的形式如图5-17所示。

图 5-17　情绪板拼贴图

这些情绪板有助于创造关于项目的更开放的对话，因为它们使用抽象的图像，不会立即预示特定的解决方案。受访设计师都表示，通过询问和探索客户的情况来进行情境参与是一种关键策略。通过探索对情况的抽象的、猜想的观点，重新构思问题空间和解决方案空间，从而得到了进一步的帮助。在和客户或者团队成员间有趣互动的谈话中，经常会提出多个猜想，并故意保持模糊。设计师指出，重组问题结构的最大障碍是客户对项目最初想法的执着，遵循解决问题的设计思维模式，客户往往并不认同设计师承担的是更具战略意义的角色，而且客户通常会感到需要快速得出一个解决方案，并认为他们缺乏时间或资源来等待设计师打开探索问题的局面。在产品设计领域，荷兰代尔夫特理工大学的保罗·赫克特（Paul Hekkert）教授和迪克·范·马蒂斯（Dijk van Matthijs）教授一起开发了一种较正式的方法，通过强调未来的情境来改变问题的定义。他们模型的第一步涉及对最初任务简报背后的假设进行严格权衡。为了能够创造新颖性，设计师必须知道导致当前产品设计和问题现状的思维过程。然后，设计师开始质疑这些基本变量的重要性及其当前状态。随后创建未来情境的大环境，因为这是将要发展的方向。一旦就此达成一致，就可以开始适当的设计过程，创建一个适合未来环境的结果。客户通过设计师创建的语境，密切参与对未来环境的设想，他们将根据这个新鲜的环境而不是原来的环境来看待设计师提议的设计，这种观点使其更容易接受不那么保守的设计。例如，要为一家中型办公家具制造商开发的"家庭办公室"。最初的任务简报是考虑到家庭书房空间的面积限制而设置的：它是房子里最小的一个房间，兼作储藏室或客房，只有在你真的需要做一些工作的时候才去那里。因此，办公桌需要小，使用灵活，并有巧妙的存储能力。然而，这些都是假设，只是基于对工作是什么（即产生结果）和工作在人们生活中的作用（作为朝九晚五的活动）的非常特殊的观点。在一个"知识工作"❶变得越来越重要的社会里，政府和公司鼓励人们在家工作，以避免上下班高峰时间的交通拥堵，"工作"的性质和由在家里的书房工作支持的活动正在发生根本性的变化。知识工作不仅是生产，更重要的是启发和反思。灵感和反思并不局限于正常的工作时间，它们往往是高度联系和社会活动。因此，回到房子里面布满灰尘的"家庭办公室"可能不是一个好主意，灵感和反思需要一个更加丰富的环境才能茁壮成长。在以这种方式改变了问题定义后，设计师设计了一个占据房子中心位置的多功能互动桌子。这张桌子为各功能空间提供了紧密的连接性，可以将各类文档放在那里，以期获得灵感和反思。当桌子需要用于其他目的时，它们可以迅速消失；当需要一个完整的档案工作环境时，它们可以被召回。有趣的是，客户最初寻求的是一种廉价的办公桌设计：改变对未来"工作"的看法，为产品创造一个新的背景，并打开更多有趣的可能性。互动多功能桌在视工作为生产的旧的环境背景下会是一个不切实际的疯狂想法，但在新的背景下却是合乎逻辑的。这样就把对问题界定的主动权从客户手里转移到设计师方。

　　除了探索未来的发展趋势，专业设计师用来发展问题情境的另一个主要策略是抽象化。这包括在从当前的背景中抽象出来之后，建立一个全新的背景，回到解决方案空间考虑如何才能达到必要的核心价值。这种特殊类型的抽象是框架创建方法的核心，它可以使设计人员和其他人员能够处理非常开放、复杂、动态和网络化的问题情况。同时在这个阶段，还会不断地接触到各种限制条件，其中很多限制条件甚至是极端苛刻的情况，需要我们耐心而严谨地解答。当然，限制条件不一定只是对设计的束缚，有时候或

---

❶ 知识工作（Knowledge Work）是指那些大部分活动均是根据信息进行，需要密集的知识及过程中也会产生知识的工作。

许也能激发灵感的火花，如独特的目标秩序或独特的应用外在及内在约束的概念，是说明设计师有创造力的因素。因为一般来说，当项目受到客观限制越多时，设计者就更需要有条理地去发现问题。有研究者将此类问题称为易于确定的问题。当设计者很难通过理性分析找到突破口时，就需要充分发挥感性思维，自我设问、自我解答。当然，感性地发现问题仍是建立在设计者对资料的综合理解和对项目的总体认识的基础上，更多地还要受到自身的专业修养、理论背景和人文环境等多重影响。

三、构建程序框架

根据前文中对于场地物理环境条件、空间设计条件的分析、理解和归纳所得出的结论能够为我们呈现出对场地情况一个尽可能全面的认知，根据场地和项目背景的认知从而进一步推导获知哪些属于物理和人文层面的限制条件，如果是展示设计专业还需要根据目标的全方位分析梳理展示的内容和文案，进而初步得出项目方案设计方向、目标和主题。在这个阶段的主要任务是构建概念的框架。"框架"这一难以捉摸的概念是设计师转移问题情境能力的核心，自然也是整个设计程序中的重要环节。对于一个理想的项目策划方案，以因果关系为核心，很容易推导出项目实施的充分条件和必要条件。项目的内部逻辑关系，各层设计目标间的因果关系可以推导出实现目标所需要的必要条件。而充分条件则是各目标层次的外部条件，这是项目的外部逻辑。把项目的层次目标（必要条件）和项目的外部制约（充分条件）结合起来，就可以得出清晰的项目概念和设计思路。在构建概念的框架阶段，就是围绕如何实现概念的方法和如何解决概念设计里的问题展开一个概念推导图，在其框架层里最关键的就是理性的疏导作用。在概念设计的框架层里，更多的是关于概念的逻辑推导关系、是属于表面层级的文字及符号提示。我们在一些设计的案例中会看到这种框架层级的草图，设计师可以根据这种草图形式分析最终概念实现的可能性以及其中的步骤和思维关系。

框架在这里是一种组织原则或一组连贯的陈述，可以用来思考问题。虽然框架有时可以用一个更加简明的陈述来解释，但它们实际上是相当复杂和微妙的思维工具。提出一个框架包括使用某些概念，这些概念被赋予了意义和价值。这些概念根本不是中立的，它们将指导创作过程中的探索和感知。要让一个框架真正"活起来"，它还必须是鼓舞人心和引人入胜的。它应该立即在关键人物的脑海中画出图像，并通过快速的意识流触发解决方案的想法。创建一个框架是持有一个更明确的有益行为的结果，然后将框架用一个新的有趣的焦点重新表达出来。因此，框架应该是操作性强的结构，也就是说，它们应该能够辅助设计者实现解决方案。框架也是一个社会实体，因为它可以帮助协调问题情境中不同参与到项目中的相关者的想法。然而，研究表明这其中也存在一些问题：在框架下的沟通并不是一件容易的事情，即使是在与同一团队合作多年的、经验丰富的专业人员中也是如此。问题是，只有当框架被所有团队成员完全接受，并作为一个积极的思维过程被吸收时，它们才会真正取得成果。出于这个原因，试图通过脱口而出来传达一个框架是没有用的，如果你的团队成员从另一个角度思考这个问题，他们可能不会知道你在说什么。试图说服团队成员框架是正确的不会很有成效：只有当团队成员发现它是合理的，并能用它来指导他们自己对情况的心理结构时，框架才会是"正确的"。因此，在瑞安·瓦尔肯伯格（Rianne Valkenburg）的研究项目中用作数据的设计师工作录像带中，当其中一位设计师试图传达他刚刚想出的概念框架时，几乎可以看出他是非常谨慎地思考，运用非常长而且相当抽象的描述性句子来表述。进而，他通过引导其他人的思维，同自己得出一样的想法来提出一个框架。通过这些模糊的引导和暗示，设计师绕过了说服别人采纳自己观点的问题，而是让自己的想法变成别人的想法最终得到认同，因为人们通常会比其他人更热切、更积极、更充分地采纳自己的想法。

那什么样的框架才能称为是合格的框架？因为框架是作内容陈述的，所以它们的质量最终取决于问题情境的具体情况，但它们也确实有一般可依据的标准和特性。理想情况下，好的框架能够创造出一个跨越和整合前期广泛考虑的问题的形象，并可能从原始问题领域之外容纳更多可讨论的问题。好的框架是连贯的，并为进一步思考提供稳定且不矛盾的基础。好的框架也是"结实"的，因为它们向参与者脑海中提供了相似的图像，为讨论问题和可能的解决方案提供了一个共同的想象情境，以避免引起讨论误区。当然，最重要的一点是，好的框架需要具有启发性和原创性，虽然这是所有事物希望达到的理想状态，但在这里至少对问题背景来说是新的就可以。好的框架容易发人深省，生动活泼，能够吸引人们的想象力，所以他们的想法很容易沿着建议的方向前进。框架为人们打开了一个分享经验世界的大门，在框架下的叙述中，出现了情景性的、综合性的知识，这些都是提供解决方案想法所需要的基础。许多原创设计从业者都是优秀的故事讲述者，通过谈论他们的项目来捕捉他们框架中难以捉摸的方面。虽然是抽象的描述，但还是需要意识到"框架里有什么？"这可能不是一个合适的问题，因为框架不是一个完全静态的概念。框架是存在于行动和意图中的工具，某种隐喻或关系模式是否可以被称为"框架"完全取决于它的使用。"什么时候是框架？"可能是个更好的问题。一旦框架被设计者或者设计团队接受，它们就成为常规行为的背景；一旦被接受，框架就会立即消失。作为原始框架其开始的存在本身就限制了设计者的理性，阻碍了新的发展。所以，框架在刚开始制定的时候是最好的。

综上所述，在设计的各个领域里，框架层所起的作用主要是提供一个线索，或者一个类似概念的集合。由此会形成"看不见的概念"造就了"看得见的形式"的效果。每个领域中，那些做得好的人都是能够提出新的角度、新的观点的人。事物都是有多个层面的，如技术的、文化的等，能否成事，不是看你是否具备绘画天赋，而是看你是如何思考的。在技术层面，全世界是如此的平等、民主，这给设计及其他创造领域提出了跟以往完全不同的要求，而思考能力是先于一切的。

四、重审设计概念的框架及建构解决方案

实物自身与事物间运行的规律并不以人类的发觉为存在基础，它们一直都以一种或理性或必然的法则在运行着，即使这个法则在内部与外部共同的影响下有规律地发生变化，但终究还是可以理性地认识与研究。回到设计的程序，通过上一阶段对程序框架的建构，到了第四阶段，设计者或者设计团队已经可以清晰地看到设计的思路和要素之间的逻辑关系。这一阶段的重点就是重审设计概念的框架及结构，是以反复测试和重审反馈为基础的深入细化、评估检测。简而言之，概念框架就是用来阐释整个概念设计主要导向的基础说明。设计的概念框架是由一系列说明设计目标并为概念设计所应用的基本概念所组成的理论体系。它可以用来评估现有的设计准则、指导并发展未来的设计准则和解决现有的设计准则未曾涉及的新问题。在以下内容中，我们提出了一种特殊的抽象策略，这是专业设计师用来解决核心矛盾之外的问题情景的关键策略。这不仅是从具体问题情境到更广泛的问题情境的"抽象"，而是专家设计师从问题情境走向人的维度，在"以人为本"的角度在需求和价值领域寻求意义。这种特殊的设计技能是对这样一个事实的反应，即当组织试图通过僵化的框架，以技术官僚或官僚的方式解决问题时，往往会出现问题情况。从一个具体的问题情况出发，得出这些普遍主题并不是一个容易的过程，在其每个阶段都有多个步骤以及可以用到的方法。

概念框架包括设计目标、视觉特征、概念草图、基本假设等。概念是设计目标的核心，概念框架的基本假设包括设计主体、视觉形式、逻辑关系以及最终目标。可靠性是概念设计首要考虑的特征，相关性次之。按照可定义性、可视觉化、可靠性、相关性的顺序确认概念设计的六要素。以最终目标为出发点，完善整体项目的设计体系。设计概念框架的构建应包括以下两个层次和内容。

（一）设计概念框架第一层级中的设计目标、基本假设、服务对象内容

1.设计目标

概念框架应定位于"受托责任观"和"决策有用观"的融合。当进行具体的设计工作时，要制定设计目标，使设计吻合市场预测、企业目标，以及确认产品能在正确的时间、场合设计与生产。设计目标是特定环境下对信息使用者及其需求进行的一种主观认定，环境的差异决定了目标成果不能粗略地进行套用。一般认为，"决策有用观"比较适宜于沿海经济高度发达并在资源配置中占主导地位的环境，而"受托责任观"比较适合委托方和受托方可以明确辨认的环境。我国各地区经济发展情况不同，作为设计的

委托方仍然占据着重要地位。如果设计环境不够理想，就不能为信息使用者提供有效的"信号"服务来引导资源配置。相当一部分设计信息使用者的个人能力和经验并不能保证理解复杂的设计信息。这些都决定了我们的设计目标定位无法脱离"受托责任观"而定位于"决策有用观"。事实上两者需要相互融合，在关注受托责任的同时必然需要做出有关决策以评估代理人履行受托责任的好坏。

2.基本假设

基本假设是由项目所处的经济、社会、环境所决定的，是作为设计存在和运作前提的基本概念，即目标人群、项目达到的目的、实现最终效果所采用的基本技术和展示的基本元素。设计的基本概念、基本特征和基本程序都建立在基本假设的基础之上。缺乏这些前提假设，创新性就无从谈起。

3.服务对象

以展示空间设计为例，由于展示要素是将设计对象具体化，项目应设置哪些要素、展示什么内容都必须限制在服务对象的范围内，受服务对象的制约，若目标对象不明确，展示要素的设置就会缺乏客观依据。以上设计目标、基本假设和服务对象都受项目本身的影响，三者地位一样、相互影响，构成了设计概念框架的第一个层次。

（二）设计概念框架第二个层次中的设计要素及信息质量特征

1.设计要素

设计要素是指设计中的具体元素，也是设计中的基本单位。设计要素不可能孤立存在而不受其他要素影响，所以各要素之间的联系和制约要着重考虑，在前面关于设计问题的分析中也了解到，设计问题的综合性使得我们应该采取组合的方法去研究而不是仅仅关注一个片面。

2.信息质量特征

信息质量特征处于设计目标与项目之间，是两者之间的"桥梁"，既反映设计目标的基本内涵又和概念设计中的视觉表现一起统驭着概念信息披露的范畴。构建设计中的概念框架应重新建立包括信息质量特征的设计信息质量体系，并体现其层次框架，辨明关于设计信息的两个主要质量特征——相关性和可靠性。设计创新往往就在于打破习惯思维而找寻到那些不易察觉的关系，这不仅是设计不断深入的道路，甚至也成为设计出现突破性的契机。在基本假设的前提下，考虑概念设计的目标，设计对象便具体化为象征符号；为了实现设计目标，正确地进行设计要素的确认和提供有用的设计信息，设计应具备规定的分层次、有主次的信息质量特征。

在这个阶段还有一个非常重要的任务，就是需要设计者验证初始理念。设计过程以及设计构思充满变化，并且任何思维方式都难免产生疏忽或遗漏。当设计的主要核心概念逐渐明晰的时候，应留出时间来与设计的原始要求、最初理念、场地环境、技术支持等要素做一个综合的验证思考，而不能急于进行下一步的工作。在以感性思考为主的阶段之后，以理性的眼光来检验对于下一步工作开展有着十分重要的意义。重审概念结构能对我们既有的知识理论进行"评判"和"校正"，也就是说，将逻辑结构与我们的设计相结合时，能够通过某种科学来帮助我们实现设计中的各种可能性。与此同时，在整个设计过程中，技术性的深入是设计过程中至关重要的一步。通过对技术性问题的解决可以推动设计构思的完善。应该注意的是，该阶段的工作需要设计师具备多方面的能力。同时，技术问题往往会受到很多客观条件的限制，在这个阶段设计者需要理性地分析、综合和评价。这就要求设计者具备扎实的技术素养从而对设计的下一步发展有所预见。

总之，设计概念的内容框架相互关联、密不可分。从系统论的角度分析，设计概念框架是一个人造的概念系统，它存在并运行于特定的外部环境条件下。在设计本质的指导下，以设计目标（质量特征属于目标的一项极为重要的内容）为逻辑起点，运用科学的方法逐级开展设计原则、设计对象以及设计各要素确认、记录和报告的研究，并在此基础上科学地预见概念框架的未来可行性，最终使概念框架体现出完整的概念体系、深刻的哲学思维和科学的实证系统三方面的特征。

五、验证、实施及监控

除了评图制度以外，设计者对自身设计的回顾性思考将是重要的学习环节。既然设计过程是解决问题的过程，设计成果是传递某种信息的载体。那么，当设计进行到尾声的时候，是否就可以说一定把设定的问题都解决了？是否传达出真正的要传达的信息？在这个环节，设计者将会从一个逆向的思考重新审视自己的设计。这里有一个相当重要的步骤——信息反馈。它可以使设计者回顾自己的设计与过程，是自我评估设计质量与预期目标的重要措施。通常的设计顺序是"设计任务—解析问题—提出方向—解决策略—完善方案"，这个基本上是设计的宏观描述。那么相应地，当设计完成的时候，怎样才能验证设计是否达到当初设定的标准或者提出的目标？因此，可以将整个设计的顺序逆向研究，这样可以看到如何追溯到设计的最初始点。这个程序就成了"设计方案—分解策略—是否解决问题—解决的问题是否是任务需要的"。这个过程虽然看似简单，仅仅是把传统的设计程序倒过来而已，但是这个过程所起的作用却不可小视。在这个反馈思考的过程中，可以发现设计中偏离的方向或者是设计不到位的地方，可以成为下一次设计的经验积累，而且这样的逆向思考不仅是在设计结束的时候才出现，而是贯穿于设计的始终，在不同的阶段都可以停下来思考是否偏离了轨道。

对于设计师而言，不断对已经采用的设计决策提出质疑，并且在设计项目的整个生命周期中保持对所有事物的自我批判态度是合理的。在进入最后的执行阶段之前，修改已经完成的工作会是一种良好的运作方式。从一般的角度来看，设计过程的结束通常被认为是在施工阶段之后，但是设计师应该在设计过程中的各个阶段持续自觉地对设计概念及各要素进行评估，并认真地从中学习。在设计施工完成后，反思时间将立即变得有价值，因为在此过程中学到的经验还是记忆犹新的。在一定时间过后重新审视设计方案是一种很好的做法。虽然在此期间可能无法对正在进行当中的项目缺陷进行改进，但后续设计项目中可以有效避免雷同的缺陷再次出现。从每次的经验中修正，并作为下次设计时的考量，可能更加适当。

在工程施工阶段，需按图纸要求核对施工情况，各专业都需参与校对，经审核无误后才能作为施工依据。本阶段要根据施工设计图，参照预定额来编制设计预算，对设计意图、特殊做法做出说明。设计师还应参与施工的监理工作，对设计、施工、材料、设备等方面关系进行协调，随时和施工单位、建设单位在设计意图上进行沟通。为了使设计作品能达到预期的效果，设计师在施工监理过程中的工作包括对施工方在用材、设备选用、施工品质等方面做出监督；完成设计图纸中未完成部分的构造做法；处理各专业设计在施工过程中的矛盾；进行局部设计的变更和修改；按阶段检查工作品质，并参加工程竣工验收工作。

第六章
基于通用设计程序的方法与策略

　　设计研究最重要的目的就是寻找更好的设计方法。正如20世纪60年代现代设计方法运动发起的原因正是学界基于对设计业态的不满，而开始关注设计方法的研究，认为设计应该建立在系统的、科学的设计方法之上，并且应该对这些科学的方法逐一系统地研究，继而应用于教育和学习中。从设计本身的角度看，设计的过程实际上就是发现问题、理解问题、洞察问题、解决问题的过程，设计者经常要同时面对很多复杂的问题，并处在时间紧、任务繁重、资源有限等诸多限制条件下尽可能找到最好的解决方案。学者在对有经验的设计师进行口语原案研究的时候发现，他们经常是熟练掌握多种设计方法，并且有自己独特的应有策略。好的设计方法能帮助设计从业者更加有效地获取信息，产生洞见；能帮助设计初学者无法在脑海中清晰展开的问题变成可以直观剖析的图表；能帮助设计团队达成高效的合作，让分工协作的力量更好地展现出来。虽然设计方法无法直接告诉你灵感在哪里，但它能告诉你应该尝试哪几个方向、解决方案会在哪个范围出现。设计方法不能直接带来对问题解决的洞察力和创造力，但能在设计者寻找突破口的时候指明方向。

　　对设计程序与方法的研究总是相伴而行的。对程序的研究不可能不提及方法，实际上，程序就是由方法构成的。方法是为达到某种目的而采取的途径、步骤、手段等，程序是为进行某活动或过程所规定的途径，程序具有层次性、顺序性、反复性、交叉性、跳跃性等特点。程序和方法相辅相成、相互穿插，方法体现在程序之中，程序以方法形成整个设计活动，在某一程序内可能会有多种方法，同一方法也可能在不同程序中反复使用。各个领域的设计活动都是一个全然的过程，由界定问题，到找寻解决问题的方案和评价方案等具体细分程序，有很多不同的设计程序与方法，实际运用时要考虑问题的本质，以此选取最合适的设计程序模式。前文已提出通用设计程序有五个阶段，以下分别介绍各阶段中可以用到的方法，其中有的方法不只适用于当前阶段，还可以在其他阶段反复使用，这些都建立在设计者对方法的灵活掌握之上。实际上，无论在设计过程中的哪个阶段，设计者在思索要素之间的关系，如何平衡约束与目标的关系等这些问题的时候，不能指望仅靠一种方法就能得到想要的答案，所以为了达到可以速查各阶段的设计方法，能够辅助设计者快速找到解决方案的目的，每种方法都不会过多地赘述使用情景和结合实际案例的各种运用方式，而是点明每种方法的精髓、局限性和注意点。希望能帮助设计者在设计的全过程中不断地反思、推进想法，能够更准确、更高效地辅助设计者合理利用方法解决在各阶段中遇到的困难。

第一节

设计探索阶段的方法

设计开始前的探索阶段是面向最为广泛，需要搜集的内容最复杂的一个时期。因为在这个阶段充满着不确定性：设计主题、功能分区、展示内容、最近的流行趋势、最新的技术支持、场地的背景、服务目标的历史发展、内容情境、空间氛围、提供什么体验、目标人群等，这些问题都需要在正式进入项目及考察环境背景之前先停顿下来，开启全面的信息搜寻与分析的模式。通过对组织内外局势的快速分析为问题空间建构框架，进而重新思考传统，从传统中寻求新的创新机会，为设计方案寻定研究和探讨的初步方向。因此，在这一阶段的设计方法与策略涉及三个方面：一是意图搜寻，主要以广泛的资料搜集与定向分析的方法为主；二是情境分析，主要是围绕问题情境对相关内容进行分析的方法；三是围绕客户、目标人群需求的分析方法。下面将从这三个方面分别介绍其范围内涵盖的方法。

一、设计意图搜寻的方法

（一）信息资料搜集

无论是对具体项目核心研究相关的资讯，还是一些意想不到的或周遭不起眼的现象进行大量的信息搜集，都有助于了解日常生活中能带动发生新的变化模式或新的发展。信息资料搜集就是从不同来源收集和分享最新的资讯。搜集到的信息即使在表面看起来与当前项目无关，但仍有可能在某一方面建立联结，从而提供非常好的创新机会。搜集到的资料作为设计的有力依据，可以从社会、历史、人文背景、理论、新闻等多个角度为设计提供全面的支持。搜索的渠道可以是历史文献、新闻报道、设计及行业网站、研究文献、档案材料、专业和学术期刊、大众刊物及互联网等。信息搜集好后，需要将搜集到的信息分类组织以方便后期的查询，然后将收集到的信息制作成视觉清晰的报告，以利后期在团队成员间的分享。信息资料报告不仅能用来储存记录当前搜集到的信息，还能在团队成员之间分享这些信息，让各个成员对目前收集到的信息有更完整的了解。信息资料报告的作用就像自制的信息集锦，能促进成员间对各自收集的手头信息的共同理解，也能在制定新的创新方向时给予启发，激发多种可能性的发生。该方法的具体操作流程共分为四个步骤。

1.定期抽出固定时间，从众多来源探索最新的信息

安排时间定期从所有可能的来源搜索信息。可能的来源包括图书馆、政府公告、音频节目、各种专业杂志、理论著作、设计网站、技术评论及其他任何值得留意的新媒

体。只要对有助于启发项目方向的来源持续地保持关注，并且广泛搜集资料，就有可能从任何来源发现宝贵的创新契机。

2.浏览最新事件的信息来源

在浏览大量信息来源时不持任何立场，而且应该搜寻与项目有直接和间接关系的所有事件。凡是与全球变动有关的技术、文化、政治及经济信息，都是收集的目标，而且应该尽量避免只收集与项目有密切关系的信息。以宽广的视野切入项目有助于发现更多的变化模式、揭露细微关联，甚至发现应追求的可能方向。

3.整理及分享信息

将收集到的信息进行整理、制作成研究报告，方便所有团队成员都能够轻易地取得并及时地共享文件。加上醒目的标题和简明的目录，可以让浏览更快速方便笺；报告内的每份资料都应标注日期，不仅因为资讯具有时效性，这样还可以使其成为设计活动中的正式文件；再于每份资料上贴一张便笺，并在注明所有团队成员能轻易理解的关键词。这些整理工作可将共享文件集合成信息手册，团队成员可在日后根据日期或标签上的关键词查找信息。如果在可能影响项目的资料上再加注讨论结果与评论，将更能提高手册的使用价值。

4.进行小组讨论

组织团队成员以制作好的信息手册为核心进行讨论，针对最新发展对项目的影响发表各自的看法，并与其他成员分享，然后将这些讨论用来形成团队共识，拟定团队成员皆赞同的方法。随后循环往复，再各自进行信息搜集，制作成分析报告，继而在成员间分享，组织讨论，直到找到项目发展的方向，在具体进行定向的信息搜集与讨论分享。综上，整个过程就是一个循环迭代的过程，没有明确的起止点，到了哪个节点停止这个过程继续向下一个环节推进靠设计者或设计团队领导者个人的判断。具体环节可总结为探索—搜集—整理—分享—讨论的互循环（图6-1）。

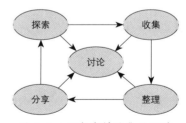

图6-1　信息资料搜集的环节

（二）大众媒体及互联网传媒的新闻检索

信息资料搜集法是面向多种渠道的，多有在与专业相关的内容方面进行搜集的意思。实际上，文化对一个项目的意义至关重要，作为文化现象，它就必然带着与其相适应的文化韵味和审美习惯。换言之，现代设计若想获得受众的认可，首先应该是符合本土文化传统和审美习惯。所以在前期探索阶段，以宏观的角度检索大众媒体的出版及新闻内容，以此了解重要的文化现象。大众媒体一般会记录着发生或出现在文化景观上的所有事情。这个方法可用来检索新闻广播、网站、微博、社交媒体的热搜新闻及电视节目等大众媒体，找出看起来值得注意的文化活动。运用这个方法对大众媒体的新闻进行检索，有助于了解文化趋势，以及可能蕴含其中的热门文化活动。还有助于深入了解最新趋势、民众的想法以及文化评论者认为值得注意的新活动。设计项目团队也可以借助大众媒体熟悉当前的热门言论，进而了解文化趋势对项目初步意向形成的影响。

具体地执行时应该注意以下几点内容。

1.找出相关主题

在宏观的角度找出和项目有关的主题，范围越大越好。无论是在客户的设计任务书中提到的或是设计团队自行提出的主题，都应召开研讨会议，将各种与项目有关的主题全部摊开来讨论。然后以确立的主题，包括可能的衍生主题，作为后续讨论的基础。

2.找出与主题有关的信息

在微博热搜、网站及论坛上搜索相关主题或信息，并使用截取的画面、扫描资料或复印本建立资料储存文件。搜集与主题具有直接或间接关系的内容，并将其作为记录或样本，分类整理录入储存文件。

3.寻找模式

从收集到的文件中，详细研究各项信息，找出活动模型。进而根据这些模式通盘了解目前及新形成的文化趋势。

4.注意其他相关主题

其他主题的新趋势也可能影响当前所关注的领域。例如，微信的研发直接影响了人们对发短信的需求，全面屏手机的普及也直接改变了人们各个方面的生活方式，外送软件平台的发展也影响了人们对餐厅设计的要求。

5.总结研究结果并与项目参与成员讨论机会

将个人对文化现象与未来机会的看法相互结合，讨论并且明确说明如何从文化发展模式看出创新机会，以及文化趋势对初步意向陈述的影响。最后以讨论结果为基础，进行更深层次的联想和探索。

（三）实地观察法

信息搜集、文献检阅都是快速获取项目相关资料的方式，但搜集到的都属于二手资料，设计是以用户为中心的活动，与艺术最主要的区别就是在于设计结果最终要为人所用，直接服务人们的生活。所以根据项目的需要，在设计的探索阶段，围绕项目主题对已经存在的事物进行一般的观察非常有必要。例如，人们在购物中心内的活动轨迹，或者观察记录人们进入博物馆后的行为习惯，或者在明确观察目标的情况下可以在特定场景中进行实验测试。这样做的目的是观察人们与设计目标、服务和环境的互动，并确定出现问题的区域。这种方法是一种描述设计探索阶段的实地观察方法，是参与者互动及建立同理心最直接的方式，尤其是当研究人员不熟悉某个领域的时候，运用这种方法可以身临其境地收集基本信息，而且调研人员花些时间和参与实际活动的人进行互动，可以获得相关行为的一手资料。问卷调查或焦点团体等都需事先拟定好调查范围和问题内容，皆是以问题为导向的调研方式，而实地观察强调的是观察及观察内容。调研人员邀请参与者谈论特定的活动及其体验感受，还可以用简单的开放性问题引导对话，例如，您觉得这个展览哪些内容比较有趣？空间里还有其他比较吸引您的地方吗？实地观察是一种以不偏不倚的态度与使用者熟悉的方法，并在过程中时常注意未明显呈现或意想不到的行为与见解。

尽管实地观察不要求正式的组织形式，但也应该系统性、谨慎性地记录笔记、草图、照片或者原始的视频画面。在执行实地观察法的时候首先选择好观察场景，并用照片或视频类的影像记录观察内容。保留下来的资料可以供调研人员在结束后详细分析观察过程，尤其是注意捕捉在现场可能遗漏掉的重要细节，如人们的直观表情等。照片或视频还可以作为证明材料，来向团队成员或项目参与者展示以说明观点。具体的步骤如下：

1. 规划实地观察计划

在出发前详细规划观察场所、观察对象、互动内容、互动对象、停留时间、围绕主题及特定内容拟定的观察内容、团队运作方式即具体的记录人员、采访者、影音记录者等事项。

2. 准备资源

准备资源即准备好现场需要的工具，如手机、相机、记录手册、录音机等必备工具；准备调研及互动需要的材料，如调查计划说明、调查问卷等。

3. 现场参与要求

在抵达现场后，根据项目需要，保持旁观，不打扰观者对象，或者和参与者建立关系及信任感。如需观察者配合，应向参与者说明情况，尽可能让参与者感到自在，介绍流程，允许参与者随时提问。如需访谈应以非正式的对话进行，尽可能让访谈对象自行引导讨论。要重复听到的内容，确认观察正确无误。另外，研究人员应尊重参与者的时间，必要时应提供补偿。

4. 记录观察的内容

指定专门负责的成员进行现场的观察记录，让其负责收集资料、记录、绘制地图、拍照、录音或视频等，以及结束后尽快对现场资料进行分类整理，供后续分析使用。

5. 整理分析

组织成员尽快对整理后的资料进行各项记录对比分析，对重点内容进行扩展、讨论，选出有价值的内容继续制订后续的调研计划以及研究方法。

通常情况下，观察后需要综合观察得出的信息，指导设计灵感，但也可以运用内容分析等更严格的定性分析方法来挖掘共同的主题和模式。目睹的事实和猜测行为背后的意义、动机并作出的推理属于另一种类型的观察。可以在观察期间或观察结束之后与参与者进行访谈，以验证这些推理。

（四）思维导图

在阅读、搜索和实地观察等调研方法收集到多面向的资料后，就需要对手头的资料进行第一次结构性的梳理，筛选出关联性、指导性强的方向继续进行发散思考。在面对繁杂信息，或是脑海中有多点信息需要梳理的时候，思维导图就是一个很好的方法。思维导图也称心智图，是一种视觉思维工具，设计师可以通过思维导图将围绕某一主题的所有相关因素和想法视觉化，从而将该问题的分析清晰地结构化。它能直观并整体地呈现一个设计问题，对定义该问题的主要因素和次要因素十分有用。思维导图也可以帮助设计者在不清楚信息之间的关系时，梳理各要素间的从属关系，并启发设计师找到解决设计问题的灵感，产生概念和观点，找到设计问题的各种解决方案，并标注每个方案的优势和劣势。思维导图原则上可以用于设计程序中的各个阶段，但设计师通常将其用于产生创意的起始阶段。一个简单的思维导图能启发设计师找到解决问题的头绪，并找到各头绪之间的联系。它是一种形象地表达头脑中信息的非线性方式，使我们可以综合、解释、交流、存储和检索信息。思维导图本质上是一种视觉化的图表，也是一种强大的记忆工具，可以增进了解，加深对问题空间的认识。当然，思维导图也可以用于设计项目中的问题分析阶段，或帮助设计师在报告中整体展示自己的设计方案。作为一种分析和意义建构的方法，思维导图使我们能够同时识别图中的主题、各部分之间的关系，并了解信息之间的重要性（图6-2）。

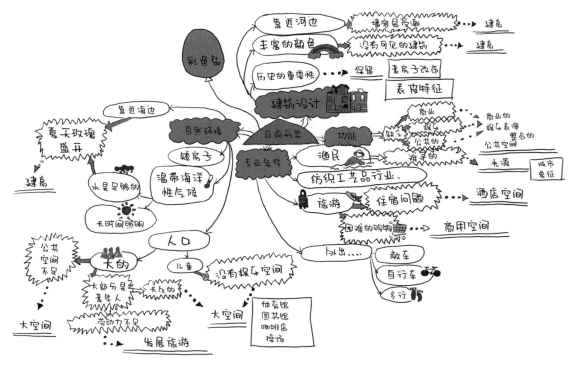

图 6-2　手绘思维导图

在绘制思维导图时，围绕一个中心问题，图中的几个主要分支可以是不同的解决方案。每个主干皆有若干分支，用于陈述该方案的优势与劣势。思维导图的主要用途在于帮助设计师分析一个问题，因此在使用过程中要不受限制地将大脑所能想到的所有内容都记录下来。在进行小组作业时，首先每人单独完成自己的思维导图，然后再集中讨论、分析会更为有效。由于人们的思维方式很少是线性结构的，而且面对复杂问题时不会采用彼此孤立的简单方法，所以思维导图可以反映人们如何考虑某个问题的复杂关系。当思维导图逐渐成形之后，在把数据转化成有意义的主题和模式时，就可以总结和验证假设，建立和打破联系，并且考虑替代方案。思维导图应该不超过一页纸的大小，虽然绘制关系网时允许充分发挥，但也不能过于眼花缭乱，以免影响引导效果和回忆阅读的效果。绘制思维导图，应遵循以下步骤。

（1）确定一个焦点问题作为思维导图的中心主题，在发散的过程中不能偏离主题。在纸张的中央将主题的名称或描述写在线框内，与空白页面做一个明确的分离。

（2）以主题为中心向外扩展，对该主题的每个方面进行头脑风暴，并用简单的关键词进行标注，绘制从中心向外发散的线条，将主题的各方面延伸出来的想法绘制在不同的线条上。关键词或者图像越接近中心，在图上的位置就越重要。这些都是初级联系。

（3）确定了初级联系的阶梯关系之后，在主线上根据发散思考的需要增加分支，每一个分支又会揭示更深层次、更精细的次级信息。用线连接初级和次级关系。正是这些概念之间的联系体现出了图表真正的意义。

（4）在获得所有相关信息之前一直持续这个过程，不断地进行自由联想。如果有新的信息出现，就在图上标记出来。在这里需要使用一些额外的视觉技巧，例如，用不同的颜色标记几条思维主干，用圆形标记关键词语或者出现频率较高的想法，用线条连接相似的想法等。

（5）观察绘制好的思维导图，从中找出各个想法相互间的关系，这样主要是为了强化概念之间的联系，希望可以发现新的知识和理解，提出项目后续解决方案的发展方向。初次绘制思维导图时伴随着思考、审视和定义组成元素和元素之间的关系，所以在绘制完成后，为了方便自己以及分享给成员阅读，可能需要重新组织并绘制一个新的思维导图。

研究人员为人们提供一种非线性的可视化方式，直观地呈现人们独特的思维模式，这样可以更好地理解人们优化和组织信息的各种方式。在绘制过程中可以使用图形、不同颜色的标注符号、照片等各种手段将导图绘制得更加美观以及逻辑关系清晰容易阅读。现在有很多做数据可视化的网站可以提供制作思维导图的工具，让绘制变得更加容易（图6-3）。但实际上，用不同的色彩徒手绘制的过程实际上是帮助思考的过程，不仅可以更加自由地让画面更具个性，在设计过程中，还可以在正在绘制的思维导图上加上各式各样的符号和想法来加深对元素间关系的联系和思考。需要注意的是，利用关键

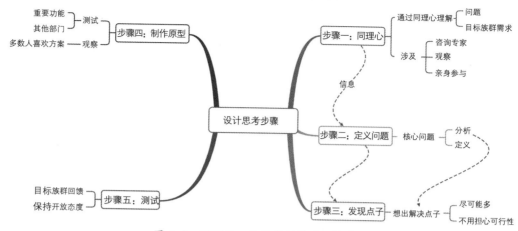

图6-3 可视化工具软件制作的思维导图

词对元素进行描述即可，不需要冗长的表述，不然会增加阅读的困难性。另外，还要注意在元素和元素之间留有空间，因为后续还有可能会在中间增加一个层级的连接。在思维导图完成之后，让用户解释图中各种信息以及代表的意义。按照这种方式，思维导图属于一种"自我描述"方法，应该配合以观察为基础的研究做进一步核查。尽管如此，这种方法还是可以发现人们基本的、独特的思维模式。

（五）意向综合罗列法

在当前这个阶段，设计者主要的目标是探索所有可能的方向，寻找解决问题的机会。但必须综观全局、了解最新发展、确立目前趋势及重新建构问题，才能有机会发现解决方案的突破口。综合意向的内容通常都是一些简短却能揭露事情本质或事物之间关系的句子，由于只是初步说明，所以必须在设计过程中重新构建。经过缜密思考而撰写的意向陈述不仅可为后续设计工作奠定良好的基础，同时是辅助按计划执行设计活动的实用工具。使用这个方法的直接目的是确立下一步的方向，支持在宏观层面上观察分析前述利用各项方法获得的调研资料、结果、趋势陈述及图表等信息，同时也有助于团队成员间的信息同步和共同了解。具体的操作步骤如下。

（1）检视用其他方法获得的最新发展与趋势，并从宏观角度重新建构问题。再次检视先前确认的设计机会，从中找出潜在契机。

（2）界定及阐明设计机会。在初期探索阶段发现的机会可能是毫无组织的，设计者或团队应根据以下问题，对设计机会进行明确的界定：都有哪些限制？都有哪些目标？最希望得到什么？

（3）和团队成员讨论可能性并形成一致的观点。哪些机会可在初始阶段建构稳固的基础，以提供设计机会的方向？团队应形成初步观点、建立共识，并以此为探索解决方案的出发点。

（4）建构初步设计意向，设计者或团队应借由条理分明的框架阐述设计意向，并让参与项目的所有人员都能对目标与愿景产生共识。服务对象是谁？有什么需求？内容框架？设计的机会在哪里？能建立什么新的价值观？有什么困难？

（5）将设计意向详尽地整理成设计报告，以简单、分类明确而且可由团队成员共享的方式综合地在报告中罗列出来。设计意向在报告中需要用一段文字或简单的句子概括性地表达，再通过重点提示、关键词、叙事拼贴或多页详细分类并有逻辑的陈述等方式表达。

二、情境分析的方法

（一）情境设计

在经历了设计意图探索的阶段后，基本明确了设计机会的范围，需要将设计重心转到以客户为中心的位置。情境设计是休·拜尔（Hugh Beyer）和凯伦·霍尔茨布拉特（Karen Holtzblatt）开发的以用户为中心的设计程序方法。它结合了人种学方法，通过实地研究收集与设计目标相关的数据，使工作流程合理化，并全程提供指导意见。在实践中，这意味着研究人员从人们生活的领域中收集客户的数据，并将这些发现应用到最终的设计方案中。总的来说，就是一个以要研究的情境为核心，提出确保研究成功的方法。实际上，从获得客户数据到制定完善的设计方向，这个过程需要掌握许多数据收集方法进行分析综合，以及完成一系列研究成果。情境设计为设计团队提供切实可靠的方法步骤，从收集用户信息、综合数据、确定设计内涵到制定完善的设计方向，每个阶段都有可以遵循的指导方针。根据项目涉及的背景和发展方向，可以相应地调整情境设计，增加或者删除与设计内容不相符的步骤。

1.情境设计的阶段

情境设计是从探索发现中获得的目标数据开始，并以目标人群为中心的设计程序，包括以下两个阶段。

（1）在第一个阶段，团队通过实地访问和描述将自己置身于目标人群的环境中，发现真问题的核心，由此产生的洞察力来激发设计灵感，并确定及解释新的想法和方向。

（2）在第二阶段中，团队通过检验和反馈，重新设计有价值的活动和技术，并改进这个新设计的细节，包括组织架构、功能、内容和视觉语言，最终与用户一起验收设计成果，使其更加完善。以团队合作的方式拟订情境研究计划有助于统一团队的步调，确保团队齐心协力，也有助于对情境产生共识，也能更有效地执行时间与资源管理。

2.情境设计前期调查的步骤

情境设计包含从调研到完成设计的整个阶段，在本书将情境设计编入设计探索阶段的情境分析方法，因此主要介绍在前期情境调查的步骤，具体如下：

（1）由于时间与资源有限，应将重点落脚在最重要的情境元素。设计者及团队通过讨论选择要研究的领域，并说明为何这些领域对项目具有重要意义。讨论已知、假设及未知的项目，并界定研究范围。

（2）确定要收集的信息以及调研的方法，并初步估计收集信息需要的时间。需要强调的是，情境调查最重要也是最基本的要求，就是研究人员必须在真实的工作地点进行研究。研究人员要理解需要体验的是目标人群每时每秒的经历而不是概括性经历，这对调查结果的准确性至关重要。研究人员必须观察人们日常活动的细节，才可能发现潜在的行为习惯。

（3）建立研究计划的时间轴，明确界定开始和结束的日期，并决定如何在这段时间完成工作。确定收集重要信息的时间，并制定中间开研讨会的日期，以便可以让团队成员有机会讨论分析收集到的信息。

（4）研究人员在情境中的所见所闻只是研究的最初阶段，这一步需要清楚解释所有数据的意义，才有可能理解设计的内涵。在获得信息之后，研究人员要假设或分析该信息对参与者的意义。当参与者在现场时，一定要向其确认你的理解是否正确，因为一旦错过了机会，误解可能会影响设计的方向和设计的理念。另外需要注意的是，在情境调查的过程中，研究人员必须学会打破自己视野的局限性，多关注参与者的世界。每次感到惊讶、发现参与者不寻常的行为或者发现矛盾时，都是研究人员应调查访谈内容的时机，不要只局限在自己的理解中。图6-4中是研究人员将情境调研得到的信息进行视觉化的整理，图文并茂，重点突出，切忌大段文字的赘述，只需要将重点内容用关键词或

音乐＋理发＋派对＝美发沙龙

案例研究1　北京燕衍

★在美发沙龙提出的新概念和生活方式。
★这种沙龙存在的可能性，在中国的潜在市场。
★发展对新型消费者的吸引力——年轻的、都市的和渴望与众不同的。
★吸引中国消费者体验地下文化的方法，是把理发和发廊里的嬉皮士派对结合起来。
★如何改变中国人对于美发沙龙的态度。

案例研究2　Menscience，纽约

★利用对称空间在两个店面之间创造出产品走廊。
★通过店铺设计中重复的干净线条，创造出令人愉悦的男性平衡。
★采用中性色调，前调元素的丰富性和自然感，营造出和谐的奢侈感。

图6-4　将情境调研数据进行图文整理

者简短的句子用有逻辑关系的顺序标注在相关图片周围即可。

运用情境设计和情境调研可以了解交流流程、任务序列、人们用来完成工作的组件和工具、与工作相关的文化及物理环境的影响力。通常两三小时的时间即可完成一次情境调查。参与者的人数则需要根据项目和工作的范围而定，但是设计人员要在不同目标群中观察多位参与者，然后才可以开始综合分析情境调查的结果。

（二）拼贴法

拼贴可以帮助设计者将需要调研或通过调研得到的素材用视觉化的形式表现出来，形象地描述传统方法。例如，文字、图表、模型等方式难以表达的思想、情感和愿望以及生活场景中的其他方面，并与团队成员或项目的其他参与者交流沟通设计标准。拼贴法通常用于设计程序的初始阶段，用于分析和理解目标情境。在寻找图片的过程中，设计师的视觉情绪将渐入佳境。通过判别图片是否适用于拼贴画，设计师可以逐渐明确设计方案中所需的意向。并且通过拼贴的方式可以减小研究难度和枯燥度，让设计者通过具体物件和图像表达个人想法，作为讨论中形象的参考内容。在制作拼贴画的过程和讨论拼贴画是否符合设计情境的过程中，设计师能得到设计灵感。一套拼贴工具通常包括卡片或纸张、预先收集的图像、关键字和关键词、图形和剪刀胶水等必备工具。除了手工拼贴以外，还可以通过二维制作软件的剪裁和制作来完成拼贴，与手工拼贴的组成内容效果一样。拼贴允许参与者按照自己的理解自由发挥，可以在拼贴中表达对某种现象的看法、体验经历或者对观察对象的感受。一般的拼贴框架应该包括时间维度，如在过去、现在和理想未来的经历。可以让制作者在空白背景上拼贴，或者画好基本框架、线条。参与者按照指示把文字和图像安排在线的上下方、沿轴线、某个形状或具体物体的内外（图6-5）。

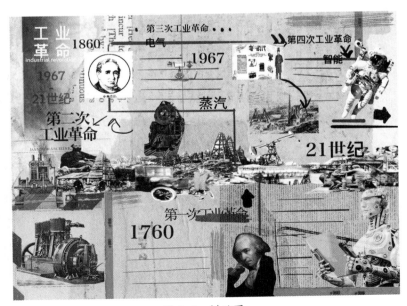

图 6-5 拼贴图

在采用拼贴法时，首先要确定制作拼贴画的目的。其次要确定将如何使用拼贴画，如是否有助于完善设计项目的设计标准？是否可用于交流设计愿景？最后要分析拼贴画，确定最终解决方案需要达到的设计标准，并以此作为生成创意的指导工具。拼贴画可以帮助设计师完善以下多方面的设计标准，如研究对象的生活方式、场景、设计方案的视觉元素、象征性符号等。在准备拼贴工具时，寻找合适、准确的图像和文字会花费大量的时间，虽然这个稍显繁乱的过程不会影响参与者的观点，但是也有足够明确的符合拼贴主题。还要为参与者提供空白的地方，让他们在拼贴过程中可以增添自己需要的内容。使用拼贴法的主要流程如下：

（1）选择最合适的材料，凭直觉尽可能多地收集原始视觉素材。

（2）根据所关注的目标人物、场地环境、使用场景、行为路径、空间关系、空间氛围、物体材质等因素将视觉素材进行分类。

（3）根据情境的功能和意义，进行水平或垂直方向的构图定位、背景的颜色、肌理及尺度等。

（4）预先在草图上寻找合适的构图，此时需要着重关注人和事物之间的空间关系、前后位置与透视参考线的位置。

（5）思考图层的先后顺序、图片的大小以及图片与背景的关系。

（6）按照自己的构图意愿绘制一幅临时的拼贴画。

（7）检查全图，确定该图是否已经呈现出了大部分所需表达的特征，可以一边拼贴的同时，根据画面情况再继续搜索合适的素材，随时调整构图和布局。

创作拼贴画是感性创作与理性分析相结合的过程，运用定性分析在几个拼贴内部和拼贴之间寻找模式和主题。设计过程中可以使用或不使用特定的图像、文字和形状，可以正面或负面地使用各类元素，确定元素在页面上的位置以及各元素之间的关系。为保证分析的客观准确性，可以对比现场参与者和未在现场的人对拼贴结果的理解，并逐一阐释对拼贴结果的理解，然后在设计小组中内部讨论，在分析具体物件的时候对参与者的意见可以根据情况酌情参考。完稿的拼贴画可以用于确定一些设计元素的特征，如空间的主要色彩构成、墙面的肌理与材质等。

（三）优劣势分析法（SWOT 分析法）

当下及未来设计师的工作内容将不仅仅是纯粹地做设计，还需要对项目的前期策划、后期运营管理进行思考，特别是展示空间、商业空间设计、品牌形象推广等专业，文案策划、空间主题、品牌的视觉形象系统等方面就是要得出或复核甲方及任务书中给出的项目定位。优劣势分析法（优势，strength；劣势，weakness；机遇，opportunity；威胁，threat，简称SWOT），已经有几十年的历史，应用范围很广，可用来评估组织的优势、劣势、机会与威胁。在设计领域中，工业设计、产品设计专业比较运用这个方法分析产品的设计定位或概念的设计前景。SWOT分析法通常在设计程序的早期执行。

从研究品牌及创新着手，了解品牌和企业如何在市场竞争中有所表现，接着深入分析品牌的优势、劣势、可用的机会及竞争威胁，了解品牌在内部及外部因素影响下，是否能达到预定的业务目标。分析所得的结果可以用于生成综合推理搜索领域。该方法的初衷在于帮助企业和品牌在商业环境中找到定位，并在此基础上做出决策。其中，优势和劣势代表品牌内部因素，机会和威胁代表品牌外部因素。这些因素皆与品牌所处的商业环境息息相关。优势和劣势的外部分析目的在于了解品牌及其竞争者在市场中的相对位置，从而帮助企业进一步理解公司的内部分析，也就是发展的机会和威胁。SWOT分析可以帮助设计者整理调研资料，了解行业的全貌，为设计定位提供方向，确定必须克服的挑战，揭露机会。所得结果有利于对项目目标的正式确立以及对项目当前所处环境的了解，最后的呈现为一组信息表格，表明项目的优势、劣势、机会与威胁的总览图，用于生成设计创新流程中所需的目标领域。

　　SWOT的方法具有简单快捷的特点，但是，SWOT分析的质量取决于设计师对诸多不同因素是否有深刻的理解，因此十分有必要与一个具有多学科交叉背景的团队合作。在执行外部分析时，可以依据诸如发展趋势分析之类的分析清单提出相关问题。外部分析所得结果能帮助设计师全面了解当前市场、用户、竞争对手、竞争产品或服务，分析公司在市场中的机会以及潜在的威胁。在进行内部分析时，需要了解公司在当前商业背景下的优势与劣势，以及相对竞争对手而言存在的优势与不足。内部分析的结果可以全面反映出公司的优点与弱点，并且能找到符合公司核心竞争力的创新类型，从而提高企业在市场中取得成功的概率。具体的操作步骤如下：

　　（1）确定行业领域，划定商业竞争环境的范围，界定基本的设计目标，说明追求该目标的理由。

　　（2）评估设计对象在环境背景下的优势、劣势、机会与威胁。站在情境中思考SWOT中的四个方面，优势：当前以及未来市场环境中最重要的趋势是什么？自身的优势是什么？目标人群的需求是什么？劣势：列出项目内部的优势和劣势清单，并对照竞争品牌和对手逐条评估。竞争对手当前的情况是什么？核心竞争力是什么？计划的发展方向是什么？机会：当前的流行趋势中有哪些方面可以帮助实现本品牌发展意向的可能性？实现收益的方案有哪些？为什么当前还没有实现？将精力主要集中在公司自身的竞争优势及核心竞争力上，不要太过于关注自身劣势。因为要寻找的是市场机会而不是市场阻力。威胁：如果确定当前的设计意向，外部环境中会有哪些不利因素？目前环境中有哪些因素将来会变成障碍？当设计目标确定后，也许会发现公司的劣势可能会形成制约该项目的瓶颈，此时则需要投入大量精力来解决这方面的问题，并试着在威胁中寻找机会。以上四个方面不止上述问题，可以根据项目的具体情况再发散思考。

　　（3）制作SWOT矩阵图，将前面各步骤的分析结果总结成关键词或者简短的句子，分别填入图6-6的四个空间中，每部分最多放入七八个句子。

图 6-6　SWOT 分析模板

（4）设计者逐一思考或团队讨论各步骤结果。不同的问题是否能指出相同的机会方向？是否值得执行选定的设计意向？将来可能会遇到的风险是否可以承担和接受？优势是否可以超过劣势？机会是否大于威胁？考虑和讨论这些问题并做最后的总结。邀请决策者一同决定项目的方向。

SWOT 分析法的面向非常广泛，可以用于设计各个领域的方案定位和前期分析，只有在开始前划定好范围就可以高效地执行。

（四）蒙太奇图像编辑法

蒙太奇图像编辑法与拼贴法相似，也是使用图像拼贴的方式，但是使用意图不一样。使用的图像可以是自己拍摄的、手绘的或者搜索的与设计意向相近的插图，按一定的美学和构图原则拼贴在一个图面上，形象地描述设计意图的特定美学、风格、场景、目标人群、情境或其他方面。蒙太奇图像编辑法是设计各个领域长久以来都会采用的一种方法，在许多方面都可以用这个方法表达意向，然后根据内容进行创作、激发灵感或与他人交流沟通。通常一旦设计师或设计团队确定了设计美学、风格、情境、目标人群和主要功能的基本框架，就可以创建蒙太奇拼贴图像了，然后收集、编辑和拼接这些代表美学标准、情境或用户小组的图像。意向看板与室内设计师使用的样品板比较相似，都是把颜色、材料，有时也包括硬件和产品样本结合在一起，构建出设计系统的样板。

例如，创建一个从视觉上体现出"都市炫动"的设计美学标准的意向看板，需要收集、编辑和拼接能体现出设计人员美学标准中特定风格、颜色、产品、品牌和环境的图片。为了完成更具体的设计目标，可以创建基于目标用户的意向看板或基于环境的意向看板。对于基于用户的意向看板，可以利用视觉信息描绘出几种类型的人物来确定目标观众，并通过服装、产品、首选品牌、环境、活动、交通和社交兴趣分析他们的年龄、品位和喜好等。对于基于环境的意向看板，可以在视觉信息上体现适用于产品设计的典型环境，展现室内设计的样品、家具、照明、设施、色彩搭配和气氛。对内而言，意向看板代表具体的设计重点。它能不断提醒设计人员努力营造审美情境，符合观众的口味。意向看板形象地代表公认的设计审美和设计情境，可以帮助设计小组达成共识。从这方面来看，意向看板是一件很重要的工具，需要小组成员共同管理。设计小组中的每个成员对最终完成的设计重点都做出了贡献。对外来说，意向看板也是一件强大的工具，它能有效地向客户解释设计意图，并形象地描述审美方向或目标客户。具体的执行步骤与拼贴方法一致，在这里就不再赘述。

图6-7是一个品牌旗舰店的概念设计意向蒙太奇拼贴。在这张图中，可以明显地看出设计师对旗舰店的设计美学、服务功能、空间形态、空间氛围的构想，在创作这张蒙太奇拼贴的过程中，也进一步明确了项目方案的设计方向，为后续的设计提供灵感。

图6-7　蒙太奇图像编辑图

三、目标人群分析的方法

（一）制订使用者研究计划

使用者研究计划是一种项目研究组织法，可以条理分明地界定项目工作的所有方面，包括研究目标、确定参与项目的合作伙伴、研究对象的类型与人数、需要了解的事项、征求研究问题、与参与者的互动，使用者信息的收集方向、了解优先级、列研究问题的清单、各阶段的可能结果、工作项目及时间轴等，尤其要详细标明研究对象的类型、研究的时机以及研究的方法。使用这个方法可以确立方向、有效地管理资源，促进团队成员及合作各方的共享与了解。详细的计划包括研究过程、方法与研究对象。具体的操作步骤如下：

（1）选择研究对象的类型。视项目性质的不同选择不同的研究对象类型。例如，按重要性分类为第一目标人群和第二目标人群，或者核心使用者、极端使用者、专家、游客、工作人员、非使用者等。若以核心使用者为主要研究对象，应该同时选择一些极端使用者和非使用者参与研究，团队可通过这些使用者发觉非常细微特别的信息。

（2）筛选参与者，说明研究对象的选择标准。预想希望在不同类型的参与者中看到什么属性？哪些类型的参与者能提供最需要的关键信息？

（3）确定研究方法，根据可用的时间与信息，选择最能达成目标的研究方法。例如，用户影像记录观察法可产生大量丰富的资料，但需要较多的时间与资源。带着小型计算机和录音机直接进行现场访谈，虽然快速、方便，成本又低，但无法收集太多的资料。选择何种方法不仅须视预算与时间而定，还受到研究对象本身及其所处的环境、时间的配合性、对个人隐私的注重程度以及其他因素的影响。另外还应制定与参与者的互动规则。

（4）编列预算清单，根据项目计划确定完成各项活动所需的经费。

（5）建立时间轴及记录主要活动日程。调研活动规划表格除了可用来显示活动外，还可按照阶段目标排定任务的执行顺序，以及估算完成任务的时间（图6-8）。

图 6-8　时间计划表

（6）分享研究计划、讨论后续行动，和团队成员及其他利益相关者分享研究计划，并讨论后续研究步骤。

例如，在餐饮空间设计与施工的项目中，设计团队与一家三维公司的设计与施工人员合作，共同开发一种观察客户参与经验的使用者导向模型，借此了解、选择及推荐产品与服务。此模型是以多种设计方法建构而成，而其最重要的功能，则是在项目初期精心制订的使用者研究计划。使用者研究计划概略提出三种要研究的使用者，即主流消费者人群、次要消费人群及工作人员。由于时间紧迫而且资源有限，这三种使用者分别同时由三组子团队进行研究。研究计划表详细列出研究对象的类型与人数、团队的活动、使用的工具，阶段性结果及合作项目。团队的活动包括观察及访谈，目的是了解使用者、行业环境，以及关于趋势的研究。并将使用的工具，如影像、照片人种志研究与人种志访谈详列于计划表。除此之外，研究计划表还应列明流程各阶段产生的结果，如汇总表及相关合作项目。在使用者研究计划的辅助下，团队不仅能按部就班地完成工作，还能在短时间内以有限的资源进行深入探讨，确立方向。

（二）绘制利益相关者分析图

利益相关者是指组成组织或团体的人，不仅是设计活动中的目标用户，在一个项目中，从设计到建成投入使用，整个流程中涉及的各面向人群都属于该项目中的利益相关者。当前，利益相关者的定义现已扩展到对此事感兴趣的任何人。利益相关者分析图就是在规划、界定范畴和定义阶段，确定项目中的关键人物，将所有与设计项目存在相关利益的人物信息汇集起来，做成视觉化的关系图，利益相关者分析图有助于直观地了解设计项目中的主要人物，并为与之交流、为以用户为中心的研究和设计推理做好准备。随着设计过程的逐步展开，在规划、界定范畴和定义阶段，确定关键人物至关重要，因为这可能会直接影响设计成果，而利益相关者分析图可以做到这一点。它是设计小组规划用户、研究活动的视觉参考，并在整个项目开发过程中，引导设计小组与利益相关者进行适当的沟通。开始阶段，小组成员通常会根据推测创建利益相关者分析图，应当集思广益，将所有与设计项目存在相关利益的人物信息汇集起来。这时的重点是保证全面涵盖所有相关人物。除了确定最终用户，还需要涵盖从中受益的人、拥有权力的人、可能受到不利影响的人，甚至可能阻挠或破坏设计成果或服务的人。具体操作步骤如下：

（1）明确项目目标及需要解决的问题。

（2）把人物角色贴在白板、卡片、便笺、纸片上面，合并成名单或草图即可，利益相关者可以包括普通人物或特殊人物。

（3）将这些组织成结构清晰的分析图，并确定可能的层次关系以及角色和人物之间的主要关系。通过清晰的层次、线条和距离，设计小组可以更清楚地了解其中的意义。

（4）当明确和界定实际人物以及他们的工作流程和关系之后，就要不断地改进之前推测的分析图。随着草图的逐渐扩展并且得到普遍认同，最终呈现的将是一幅全面的分析图（图6-9）。

利益相关者分析图可以有多种正式或非正式的形式，也可以结合文字、照片和图像。如何呈现利益相关者分析图并没有固定的模式，对于设计小组而言，只要可以判断主要角色并分析他们之间的关系就是有效的分析图。

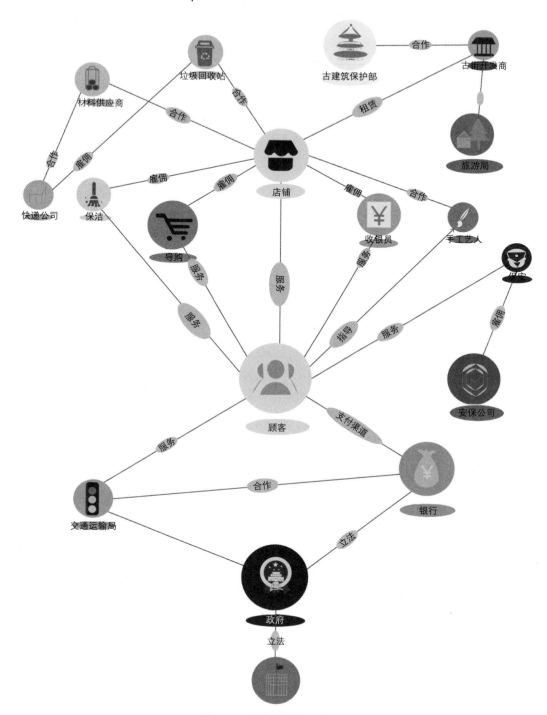

图 6-9 利益相关者分析图

（三）目标人群影像记录观察法

目标人群影像记录观察法，顾名思义，就是用影像记录目标用户在特定情境下的行为及活动，收集特定时段的信息，有助于对目标人群的深入了解，深层挖掘目标人群在真实生活中的各种环境及现象，可能会在观察或者分析中得到意想不到的发现。目标用户的影像记录观察法源自视觉人种志研究法，目的在于捕捉特定情境中的活动与发生的事情，并进行后续分析，找出行为模式与深层面貌。不同领域的设计项目需要论证不同的假设并回答不同的研究问题，观察所得到的五花八门的数据也需要被合理地评估和分析。人文科学的主要研究对象是人的行为，以及人与社会技术环境的交互。此方法和照片人种志研究法类似，但能同时捕捉特定时段的全貌和声音，适合用来记录公共或群组活动的过程及动态情境，也可用来记录对话或经验等着重声音的活动。和照片相较，影片需要较长的时间才能完成分析，比较适合用来了解受到时间限制的活动，特别是在可能有许多相邻活动同时或不显眼的地方发生等情形。参与者或研究人员都可以为了自行记录而采用影片人种志研究法，只要确定拍摄准则并取得必要的许可，就可拍摄和搜集影片供日后分析。

　　在观察中，会遇到诸多可预见和不可预见的情形。在探索设计问题时，观察可以帮助设计师分辨影响使用场景的不同因素。观察人们的日常生活，能帮助设计师加深理解室内外空间、人、行为之间的关系，而观察人们在空间中的行动轨迹和人的行为需求对空间功能的要求能帮助设计师改进空间设计。运用此方法，设计师能更好地理解设计问题，并得出有效可行的概念及其原因。由此得出的大量视觉信息也能辅助设计师更专业地与项目利益相关者交流设计决策。如果需要在毫不干预的情形下对用户进行观察，则需要隐蔽起来，或者采用问答的形式来实现，当然这些都需要提前获得观察对象的允许才能对其进行拍摄。更细致的研究则需观察者在真实情况中或实验室设定的场景中观察用户对某种情形的反应。视频拍摄是最好的记录方式，配合使用其他的研究方法，积累更多的原始数据，全方位地分析所有数据并转化为设计语言，视觉分析图的方式是多种多样的，主要根据观察的目标主题来定，通常情况下，表格的形式比较常见。图6-10中的影像记录是由参与者用日记的形式自行拍摄并记录时间，最后将所有数据交由调研人员整理成图片、文字描述等，进行统一的定性分析，并进一步转化为视觉化的分析图用于团队交流和分析，为后续的设计提供使用者行为层面的支撑依据。具体的操作步骤如下：

　　（1）确定研究的内容、对象、场地以及全部情境。明确拍摄目标，根据项目需求采取"头部特写"访谈或记录特定时段的活动、环境变化或活动等级，或记录其他内容。可以设置固定式摄影机持续拍摄，也可以由研究人员用手持式录音机拍摄。这两种方法各有利弊。前者适合用于访谈或观察特定时段内的环境，而后者适合用于可能发生多起涉及一人或两人事件的环境。

　　（2）确定拍摄者根据专案需求由研究人员拍摄使用者，或由参与者自行记录，或同时采用这两种拍摄方式。需要明确观察的标准包括时长、费用以及主要行为类型。

　　（3）筛选并邀请参与人员，取得必要的许可证明及同意书，如需使用参与者自行拍摄的影片，必须征得参与者的同意。

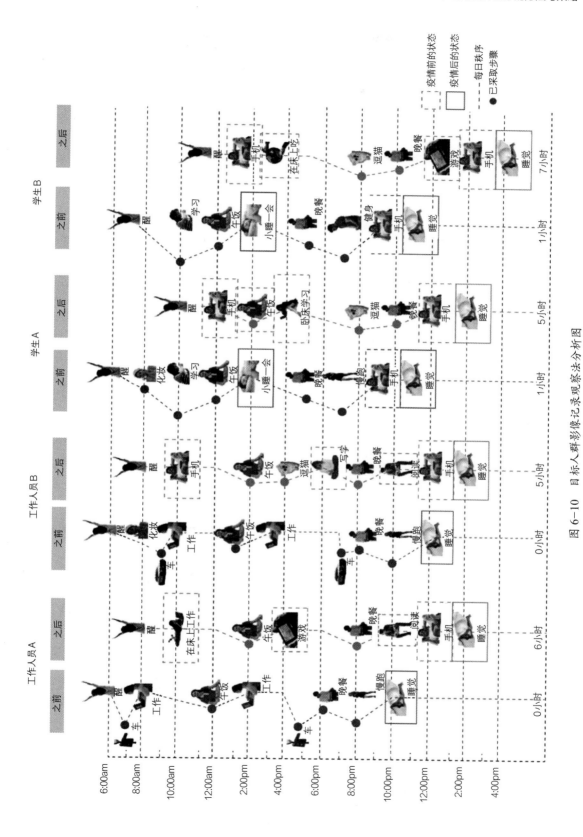

图 6-10　目标人群影像记录观察法分析图

（4）制作观察表格，包括所有观察事项及访谈问题清单，并做一次模拟观察试验。

（5）拍摄影片，为研究人员及参与者准备容易使用的摄影机。拍摄者在拍摄前必须清楚了解摄影机的操作方法，然后才能开始拍摄活动及情境中的其他相关元素。让拍摄者知道团队何时需要影片。

（6）收集及分析影片，花些时间和参与者一起观看影片，并听取参与者的意见。

（7）分析数据并转录视频，将视频中的对话或行为用描述性文字转译成文字记录下来。如果影片由团队拍摄，请和团队成员一起观看，并指出影片的哪个段落提供启发。完成的记录将可作为日后设计过程中的实用参考资料。

（8）与项目利益相关者交流并讨论观察结果。

（四）目标人群体验分析

在分析一个项目是否有设计价值的时候，可以从文化、美学、政治、经济和社会五个方面分析，基于这五个层面基本就能全方位地衡量一个项目是否有设计的价值。在用上述方法锁定了目标用户，有了初步的观察记录后，想针对用户体验做进一步的分析，同样也可以在观察目标用户或者分析观察资料时，分别从身体、认知、社会、文化及情感五个方面进行分析。无论在何种情境下，研究人员都可借此方法寻找人在空间中或在特定情境下使用产品时的感受，探讨各元素对个人整体经验的影响。借着有系统地分析人的五个因素以及通盘思考，可以深入且广泛地了解研究对象的个人经验。再根据由此获得的评估，聚焦于形成概念及提出解决方案所需的各种元素。团队利用此方法分解个人经验并进行详细剖析，最后再将分析结果重新组合，并观察这些结果如何形成整体经验。具体操作步骤如下：

（1）准备前往现场，建立笔记范本，按照身体、认知、社会、文化及情感五个因素记录观察并进行分类，使用笔记本电脑、相机、笔、录音机等观察或访谈工具。

（2）现场观察，观察参与者，或带领参与者加入对话。观察参与者的行为、所使用的物品、所处的环境、采用的信息及其他类似问题。记录观察的内容或受访者的回应。

（3）剖析人的五个因素，身体——人们用身体与物体及他人互动的经验为何？他们如何碰触、推拉、开启、关闭、举升、搬运等行为；认知——人们如何将重要性与其互动的事物相互联结？哪些互动需要深思？人们如何解读、研究、处理、评估及决定？社会——人们如何在团队或社交场合表现其行为？他们如何正式及非正式互动、做决定、协调行动、安排时程及合作？文化——人们对共同遵守的规范、习惯及价值观的经验为何？那些共同的价值观看似存在，如何彰显？情感——人们对自己的感受与思维有何经验？环境中有哪些触发这些情感的因子？人们是否悲伤、愤怒、挫折或快乐？

（4）描述参与者的整体经验。

目标用户体验分析的目的是针对各因素寻找问题及进行意想不到的正面观察，开拓观察的思维和视野，有目的性地深入观察总结参与者的行为。注意参与者如何在被观察的情境中形成经验，并从更高的层次描述对这些经验的感受。最后进行讨论，并记录讨论内容。

（五）目标人群的特定情境分析

针对目标人群的特定情境分析方法是现场观察法的一种，和目标用户体验分析一样，可用来理解情境中的各项元素。其中五个观察因素是人物、环境、物体、活动及体验，根据观察的目标和情境不同还可以拓展其他相关的内容。研究人员可使用这五方面因素观察这些元素及相关系统。例如，团队通过特定情境模型研究展示空间时，观察范围将超过"当前主题"的限制而赋予更广阔的展示空间、信息、环境、人的行为等相关情境。团队可借助特定情境分析模型拓宽视野，将情境看成相关元素组成的系统。具体操作步骤如下：

（1）建立记录范本或表格，按照特定情境分析模型记录观察并进行分类，使用笔记本电脑、相机、笔、录音机等观察或访谈工具。

（2）现场观察，重点观察参与者有意识或无意识的行为，或带领参与者加入对话。观察及询问参与者的行为活动、读取到的信息、所处的环境、功能、结构、灯光、空间感受及其他类似问题。记录好观察的内容或受访者的回应。

（3）通过五个方面的观察因素了解情境（可以视情况增加或更改）：人——情境中有哪几种类型的人群，如游客、市民、青少年儿童、老年人、他们扮演什么样的角色？哪些人会对该空间的主题感兴趣？他们之间是什么关系？他们想获得怎样的体验？持怎样的态度或价值观？尽量找出处于该情境的各种人群，并记录在笔记中。物——情境中有哪几种构成要素，如展台、交互体验、多媒体、照明灯光、隔断墙、物与物之间有何关系？记录下所有回应。环境——空间中有几种功能？都营造了哪些不一样的氛围？空间与空间之间的连接方式有哪些？分辨及记录情境中的各种环境。功能——空间的功能布局是怎样的？结构方式、建构细节又是怎样的？参与者对结构的反应和感受怎么样？参与者对空间功能有哪些体验感受？记录所有这些信息。活动——观察目标在空间中有什么样的行为？都采取了哪些具体的行动和过程？体验——人与人之间或人与物之间有哪些交流？交流的本质是什么？服务——情境中提供了哪些服务和信息？营造了什么样的空间氛围？能传递给参观者什么样的空间感受？用了哪些技术支持？观察及记录可用的服务类型。

（4）综合描述观察内容，根据观察结果或受访者的回应，综合描述以上通过特定情境分析模型了解的情况。整理记录并与团队成员分享及讨论观察结果。

（六）竞争者调研

在大多数的设计活动中，关注竞争对手的业务情况是调研过程中必不可少的一部分。其中包括关注竞争对手的品牌定位、主要目标人群、收入和利润等主要财务状况、公司规模、持续变化的产品和服务结构。虽然现在市面上有咨询公司专向做行业调查、趋势分析、行业中具有竞争力的对手等各方面信息的工作，但这些传统的业务调查很少从设计的角度以及用户的角度考虑问题，也很少考虑到社会、经济和技术状况，而这些却是重塑品牌形象，辅助优化人们实现生活目标产品和空间环境的先决条件。竞争者调研帮助设计小组从最终用户的角度评估竞争对手的产品。设计小组对三四个竞争对手的产品以及自己的产品进行可用性测试，从中发现竞争对手产品应用的可用性和易学性。其他调查方法更多关注人们对竞争对手产品的态度，如调查或焦点小组，而竞争测试则侧重于观察最终用户使用产品的行为。

以品牌的零售空间设计为例，设计师可以从对竞争对手的品牌定位、产品分析、价格区间、运营概况的分析中得到一些启发，并不是要照搬竞争者的模式，而是要了解同类型的品牌都做了什么，为什么要这么做，做得好不好，是不是还可以更好，通过多次反问，即可以发现一些机会方向。如果转换成设计的思维逻辑，就表示需要先明确自家品牌的定位与针对的客户群体，在什么情境下针对用户的什么需求并以什么样的方式达成用户的目标。而针对设计品牌的产品定位，市场上还有哪些人也正在以类似的方式来完成该群用户在此情境下的痛点或需求。从以上的解释中会发现"定位"有几项必要的元素，即客户群体、情境、用户需求与解决方式，其中包括产品价格、产品功能、产品技术等。在当前阶段做竞争者分析的好处有三个方面：一是了解品牌的商业潜力，通过比对市场预测、市场份额与竞争版图，可以了解品牌的产品如果进军该市场的话，可能的获利规模。二是快速学习与增加灵感，从竞争者的品牌定位、产品类型、空间风格以及氛围的分析中获得对商业空间设计方案策划的深层理解。三是如果单从设计的角度思考，会觉得所提供的解决方案看似很合理，但如果结合对比考虑竞争者的相关方面，就会更全面地分析所提供的解决方法是否具备竞争力，也因此思考到设计空间能为客户和品牌所带来的特殊价值是什么。以下列举了一些分析步骤和维度，可以根据目标来选择调研的具体维度，从而更具针对性，同时避免注意力太过于分散的情况。

（1）明确分析目标。设计师首先要明确分析目标，是从行业角度分析还是产品体验角度分析，明确本次分析目标以及想通过分析得出什么结论。

（2）选择竞争者以及产品分类。确定目标后选择竞争对象及其产品，可以把主要时间花在分析直接竞争对手上，如果有更多的时间也可以分析间接的竞争对手，这样可以使竞争分析情况更加全面。直接竞争对手是指主要业务同在一个行业内，如运动品牌李宁、安踏和斯凯奇的零售空间设计。在品牌定位、产品类型、消费人群上都基本相同，专卖店的空间设计也是设计师应该重点关注的型别。间接竞争对手是指业务可以满足使用者相关的需求，如登山运动品牌，产品有部分相似，都可以满足使用者的需求，目标人群不是完全重合的，因此零售店的空间设计也略有不同。而潜在竞争对手是未来有可能做相关业务或产品，品牌的业务在未来很有可能会产生竞争关系。

（3）选择分析维度及具体内容，如品牌业务层面，有产品定位、目标人群、商业模式、运营思路、盈利模式、市场推广等；空间设计层面，有空间功能、服务内容、空间结构、人流规划、空间色彩、展架结构、空间氛围等。

（4）确定分析方法，具体的分析方法可以借鉴前文中提到的方法。

（5）将结果最后做成完整的竞争者分析报告，供后续设计参考以及方便在团队成员间进行交流。

当然，竞争分析的内容可以根据实际情况来调整。例如，在做餐饮空间设计的时候，可能不只分析以上几点，还要具体到竞争品牌的菜品类型、服务、卫生等细节。做任何的研究最终的目的都是要帮助设计者制订策略，因此，做好竞争者分析也写好调研分析的结论后，重点就是结合其他的调研资料明确下一步骤的方向，也就是接下来会做什么事情，如预计要开始开发什么功能、发展什么技术、改善哪些空间上的设计流程，借以达到什么目标等方面的事情。

在这个设计探索阶段，除了以上介绍的方法，还有在设计调研的程序中提到的现场调查法、行为地图法以及使用者测试法，都可以在这一阶段应用。在设计探索阶段，主要是在收集最新信息、了解项目及更大面向的全貌、了解发展趋势的基础上，重新建构问题，拟定初步的设计意向，再进一步地了解情境，制订研究计划、搜寻知识基础、分析行业和相关领域的情况，再根据目标人群的调研，为针对设计问题建构深层理解奠定坚实的基础。

第二节
问题界定的方法

在完成调研后，需要在前期搜集到的资料信息基础上为发现和了解的事物建立一个结构，这是一个信息综合的过程，从了解情境及目标人群发展到揭露和建构深层意涵的阶段，意味着设计者从现实空间进入到一个非常抽象化、原则化、系统化与观念化的空间。在当前阶段的任务，就是将前期收集到的庞大资料和数据进行分类和整理，进而归纳出问题的结构以及重要的原则。设计者除了分析数据和资料外，还可以通过确立问题以及明确定义，找到能够解决问题的设计机会。在多次的设计综合过程中找到一再重复出现的设计契机和设计原则，因此，在问题界定的阶段需要混用不同的方法对问题的情境进行多重分析，从而对问题空间获得更全面的了解。

设计的对象是人，而人有着不同的行为与特征。有创造力的设计活动将在特定的情境中发挥作用，而情境是复杂的，是由许多相互联结的部分组成的复杂网络。设计者努力探索这个复杂的系统，以严谨的态度处理研究资料，从不同的观点及角度剖析调研结果。但是，研究结果中存在着许多不确定性，研究人员需要运用综合分析的能力准确地界定问题，找到问题解决的切入点。在这个阶段需要将思维转化成具体的视觉化形象或图表，使设计者的思维从黑箱中表现出来，能够反复思量和推理，从而使思绪变得更加清晰，能与团队成员通力合作，和相关利益者进行有效的沟通。在问题界定清晰到某种程度的时候，便能察觉到富有创造力的设计机会。通过探索可以获得可靠的设计原则、建立合理的设计程序框架，后续的流程只要遵此而行就能完成设计创新。在问题界定的阶段，就是从问题结构中分析人与环境的关系，并寻找解决的方案。设计综合最重要的步骤就是将数据用视觉化的设计语言表达出来，在图表上建构情境空间，并显示其组成、关系、属性与价值观。随后再以不同的方式反复分析数据，建立群组，定义重要的设计服务的目标人群及系统化其他部分的属性。站在目标人群的角度，分析其行为以及行动路线，发掘问题点，找出设计的机会，最后根据问题的界定，构建程序框架，进而产生概念。以下将根据上述流程介绍在问题界定阶段可以用到的方法，这些方法主要围绕三个方面：一是对设计问题的分析，二是对设计目标人群的分析，三是对设计的限制、挑战与机会的分析。运用这些方法可以辅助设计者定义问题的结构以及目标人群对设计的需求，为后续构建程序框架以及设计概念的形成构筑坚固的基础。

一、建立深层理解

在这个阶段的工作任务就是对前期调研收集到的资料建构深层次的理解，这是一个设计综合的过程，在这个阶段使用的方法都可以统称为设计综合的方法。所谓深层次的理解，就是在观察中发现和揭露现象或行为表象后的深层原因。深层理解除了含有某种观点外，还含有一般可接受而且在某种程度上可以客观合理化的诠释。因此，首要任务是对收集到的资料进行解读和理解，然后根据理解进行分类。深层理解分类法从收集在研究时产生的深层理解开始。可先在便利贴上写下深层理解陈述，然后进行分类，找出大家认同的分类逻辑。一旦达成共识后，对深层理解再进行一次分类，从中找出重要的分类模式。分析这些模式不仅能对主题有更深入的了解，还能为概念的形成提供坚实的基础。为了让深层理解分类发挥最大效益，团队将深层理解的数目限制在可控制的范围，一个小型项目最多不超过100个深层理解。具体的操作步骤如下：

（1）收集及描述观察资料。观察资料包括现场记录、照片、影片、录音、事实及其他研究方法得到的结果。针对每一次观察写一则简短说明，描述当时发生的实际情况，但不要加入诠译或判断。

（2）询问为什么并取得基本共识。在小组讨论时询问为何会发生观察资料所透露的情节，了解参与者行动及行为背后的理由。在此步骤形成观点或提出合理诠释，记录所有"深层理解"，并选出共识最高的说明。

（3）说明深入分析结果，针对每个深层理解分析写一则简短的客观说明，收集在研究过程中产生的所有深层理解陈述。深层理解代表从特定观察衍生而来的更高层次理解，应以概括陈述方式撰写。如果先前未产生深层理解，再回顾一次观察资料及其他研究结果，然后进行深入分析。深层理解是在人与情境研究中对观察内容所做的诠释，旨在揭露不明显且能指明设计机会的信息。

（4）组织深层理解。制作一个图表，在图表上组织所有观察陈述及对应的深层理解陈述。多个观察可能衍生出一个深层理解，多个深层理解可能衍生自一个观察。

（5）讨论与整理。在小组讨论时，将深层理解当成整体研究结果进行讨论，如深层理解是否够深入？深层理解数量与范围是否足以涵盖整个主题？是否需要更多研究或确认？

（6）团队在便利贴上写下深层理解陈述，然后利用墙面或桌面对深层理解陈述进行分类。讨论分类逻辑，其中一个常用的分类逻辑为深层理解彼此间在含义上的关联性。

（7）深层理解陈述的分类及再分类是按照原先约定的分类逻辑完成分类后，讨论归入同一类别的所有深层理解陈述所属类别的准确性。团队应对此问题达成共识，并视需要再次分类，直到找到无争议的分类模式。

（8）讨论后续步骤，记录分类模式，团队成员讨论这些模式如何用于项目的后续阶段。深层理解群组的广泛性是否足以涵盖整个项目的各个方面？是否有需要补充的明显缺失？分类的定义是否明确且足以产生设计原则？分类是否可作为评量及定义概念的标准？

二、头脑风暴图像组织图

从方法的名称就可以看出来，这个方法是由两个部分组成的，一个是头脑风暴，另一个是图像组织。这是一种可以创建新的想法和概念，还可以生动形象地探究问题空间，创造新知识的方法。头脑风暴最早是由美国BBDO广告公司（Batten，Bcroton，Durstine and Osborn）创始人亚历克斯·费克尼·奥斯本（Alex Faickney Osborn）提出来的。传统意义上，头脑风暴是一种激发参与者产生大量创意的特别方法，它可以针对某一个特定问题激发设计者或团队的设计概念和想法。在头脑风暴的过程中，参与者必须遵守活动规则与程序。原则上，头脑风暴是可以应用于设计过程中的每个阶段，但通常在确立了设计问题和设计要求之后的概念创意阶段最为合适。

（一）头脑风暴的具体规则和步骤

执行头脑风暴的具体规则和步骤有以下几个方面。

（1）参与人数最好控制在3～15人比较适宜，在桌子周围或者记录板前保持站立的姿势以拉近彼此间的距离。

（2）在开始前先设定时间限制，通常为15分钟到1个小时，也可以更短或者更长，这取决于问题的复杂程度以及参与者之间的默契程度，但如果时间太短，参与者难免无法畅所欲言，时间太长则容易产生疲劳感，影响最终效果。在此期间，鼓励参与者尽可能地提出更多的想法，不用追求想法的合理性，同时也禁止成员间互相批判和否定彼此的想法，鼓励互相补充和延伸，在这个时间内参与成员要保持精力高度集中。

（3）明确头脑风暴的主要问题。必须针对一个特定的问题或观点进行头脑风暴，因为同时讨论多个问题会导致效率低下，在开始前先拟写一份问题说明，并向每位参与者简要说明先前研究和发现中的重要见解。然后请所有参与者写下他们的想法。

（4）从问题出发，鼓励参与者发散思维。等待3~10分钟的时间让参与者独立思考，并让每个人单独记录。

（5）到了约定的时间后，暂停继续发散，让参与者分别表述以及展示自己的想法，一旦产生了许多创意，小组可以将相同的想法归类在一起。与此同时，所有参与者一同挑选最佳方案，并在其他的想法里继续筛选具有可行性的方案。组织参与者将所有想法汇总在一个清单中，进行分类整理，并对清单中的想法进行评估。

（6）根据解决方案的标准，从创新性、可行性等方面对每一个想法进行讨论和判断，最后集体选择一个最佳方案。往往最后的最佳方案是一个或多个想法的综合。需要注意的是，头脑风暴法适宜解决那些相对简单且开放的设计问题，对于一些复杂的问题，可以针对每个细分出来的小问题再分别进行头脑风暴，但最后还需要综合所有的想法，从整体的角度推导出一个最终的解决方案。

头脑风暴法还有一些被广泛接受的规则，如量变可以产生质变、不要着急进行批判和否定、不用面面俱到、彼此借鉴观点相互补充、鼓励提出"天马行空"的观点、内容涵盖面越广泛越好等。这些指导性原则旨在营造一个让参与者感到安心和舒适的氛围，确保每位参与者能够随意表达和交流观点，在探索新想法、新创意的过程中不会受到思想的束缚，不会觉得自己如果表达出来就会受到批判和讥嘲的不安定感。另外，由于头脑风暴鼓励"天马行空"的想法，因此这个方法不适合解决那些专业性知识要求极强的问题。

（二）头脑风暴法的形式

头脑风暴有三种形式，除了口头表达以外，还有书面头脑风暴和绘图头脑风暴。书写和绘图的形式是从传统的头脑风暴方法衍生出来的，参与者需要将自己的想法记录在纸面上，并传递给其他参与者，往复进行几次。每位参与人员都可以在别人的想法上进行补充并拓展。使用的原则和规范与传统的头脑风暴一样，追求数量不要求质量，鼓励随心所欲，不要过早地批判和否定等。书面和绘图的方式可以与图像组织结合起来，用于开发设计者思维的流畅性。当设计人员试图重新阐释问题组成部分的固有关系时，或者在一个区域内考虑非传统的替换方式时，可以利用图像组织法或者信息可视化方法作为设计的组织框架进行问题分析，以便更清晰地梳理问题框架。可采用的信息表达组织框架有网络图、树形图、气泡图、流程图、矩阵图等形式。

1.网络图

网络图也称网络地图或节点链路图。这种图表由节点、顶点和连接线来显示事物之间的连接关系，并帮助阐明一组事物之间的关系类型。这些节点通常是圆点或小圆圈，也可以使用图标。节点之间的连接关系通常以简单的线条表示，但在某些网络图中，并非所有节点和连接都有相同属性，故可借此显示其他变量，例如，通过节点大小或连接线的粗细来表示其与数值之间的比例（图6-11）。通过描绘出链路连接系统、查找任何节点集群、节点连接的密度或图表布局，网络图可以用来解释各种网络结构。网络图的形式一般都是一个中心节点在中间，其余的分支节点在四周径向排列。在绘制的时候有两种不同的方式可以选择：一种是先确定中心，然后向外扩展；另一种是先确定所有的组成部分，再精确提炼，最后确定中心主题。

网络图比较常用的通常有不定向和定向网络图两种类型，不定向网络图仅显示实体之间的连接，而定向网络图则通过小箭头可显示连接是单向还是双向的。网络图数据容量有限，并且当节点太多时会造成关系复杂难以阅读的情况。这种分析图有助于开发核心概念或找寻核心问题，也可以表示设计概念的发散和细化过程，找出特点、论据以及相关想法。

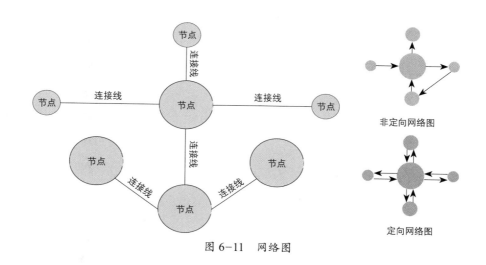

图 6-11　网络图

2.流程图

流程图也称流程地图、流程模型或工作流程图。流程图用于显示流程中的顺序步骤，可以直观反映出过程的先后顺序，这种图表使用一系列相互连接的符号绘制出整个过程，使过程易于理解，并有助于与其他人沟通。流程图可用于解释复杂或抽象的过程、系统、概念或算法的运作模式。绘制流程图还可以帮助规划和发展流程，或改进现有的流程图。不同符号代表不同意思，每种都具有各自的特定形状。可以利用流程图或流程表格记录一系列的事件，代表同一系统中不同相关元素的行为和步骤，安排交流过程或者显示相关要素之间的因果关系。流程图通常有起点和终点，有明确的时间安排，也可以调整为封闭系统的形式。

　　每个步骤的标签会写在符号形状内。线段或箭头用于显示从一个步骤到另一个步骤的方向或流程；流程图以弧形矩形表示流程的开始和结束；简单的指令或动作用矩形来表示，而当需要作出决定时，则使用钻石形状。除此之外，流程图中还可以使用许多其他符号。流程图可以是水平或垂直，也可以图6-12所示同时包括垂直和水平两个方向。

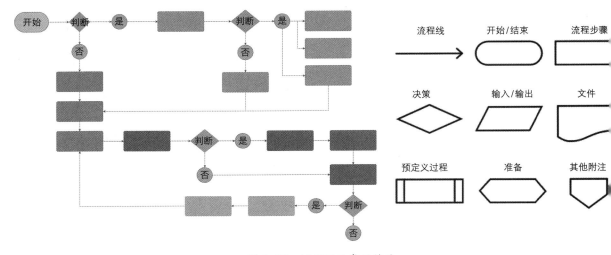

图 6-12　流程图及常用符号

3.树形图

　　树形图也称组织图或链路图。树形图是通过树状结构表示层次的一种方式，其结构通常由根节点也就是没有上级的元素开始，然后加入节点，再用线连在一起，称为分支，表示成员之间的关系和连接。树形图的一个子项只能有一个母项，因此分支很明显地相互分离。最后的尾端是末端节点，是没有子节点的成员（图6-13）。树形图的常用符号与流程图的基本符号一致，点或者框内标注的文字代表实体，线代表实体间的连接。为了方便阅读，树形图的层级呈现通常不超过五层。使用这种树形分析图的好处是方便建立整体观念，将前期调研搜集到的信息具体化，元素间的关系可视化。在设计分析中，可以利用树形图表示层级关系、分类系统或者主要论点与论据之间的关系。树形图的构建方式可以从上而下，也可以从下而上。运用这种方式，分析者可以通过感性或理性的思维，集思广益形成一个特定主题。这类图表最适合用来分析、处理按阶层排列的实体材料，了解层级差别有助于收集深层情境的信息。绘制的步骤可以分为以下三步。

　　（1）确定不同层级的元素。以展示设计为例，在策划展示方案和具体内容时，先将所有最高层级的主题罗列出来，这些是系统最主要的组成部分。例如，用图表研究展示内容的框架时，先拟定总的目标主题，作为第一层级的母项；再罗列主要目标的关键组成部分，如做公司企业文化展厅时，展厅的主题可以由历史发展、科技进步、人文关怀、和谐建设、党政文化等几个关键内容组成，列为第二层级；然后再从每个关键内容下罗列第三层级的内容，逐一向下细分。

（2）建立树状图。列好第一层元素后，就可由上至下依次绘制分析图，也可以从下往上开始。用点或带有关键字的线框代表元素，用线连接相邻层级的元素。

（3）对各层级之间的元素关系进行分析与讨论。收集深层信息，根据分析结果撰写总结报告并与团队成员分享。讨论层级结构如何影响情境，并寻找形成概念的机会。

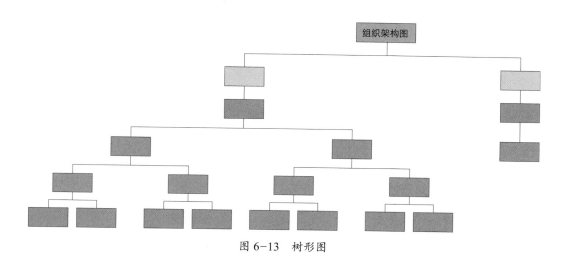

图 6-13 树形图

三、建立目标人群分类图表

同设计探索阶段一样，在问题界定的程序中仍然要进行目标人群的需求模拟和分析。但同上一阶段不同的是，在此阶段不是多面向的观察，而是根据问卷调查、访谈记录、实地勘察及其他来源收集的使用者研究资料后，汇整成人物角色观察表，辅助设计师在设计项目中体会并交流现实生活中目标用户的行为、价值观和需求。目标人群分类图表可以通过实地观察、行为地图、影像记录、体验分析、特定情境等方法收集与目标用户相关的信息，并在此基础上建立对目标人群的理解，如行为、活动方式、价值取向、个性化和不同点等。通过总结目标用户群的特点，依据相似点将用户群进行分类，并使用资料具象化技术为每种类型建立一个人物原型。当人物原型所代表的性格特征变得清晰时，可以将他们形象化。此方法从人种志研究结果开始收集所有质性文字和图像资料，包括使用者的陈述内容，一并将其汇入分类图表。团队可使用关键字节选功能搜寻资料，按指定的栏或列输入资料以利于管理，并且用不同颜色具象标示法区别模式。此方法有助于区分模式与资料，并将深层信息汇整至使用者所认为最适合的位置。注意要引用最能反映人物角色特征的关键词节选，创建人物角色时切勿沉浸在用户研究结果的具体细节中。一般情况下，每个项目只需要3~5个人物角色，这样既保证了信息的充足又方便管理，如图6-14所示。在空间或产品的概念设计过程中或与团队成员及其他利益相关者讨论设计概念时也可使用人物角色。具体的操作步骤如下：

（1）大量收集与目标用户相关的信息，从问卷调查、访谈记录、实地勘察及其他来源收集使用者研究资料后，筛选出最能代表目标用户群且最与项目相关的用户特征汇整至图表。

（2）确定分析对象，如整个群组、部分群组内是特定活动类型、年龄、性别、使用频率。创建3~5个人物角色，分别为每一人物角色命名；尽量用一张纸或其他媒介表现一个人物角色，确保概括得清晰到位；运用文字和人物图片表现人物角色及其背景信息，将每个人物角色的主要责任和生活目标都包含在其中。

（3）使用具象技术，如颜色、形状及尺寸标示从研究结果归纳的模式。例如，可用不同颜色按照年龄、性别或目的的类型标示使用者观察记录。具象标示法明确标示清晰可辨的群组，团队可从群组中导引出新的关系。

（4）分析类型之间的相似性与差异性。例如，比较不同年龄、不同性别的人群去健身房的观察记录，因其性别差异、年龄差异以及健身的目的多有不同，因此虽然两类观察对象在健身房的总花费时间都在两小时左右，但其在健身房的活动项目和每项花费的时间都不一样（图6-15）。探讨具象资料群组中的相似性与差异性以及可能影响两者的因素，并从分析中搜集深层信息。

（5）记录深层信息，总结分析与深层信息并与团队成员分享，包括是否需要进行后

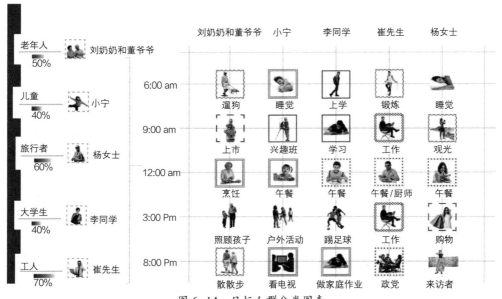

图6-14　目标人群分类图表

图 6-15　目标人群观察记录图表

续分析。

　　建立目标人群分类图表可以辅助设计者有系统地分析并处理大量资料，寻找模式以产生深层理解，但需要注意的是不能单独将分类角色作为测试工具使用，在设计后期依然需要真实的用户来评估解决方案。人物角色可以作为制作故事板的基础，选择创建观察角色时可将设计师关注的焦点锁定在某一特定的目标用户群，而非所有的用户类别。因此说明，在分析过程中也不可能面面俱到，还是要对目标人群建立关注程度的等级关系，分出主要目标人群、次要目标人群以及可能会到访或使用的人群。

四、故事板

　　故事板是以可视化的方式叙述故事，帮助设计人员从用户的角度考虑空间和组成因素的体验情境。故事板直观地呈现出影响人们在空间中的行为、路线、体验过程的主要社会、环境和技术因素。故事板叙述的内容十分丰富，且可用于换位思考最终目标人群的想法中，以重新构建多渠道接触点，并在设计过程的早期阶段考虑可以替代的设计方案。因此，该方法可以应用于整个设计流程。设计师可以跟随故事板体验到访者与空间或产品的交互过程，并从中得到启发。故事板会随着设计流程的推进不断改进。在设计初始阶段，故事板仅是简单的手绘草图，可能是说明当前的现象或空间中存在的问题，如图 6-16 所示。随着设计流程的推进，故事板的内容逐渐丰富，会融入更多的细节信息帮助设计师探索新的创意并作出决策，如不同使用人群在空间中的行为可能，如图

6-17所示。在设计流程末期，设计师依据完整的故事板反思设计的形式、目标用户的体验过程、空间元素蕴含的价值以及设计的品质，如图6-18所示。

故事板所呈现的是极富感染力的视觉素材，因此，它能使读者对完整的空间内容一目了然，如空间的主要功能、参与者与空间的互动发生在何时何地、参与者在空间中的流线、空间元素代表什么内容、空间提供怎样的氛围、参与者在空间中会有什么体验和心情、空间中所运用材质和灯光的动机和目的等信息皆可通过故事板清晰地呈现出来。设计师可以在故事板上添加文字辅助说明，这些辅助信息在讨论中也能发挥重要作用。通常手绘形式的故事板并不需要画得特别真实和精细，越是简单抽象的简笔画通常可以让观者更集中注意力于观察特定的细节或信息，并不一定要具有较高绘画水平的人才能使用故事板来说明问题，这实际上是一个误区。只要可以完善画面内容，将想要说明的问题或持有的设计想法表现在画面中，就可以达到预期的效果。在故事板中添加适当的

问题一

周边社区居民需要
购买各种生活必需品

大楼周围的商店数量
有限商品种类也很少

问题二

服务功能不完善

缺乏基础设施

居民无法购买理想的物品

该建筑的周边功能无法
满足居民的生活需求

缺乏人情味

单功能结构

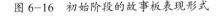

图 6-16 初始阶段的故事板表现形式

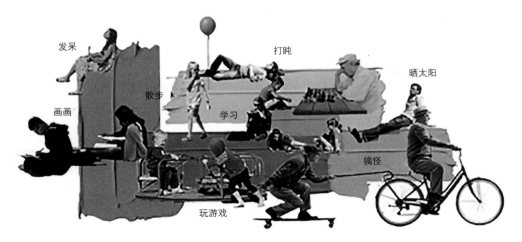

图 6-17 内容逐渐丰富的故事板表现形式

新奇放松

迷惑不解

焦躁不安

原来如此

在入口处，体验者不知道里面到底有什么，只能通过空间营造的氛围感受到新鲜、好奇，丰富的空间感受促使其往内部探索

在空间内部多处设置的海绵与充气垫造成了行走不平衡的状态，加之高深狭窄的墙壁和眩目的灯效，使体验者感到迷茫

已经迷惑的人们经过狭窄的走道到达这里，感受到各种消费符号迷惑的声音，已经感到抓狂，想逃脱

由对立的单面镜和玻璃组成，在这里，体验者透过镜子看到了疯狂空间中的自己和正在体验的人，并且希望体验者从中得到些许启示

图 6-18　设计流程未斯阶段中的故事板表现形式

文字叙述和说明，可作为视觉的补充。通常如果很难描述一个概念或想法，就可以用关键词、对话框、标题、短句或符号标志的形式添加在故事板中。

　　一般在空间设计的故事板中，人物和空间元素都是非常重要的组成部分，二者缺一不可。对于空间的绘制要注意表现出空间的形态、结构和重要的元素，人物则要表现出在空间中的行为方式，好的故事板还能从中表现出人物的体验感受、心情和反应。和设计一样，在绘制故事板的时候也需要先明确通过故事板想要表达的重点，可以侧重在人与空间的关系上，也可以侧重在不同类型的人在空间中的不同行为，或者侧重在空间的不同元素构成上，如果是最后一点，就可以只绘制空间的构成要素，突出想要读者或团队成员集中注意力观察的设计细节。因此，每一个故事板都应该集中表达一个突出的想法或概念，如果需要表达多个信息，就需要考虑设计多个故事板，用每一个故事板描述其中一个信息。在以说明用户体验历程为主题的故事板中，时间是一个非常重要的元素，需要在一系列的故事情境中描绘出时间的概念或者在该空间需要消耗多长时间，图6-19所表示的是参观者在展示空间中体验过程的故事板，在每个空间中需要停留的最少时间就是图中必不可少的说明元素之一。除了以标注数字时间的方式，还可以添加时钟符号、日历、放大表盘的图片或移动太阳的位置、改变阴影的方向等方式，以此明确表示时间的变化。绘制故事板的具体流程如下：

　　（1）先确定通过故事板想要说明的主要目的，确定空间场景、构成要素以及人物角色和数量等元素。

　　（2）选定一个场景和人物在空间中的行为表现，即想通过故事板表达什么？简化故事场景，通过简单的空间要素结合人物行为简明扼要地传递一个清晰的故事情境，图6-19中选择场景中重点的空间要素和人与空间的互动来表现该场景的设计内容。

　　（3）绘制故事大纲草图。先确定以时间为主轴的情节，再添加其他细节，如情境中的主要构成要素、色彩、结构形式、交互方式、人物、行为、反应等。若需要强调某些重要信息，则可采取添加颜色或者还原材质、留白空间、构图框架或添加注释等方式实现。

（4）绘制完整的故事板。在图面中使用简短的注释或关键词为图片信息做补充说明，但尽量不要平铺直叙，一成不变地绘制每张故事图，表达要有层次。

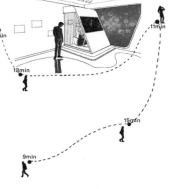

历史追忆

第一展厅以曲线与灯条作为主旋律描绘出济南公交概况。墙面图文展板高低错落，沿着曲线的动势展现在参观者面前，搭配显示屏，更加直观地讲述了济南公交发展的历史事件。搭配墙面展柜，将历史展现在参观者面前。

熔铸品牌

第三展厅主要展示了济南公交总公司的社会责任担当，其中"智慧公交站"出行服务的全新模式，极大地方便了济南市民的出行。公司积极承担社会责任，不定期走进社区，贴近民众，听取意见，提高服务水平，不断创新发展，目前为本市67家单位提供班车服务，通勤路线300余条。此部分运用曲线隔断做分割，搭配灯箱，讲述了济南公交总公司为人民服务的责任感与使命担当。

VR 虚拟

第二展厅主要展示未来公交汽车驾驶体验，以VR作为媒介虚拟未来驾驶体验，展示未来公交驾驶过程。参观者在展厅内部既可体验未来交通的科技与便捷，同时展现出济南公交发展的速度。此展厅主要展示了济南公交总公司车辆、企业的发展历程，运用大面积蓝色屏幕与线条灯光相配合，充分展现了济南公交的科技感。

多媒体立体交互演示

第四展厅为未来愿景部分。此部分为相对围合的空间，运用较为灰暗的环境，搭配投影 发光字与灯条，展现出了济南公交总公司的发展路程。地面用投影映射出济南公交的发展愿景，蕴含着科技感与灵动性，体现济南公交的美好发展前景。

理念传承

展厅设计采用图文展板体现各级领导对济南公交职员的勉励与公司党建工作。空间线条灯带寓意公交公司传承与发展的连接、组织与群众的连接以及科技与民生的连接。

图 6-19　说明参观者在展示空间中体验过程的故事板

仔细斟酌绘制故事板的角度，就像摄像时需要琢磨摄像机的位置一样。还需要思考故事板的顺序和视觉表现手法。故事板也可以用来制作视频短片，例如，运用故事板制作一个关于该设计的独特卖点的视频。运用故事板也能帮助设计师与项目的利益相关者进行有效的沟通。

五、情境描述

　　情境源自剧本故事的情节发展（Plot Development），指某一戏剧情节演变的可能脚本大意、大纲或故事内容，表示某些事件的发生。情境的本质是一故事性的叙述体裁，说明某一可能事件的发生及其前因后果。不只是预测及预言，而是去探索未来可能出现的各种情境，其焦点在于充分显现不确定性。情境分析是从纵断面分析，强调将重心集中于因果程序和决策目的的建构上。在设计探索阶段，设计者抱着纵观全局的心态，怀揣着能实现理想设计结果的心态专注在趋势及相关资料的搜集，而在当前阶段，设计者要抱着专精深入的心态，站在使用者的角度界定问题、探索未来设计的方向。对于情境的模拟和描述，可以帮助设计者站在空间参与者或产品使用者的角度描述目标对象在特定情境中的情形。根据不同的设计目的，情境的内容可以是参与者在现实空间中的行为方式，也可以是参与者在未来设想场景中的可能行为方式。与故事板相似，情境描述法可以在设计程序的早期用于制定参与者与空间的行为、活动和需求，也可以在之后的流程中用于催生新的创意。设计者还可运用情境描述的内容反思已经衍生的设计概念，向其他利益相关者展示并交流创意想法和设计概念，评估概念并验证其在特定情境中的可用性。另外，设计者还能使用该方法构思未来的使用场景，从而描绘出想象中未来的使用环境与新的交互方式。因此，情境描述法可以帮助设计者避免做出只符合功能要求的设计，使设计的结果、空间的美学更具有文化和时代的意义。例如，项目的内容是展示公交司机的故事，那么在情境描述的内容中可以包括某一位公交司机从早上第一次在总站出车，再回到公交总站的整个过程。情境描述既可以描绘当时最真实的场景，也可以设想未知的、可能会发生的情境。设计情境故事的最终目的是获得明确具体的设计思路，这样设计者或设计团队可以从展示对象的角度预见空间在未来可能的效能和互动方式。

　　情境法是一种灵活的设计方法，可以有不同的变化。需要根据设计情境的不同目的寻找不同的描述对象。在开始之前，需要对特定目标人物及其在特定的、想象的或现实的使用情境的基本情况和现状有所了解。一旦从某个特定角色的角度出发，就应该用传统的故事框架设计情境。由某个事件引发的一种行为构成了故事场景和前提条件。例如，在做公共空间的展厅项目时，场景描述的内容可以先从情境调研中获取，然后根据调研中会涉及的使用人群，运用简单的语言描绘出可能会发生的行为方式。同时咨询可能的使用对象，检查该情境描绘是否能准确反映真实的生活场景或他们所认可的想象中的未来生活场景。在设计过程中，使用情境描绘可以确保所有参与项目的人员理解并支持所定义的设计规范，并明确该设计必须有实现的功能和需要满足的行为方式。和目标角色建立法一样，情境描绘法和故事板也可以相互搭配，这两者都能体现使用者的观点。故事板具有高度可视化效果，而情境法在其制作方面可以提供启发性指导。两者相辅相成，互为补充。情境描绘法的具体操作步骤如下：

（1）确定情境描绘的目的，明确场景描述的数量及篇幅长度。

（2）选定特定人物角色，以及他们对该空间的需求。每个人物在场景描述中都扮演一个特定的角色，如果选定了多个人物角色，则需要为每个人物角色都设定相关的场景描述。

（3）为每个场景描述拟定一个有启发性的标题。巧妙利用角色之间的对话，使场景描述内容更加栩栩如生。

（4）为场景描述设定一个起始点，以触发该场景的起因或事件。

（5）结合故事板，用视觉化的形式将文字的情境描绘表现出来（图6-20）。

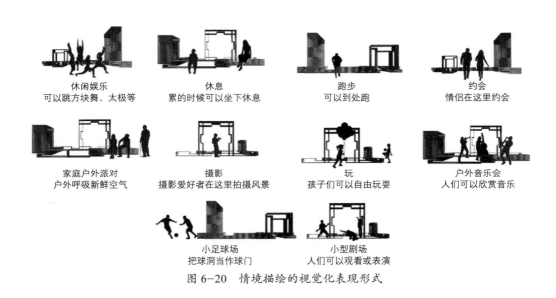

图 6-20　情境描绘的视觉化表现形式

六、案例研究

案例研究是一种科学研究的方法，它是运用技巧对特殊问题能有确切深入的认识，以确定问题所在，进而找出解决方法。案例研究针对的是特殊事件的分析，非同时对众多案例进行研究。案例研究一词来自医学及心理学，原意是指对个别病例做详尽的检查，以认明其病理与发展过程。在设计专业项目中，学者证明案例研究是理论知识和实践经验之间不可或缺的桥梁，帮助实践者做出正确的决策。案例研究既不是资料收集，又不仅限于设计研究方案本身，而是一种全面的、综合的研究思路，是一种运用历史数据、档案材料、访谈、观察等方法收集数据，并运用可靠技术对一个事件进行分析从而得出带有普遍性结论的研究方法。设计实践和教育方面案例研究法一直发挥着重要的作用，人们既可以运用设计研究和教学中的实例，也可以安排设计人员撰写实例分析。案例研究不仅在探索性研究方面成效显著，能够了解目前现象，并做出比较、获取信息及灵感，同时也可用于研究变化、新方案或创新理念所带来的影响。

案例研究法原则上可以在设计程序的各个阶段都能够采用，可以用在问题界定阶段来辅助对问题结构的定义，也可以在建构程序框架阶段中用来验证设计概念的可行性，在重审设计概念的框架及结构时也可以运用以检测解决方案细节的合理性。但不适合在设计活动的初期也就是设计探索阶段采用，因为这个阶段的工作以广泛搜集信息为主，还未建立对设计问题深层次的理解，更未涉及对设计概念的构想，在这时对某一设计案例或多个设计案例过早地进行深入探究，可能会限制设计者发散性的思维以及设计方案的多面性。通常建议在设计者对当前问题有一定理解也有一定的设计构思时，有方向地选择想要深入分析的设计案例，而所选择的设计案例在概念、形态、主题、空间结构、建构细节、照明、技术支持或空间氛围等方面，最少有一个方面对当前设计的解决方案有启示意义，这样案例研究才能对设计项目提供真正的建设性指导。

很多时候在分析设计案例时无从下手，除了背景信息、设计者、建成情况之类的新闻性信息以外，不知如何从专业的角度对案例进行深入的分析和研究，很容易在形式、功能或材料等其中一个方面或多个方面对案例进行简单的模仿，这样可能就会偏离设计任务书的初衷，造成与案例相似的设计结果，从而缺乏创新。其实和情境分析、体验分析法一样，在对任何设计领域的案例进行分析时，都可以从文化、美学、经济、政治（政策）、科技和社会六个方面对案例进行全面向的分析，根据不同的背景可着重对其中一个方向深入讨论。从六个方面基本就可以在宏观的层面，也就是除了设计知识以外的领域理解案例所涉及的所有信息，以及这些宏观问题如何影响个人设计的决策过程，可以辅助学习者加强理解案例的深层含义和设计细节的缘由。

在专业层面分析设计案例时，可以从设计的商品性、坚固性和交互性三个方面分析案例的设计要素与设计原则。其中，商品性包括实用性、流线、符号；坚固性包括结构、建构、材料和技术；交互性包括氛围、美学和情感。基本从这三个层面的十个要素分析设计案例，就可以从专业的角度理解设计者的决策以及各要素之间的关联。如果还需进一步在微观层面对目标案例进行分析，还可以从形状、线条、色调、色彩、体积、尺度、动势、比例、等级关系、平衡以及关键点这11个方面对设计细节进行剖析。这样就可以从宏观到微观到设计的视角全方位地对一个设计案例进行分析，以启发学习者对设计项目的理解。

七、系统关系图

系统关系图是根据设计项目所有涉及因素所绘制的高层次系统图，可协助设计者或设计团队思考系统中的所有涉及元素及各元素间的关联和影响。系统关系图主要在两个层次上运作，第一个是合成运作，因为所有研究信息皆整合在单一系统图上；第二个是分析运作，因为图表研究的对象为现有、新发生或潜在问题、失衡、遗失的实体及其他缺失。无论何种类型和内容的设计项目，都可借助实体、关系、属性、价值及流向等整体研究而了解其基本关系系统。

其中，实体是系统的可定义部分，如人物、地点、空间、产品、事物、服务、家具或墙体为物理实体，而项目、问题、目标等抽象的对象为概念实体。关系指的是实体间的关联，例如，在设计一个零售店的空间项目中，系统关系图表围绕服务、地点、产品三个中心实体展开，再围绕这三者衍化出次生实体，接着探讨次生实体之间的关系（图6-21）。关系可以数值化，故可测量。属性定义实体或关系的特性，具有描述性。质的属性包括名称、品牌或喜欢、不喜欢等感受。量的属性包括年龄、尺寸、成本、持续时间或其他可以量化测量的面向。流向定义实体间的方向关系，因其指示"至与自""前与后"或"内与外"，流向可分为时间流向与流程流向两种形式，前者指出顺序，与时间有关；后者显示输入与输出、回馈圈或平行流程，指出物体如何在系统中运行。

绘制系统关系图的具体操作步骤如下：

（1）确定系统实体。只需要纳入对项目具有重大影响作用的实体，在确定实体时，针对要分析的情境，列出影响项目最关键的内容，如地点、事物、组织内容、主营业务、运营价值、如何盈利等全面涵盖该情境的实体，用圆圈代表实体并在内部写上关键词。

（2）定义实体间的关系与流向。在图表上用线条表示关系，用箭头表示流向。用文

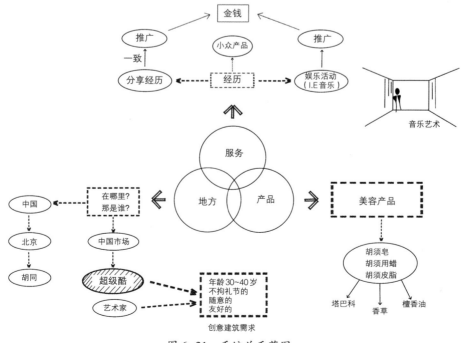

图6-21　系统关系草图

字标签说明实体的关系与流向。

（3）定义实体的属性。确定执行项目时必须知道的属性，用小圈圈作为代表并用颜色或文字标注在实体旁。若要进行详细分析，可输入属性值，如收入、年龄等。

（4）建立明确的网络图。绘制完成的系统图显示完整的实体、关系、属性及流向情境。设计者要检查系统图是否全面，确定所有四个元素都涵盖在系统图中并且加注说明（图6-22）。

（5）研究系统图，特别留意缺失、疏离、遗失的实体、遗失的关系以及系统目前或未来可能发生的问题，并将这些缺失列成一张表。

（6）讨论系统图及搜集深层信息疏离问题是否严重？是否有建立新实体的机会？可否建立新关系及创造更高的价值？是否存在需要关注的弱势实体？和团队成员分享这些具体问题与深层信息，并为后续步骤拟订行动计划。

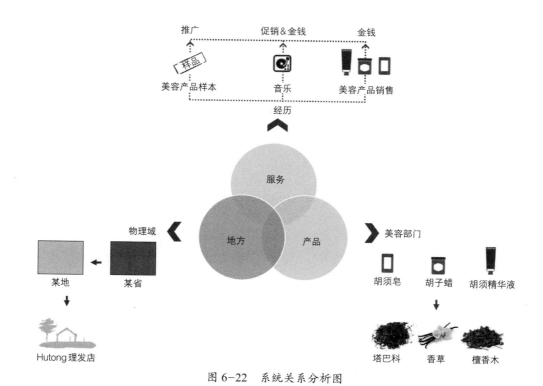

图 6-22　系统关系分析图

八、相关利益者的价值互动网络分析

在判断一个项目是否可以立项时，从文化、美学、政策、经济和社会这五个方面分析项目的价值是最重要的判断依据。在一个项目中，相关利益者的价值互动网络分析就是在问题界定阶段厘清与项目相关的参与者从中的价值交互关系，以及他们在既定情境中的关系、价值的交换方式及其在系统内的流向。价值网络通常以网络图的形式呈现，利益关系人在图中以节点表示，节点与节点相互连接，并以文字注明节点之间传递着哪些价值。常见的价值流包括资金、信息、知识、实体资源及服务等。价值互动网络一方面有助于确定符合要求的实体，另一方面能揭露利益相关者的深层动机。价值互动网络还可以协助团队探索新的潜在利益相关者，以及揭露新价值如何流向或流自现有实体。价值互动网络应视为动态系统的缩影，故应在提供新的信息时再次检视并作为提供新信息的基础。除此之外，设计者或设计团队还应该对这些新的潜在利益相关者进行内部讨论，并使用价值互动网络向委托人进行说明，不仅要指出利益相关者的价值关系，还要说明针对新实体提出的解决方案。价值互动网络用于分析模式，目的在于了解目前情况及问题的结构，在这个方法的基础上，可以用浅显易懂且言之有物的方式，表达相关利益者之间所有的复杂关系。

图6-23是关于中国传统武术中的冷兵器制造工艺的展示项目中的相关利益者的价值互动网络分析图，这是一个非物质文化遗产司发起的保护项目。该项目希望能够延续发挥其传承非物质文化遗产的使命，通过公益展览的形式向市民和青少年普及武术的运动乐趣和冷兵器制造工艺的制作流程。价值互动网络图具体的绘制步骤如下：

（1）列出既定情境中的所有重要相关利益者。利益关系人应包括竞争组织、互补组织、供应商、经销商、客户、受益者、相关政府机关，以及从目前情境衍生价值的所有实体。

（2）确定重要的价值流，资金未必是必备的价值流，除了资金之外还应考虑其他价值流，如信息、物质、服务、文化宣传及文化传承等无形价值。有社会价值的设计项目有许多不同的价值，如文化发展机会、传承的机会、获得社会服务或增加的社会影响力。

（3）绘制初步价值网络，将前面两步的信息总结成初步网络图，验证团队对目前情

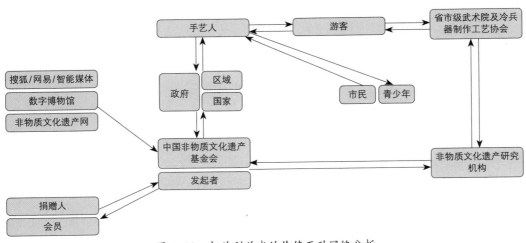

图6-23 相关利益者的价值互动网络分析

况的了解程度。初步网络图应作为后续讨论与分析的依据。确定所有节点及连接皆清楚标示，好让第一次看到网络图的人能从交换的价值中，迅速了解该价值的性质。

（4）分析价值网络。用提问的方式彻底了解价值网络的动向。价值的根本是怎样的？项目的价值由哪些相关利益者主导？价值的流动是否失衡？哪部分系统缺乏效率？有何缺失？团队应讨论这些问题及其他相关事项，并记录好讨论结果。

（5）检视及修改价值交互网络，通过团队内部及外部讨论修改价值转换的流向，直到能反映目前情况且获得团队认可。保留所有相关资料，好让后来加入讨论的人能了解讨论背景。由于情况可能随时在改变，故应在执行项目期间定期检查价值交互网络是否还具有时效性，以及时更新信息。

九、综合分析法

对于设计初学者来说，常常对如何将研究观察到的信息梳理为清晰的设计方向这一过程感到非常困惑，实际上这个过程即使对于具有丰富经验的设计师或设计团队来说也不是一件轻松的事情，往往也要经历较大的挑战。所谓综合分析法，就是一个可以在这个过程中采用的严谨的综合方法，它是根据研究设计探索阶段观察和收集到的资料帮助设计师跨越分析与综合之间的差距，将观察结果转化为清晰的叙事流程，进而发展出与实际情境切合的设计观点，紧密结合了逻辑和设计理念的洞见。综合分析法可以帮助设计者和设计团队明确表达、联系与逻辑设计洞察力的观察为基础的叙述，分析设计问题，为设计概念的产生奠定基础。之后，设计团队构建综合分析法的图表，将每个想法用关键词表示并贴到或写在记录板上，按照重要或扣题等级进行排序，供设计者和设计团队进一步分析、评估和共享。

在完成前期搜索阶段之后，设计者可以利用综合分析的方法梳理数据和阐述潜在设计理念之间摇摆不定的模糊区域；设计团队也可以利用综合分析的方法建立共通的语言和经验，让每位成员都参与其中共同讨论将设计对象和设计理念联系在一起的方法。其逻辑主线共有五个方面，分别是观察、评论、价值、概念和主要隐喻，如图6-24所示。需要注意的是，这五个方面的排列不用按照图中的顺序，可以用这个表格记录讨论过程中随机的非线性思维。在完成了逻辑主线的所有内容之后，设计小组可以运用横向思维联系各种观点，进一步完善设计思路，组织观点，形成以观察为基础的主题。综合分析方法的具体操作步骤如下：

（1）观察。询问讨论者看到什么、听到什么或读到什么，其内容必须以事实为依据。可利用描述让观察更加具体，并运用视觉图像的方式呈现。

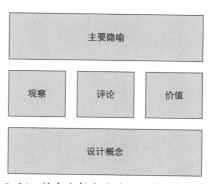

图 6-24　综合分析方法的五个关键逻辑主线

（2）判断。了解其对于此观察事实所表达的意见为何，对此提供一个清晰的观点，且必须阐述这个观察如此重要的原因。

（3）评判价值。访问其"价值为何"，传达什么是真正重要的，显示出其深层的问题，并且内容必须为正向思考，代表了最重要的内容和人们的深层动机，如健康、喜悦、美好的品质。

（4）提出初步概念或绘制草图。与受访者讨论"可以如何解决这个问题"，清楚定义解决、创造与设计方向，具体描述或呈现解决问题的方法或方向。

（5）拟定主要隐喻。与实验对象建立共识，"这个情境叙述的独特创意是什么"，并以一句标语形容这个逻辑主线，让设计方用来代表设计出发点的主轴。

综合分析的设计方式可以帮助设计者以及设计团队归纳创意，从观察、评论、价值、概念以及主要隐喻的面向来分析第一阶段收集到的复杂信息和资料，建立一个共享的词汇库和集体记忆，可以为后续的设计程序指明一个基本的方向，为针对设计问题和设计对象提出设计理念奠定基础，每一个根据综合分析法总结出来的逻辑主线，都可以再进行更深入的分析。

十、使用者行程图

使用者行动流线图是非常重要的分析环节，可以描述使用过程中 各个经验步骤的行动路线和空间或产品的使用流程，借由解构使用者的行动路线深入探讨问题以及设计创新的机会，也可以十分有效地辅助设计师了解在接下来的各阶段中都会涉及哪些领域的知识和信息。通常在设计程序的各个步骤中都可以使用该方法来检验设计方向的准确度和贴合度。使用者行程图经常与相关利益者分析和综合情景分析一起使用，或紧随这两种方法之后创建，即可达到综合理解当前问题结构的效果。高效使用该方法的途径在很大程度上都需要通过在探索阶段的现场观察、行动地图、访谈等方法与使用者直接接触以获取信息，只有参考第一手研究得出的丰富定性数据，才能确保叙述内容的真实深入，并能反映用户的真实需要、感受和看法。每一张使用者行程图都应该体现一个特定人物的行为全过程，并且包括对这个人物的描述。例如，在一个共享厨房的设计案例中，根据调研统计，当前在北京、上海、深圳等一线城市，有一半以上的白领都没有时间自己准备午餐和晚餐，基本依靠外卖送餐或在附近便利店选购即食的食物，并且这个现象逐年呈上升趋势，因为时间的压力，没有缓和的迹象。在这个前提下，有设计团队开始研究现代都市年轻上班族在家烹饪的动机与限制因素。因此在这个案例中的研究对象就是现代都市的年轻上班族，在方法实施阶段，可以锁定一个具体的人物，观察他一天中的饮食方式和烹饪活动的前后过程，以此制作使用者行程图。

为了提高设计团队内部的工作效率，使用者行程图应该清楚地阐释各个行为之间的关联：可以是整体性关系，也可以是某个特定情景内的关系。同时，使用者行程图还应真实地呈现行为活动中使用者的所有情绪，包括思考、迟疑、无聊、享受、喜悦以及枯燥。如果角色不止一个，就需要创建多个行程图，分别体现每个角色不同的习惯和目的，及活动中的各种情绪变化。在共享厨房的案例中，研究团队在完成参与者的居家生活观察后，将各参与者的厨房活动按时间和空间分组，并在寻找模式的过程中，整理出准备、烹饪、享用及打扫清理四个适用于所有参与者的行程阶段。团队接着在时间和空间维度下，根据各参与者的居家烹饪过程，按照时间先后顺序建立使用者行程图，如图6-25所示。某些阶段的标注指出参与者的情绪体验，其中一个观察是使用者不太确定自己有什么材料，或在烹饪前该购买什么材料。团队根据使用者行程图勾勒参与者的烹饪步骤，同时搜集有关参与者整体烹饪经验的深层信息。通过使用者行程图有助于发现问题和机会领域，进而以厨房的社会服务性质为核心创造公共食品服务平台。并在图表上用节点表示使用者的活动步骤，如洗菜、搅拌、热炒、上菜，这些活动分成群组后显示为上一层级活动，如准备、烹饪、享用和结束。从图中可衍生问题与深层信息，突显应特别关注及暗藏机会的领域。

　　设计团队可以在早期记录的基础上研究进行讨论，使用不同的视觉表达形式，如图6-25的环形过程，或不同的行为记录可以是相互交叉的记录方式，通过比喻手法将行程图视觉化，并尽可能地多展示视觉元素和研究数据。然后召开研讨会议，使团队成员可以近距离地查看记录内容，并标出问题、想法和改进建议。这种亲自动手的设计活动包容性更强，可以使所有决策者共同参与，还能有效地保证使用者行程图为组织机构提供真实可靠的资料信息。该方法具体的操作步骤如下：

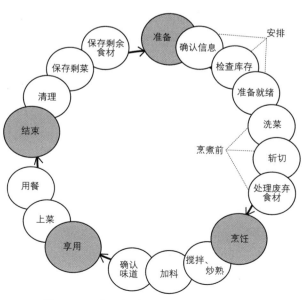

图 6-25　烹饪行为活动的阶段步骤

（1）选择观察目标人群的类型并说明观察的理由。在该人群中选择一个具体的观察对象，尽可能详细并准确地描述观察对象的个人背景和信息，并备注获取信息来源的方法和真实度。

（2）将活动的程序和步骤以清单的形式罗列出来。需要注意的是，要从使用者的角度来标记罗列这些活动，确定经验发展过程中的所有活动，例如，上述案例中的洗菜、处理食材、准备烹饪。

（3）活动分组。将相关活动归入更高层级的群组，例如，将洗菜、处理食材、准备烹饪这三项归入更高层次的烹饪前活动群组。

（4）在时间轴上用节点表示活动群组。用节点表示高层次活动，并将其标绘在时间轴上。列出各节点的相关活动，用连接节点的箭头表示行程方向，必要时用箭头标明回馈圈。

（5）确定问题与设计机会。确定活动在过程中产生的机会，并在相关节点或箭头位置标注突显问题或机会。

（6）添加有利于该项目进展的观察，用更多信息扩展行程图。用陆续搜集到的信息扩展行程图，例如，剪辑的使用者活动影片、流程或阶段的评注，或是活动配置图。

（7）搜集深层信息。团队研究使用者行程图，提出和讨论研究结果及搜集深层信息。例如，信息可能反映大部分人都很享受烹饪的过程，但前期对食材的处理，如洗菜和切菜就会比较麻烦和无聊，在进食结束后，处理垃圾和剩菜也是一件非常无聊和枯燥的步骤。

（8）总结与分享。在使用者行程图上突显深层信息，讨论如何吸引使用者对行为过程感到惊叹与喜悦。

在绘制使用者行程图的时候尽可能多地用清晰的视觉符号反映使用者完成特定流程或经验步骤的行程，在设计过程的不同阶段都可以选择使用该方法验证设计方向的准确性，检查有无遗漏的重要环节。还可以耐心地与项目有关的不同利益相关者共同设计并绘制不同人物角色的使用者行程图，查看有无交叉内容，发掘更多的设计机会，并留有修改的余地。

十一、定义问题

设计是不断发现问题并努力寻找解决方法的过程，功能的缺失或在现实生活中的不足之处都是设计问题的所在之处。在设计探索阶段锁定问题后，设计程序的第二个阶段所有的方法都是在围绕对问题的界定展开的，而在这个阶段中，通常在问题分析的末期对当前问题进行界定，并且设计问题总是多方位发展的，各要素间相互影响，很少一个要素只针对一个目的。需要明确的一个前提是，因为对问题解决的满意程度是一个相对的概念，所以其"问题"的本质也是相对的。那么在界定问题时首先要思考的问题就是什么是当前设计活动最需要达到的目标？要达到这个目标的原因是什么？当然，这里的目标并不仅仅是依照甲方所提供的设计要求和任务详单，而是需要设计者思考所存在问题的本质。因为问题结构的复杂性，所以在分析时要将问题拆解开，以树状图的形式分析各等级的子问题及次级目标，在总体目标以下的各等级子问题及相对应的次级目标，也是设计活动中构建整体问题框架的重要支撑结构。

在明确了设计目标之后，就需要罗列围绕问题展开的在现实中的限制条件和需求。接触过设计实践项目的设计师会对每次接到设计任务时所面临的时间紧、任务重以及存在各种限制条件的情况非常熟悉，而往往这些限制条件和达成设计目标的需求是相矛盾的，而设计的过程就是解决这些矛盾的过程。在问题界定的具体执行过程中，需要回答以下问题来帮助设计者界定设计问题：当前所面临的主要问题是什么？问题中的主要人物是何种身份？与当前情境有哪些相关的因素？如何界定问题是否得到解决？在解决问题的过程中有哪些需要注意的问题？反复思考当前设定目标的合理性和可行性。在设计的探索阶段所围绕的中心任务是在不确定的设计问题和项目背景下逐步明确设计方向，并提出设计目标；而在问题界定阶段就是为真正进入设计阶段做准备，明确问题所在，将上述思考所得结果整理成结构清晰、条理清楚的文字，以书面表述的形式提出设计问题。其中需包含对未来目标情境的清晰描述，以及可能产生设计概念的方向。对问题的书面表述一方面是有利于推进整个设计活动向前发展的基础，另一方面也是帮助设计者梳理问题解决思路的有效途径。

对问题的书面表述不仅是文字方面的表达，还可以充分利用设计程序第一阶段和第二阶段中所用到的各种方法绘制而成的图形、图表，以及多种视觉化的总结分析来加强对文字表述的说明和理解。无论是怎样的表述，对设计能否起到推动作用，是检验问题表述和前期工作的关键。但界定问题并不代表找到了解决问题的方案。在目标的确定、问题的界定等阶段，都涉及用批判性思考前后不断尝试、比较，并用收敛性思维结合当前推断对之前的思考进行评判，也需要用发散性的思维不断地预测未来多种的可能性，这时候是发散性思维、收敛性思维和批判性思维三者同时并用的过程，并将一前一后两个方向的批判性思考联结起来，同时进行多个方向的选择、比较，最终确立恰当但又有一定高度的设计问题，为下一阶段构建设计程序框架奠定基础。

十二、综合问题结构分析

从名称中就可以看出综合问题结构分析是一种总结性的结构分析方法，可在完成探索阶段和界定问题分析后用此方法整合当前所有重要的研究结果、深层信息与设计原则，分析的最终目的是在调研信息中总结都有哪些设计机会。综合问题结构就是简单明了地总结调研过程中发生的活动、从各活动衍生的深层信息，以及研究结果揭露未来的设计方向。此外，综合问题结构还可以指出如何从使用者或参与者的情况以及情境深层信息导引和总结出具体的设计原则，作为发展后续创新概念的依据。综合问题结构分析是从分析到综合，以及从完全了解人与情境，到探索两者之间契合条件的重要过渡阶段，这个过程可以为设计团队的观点提供情境关联基础。任何结构都有一些特性，团队在完成研究时从重要的研究结果、深层信息、总结的设计原则中衍生问题的框架，无论是通过此结构观察受众从各种情境下可能产生的经验和感受，还是从相关联的信息中衍生出来的设计元素，其目的都是试图找出可供后续研究的机会。具体来说，即根据项目背景和前期调研总结的分析数据，全面完整地呈现设计主题，在整体的层面上提供设计的主要概念，其目标是呈现高层次信息而非具体的设计细节，随后以单一表述法呈现问题和设计概念，并提供一种描述问题各部分关系的结构，通常伴随的结构关系图可由团队分享，辅佐对话。综合问题结构分析的具体操作步骤如下：

（1）分析重要的研究和调研结果，梳理从不同项目研究方法得到的结果，并用简短的陈述进行总结，以此作为团队讨论的初步观点。除了在陈述中说明项目初期提出的假设外，还要说明如何依循假设建构问题的研究与分析。

（2）绘制参考表，或建立一个包含所有重要内容的图表框架，总结目前的调研和分析工作。从最左边的栏位开始依序使用方法、研究结果、深层信息及设计原则标题，并简单描述所使用的各个方法，例如，选择该方法的理由、从该方法得到的结果与深层信息，以及从该方法衍生的设计原则。总结表必须简洁详尽，用最少的文字说明所有重要研究，方便阅读时迅速得知所做的研究及其结果，以及需进行的后续研究。

（3）建立总结逻辑图表。团队参照深层信息和设计原则群组建立总结逻辑图表，并以显示群组关系的网络图、显示群组阶层的树状图，或显示群组分布的位置图为逻辑图表。最后根据团队的研究观点进行调整，建立最符合创新意向的逻辑框架。

（4）说明总结框架，用简单的陈述、说明或故事来整合主要观点，好让参与者对总结框架一目了然。

（5）分享结果及讨论后续发展，和团队成员及重要相关利益者一起检查框架的合理性，讨论如何继续发展设计构思。在图表中罗列的涵盖面是否足以引导概念以满足设计的要求？是否反映设计的观点？是否足以重新建构展示目标的全部内容或有代表性的部分？是否能够发展出成功的创意或方式？

在问题界定阶段使用该方法可以改善设计团队与利益相关者之间以及团队内部的沟通问题，建立整体问题解决框架，使流程透明化。总结重要的深层分析信息，可以辅助设计者罗列各项重要实施事项以及各事项之间的关系。综合问题结构分析图表的形式如图6-26所示，但不仅限于此图的形式，还可以是树状图、网络图、位置分布图、思维推导图等，只要能涵盖全部重要内容和要素间关系的形式即可。

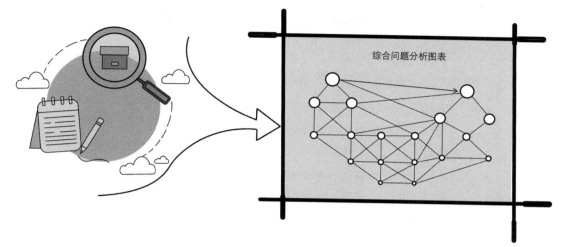

图 6-26　综合问题结构分析示意

十三、制定设计原则

这里的设计原则并非指宏观层面上的项目定位和方向，而是将深层研究信息转换为具有前瞻性的可行性陈述，作为形成设计概念的基础。一般设计初学者都希望在了解设计任务和经过初步调研之后，能如魔法般在脑海中飞跃式地闪现设计灵感，通过所谓的设计师的专属"直觉"就能提出适合的解决方案。然而，这种"灵感"和"直觉"并不是客观存在的，大多数设计项目在此两者之间都存在所谓的"直觉缺口"，而设计原则正是弥补此缺口的重要环节。此方法所对应的是在前面的方法应用中总结的设计机会，是为了从深层信息过渡至严谨的概念探索阶段而安排的，目的在于确保团队发展的概念能完全基于研究资料所得，而非主观偏颇的假设，同时能够协助设计者将描述性深层资料转化为具有前瞻性趋势的指示性可行陈述。换言之，设计原则可以为设计提供向导，明确设计方向，不仅有助于统一团队的步调，同时也是进入概念产生阶段的踏脚石。定义设计原则的目的在于从简单一点的层面理解，设计原则可以是一句话、一个形容词或者名词，除此之外，设计者还应明确这个设计原则该如何体现在设计当中，让即使不是定义这些设计原则的其他人也能够清楚地理解。

通常在问题界定的设计过程中会定义 3 ~ 5 个设计原则，并且要尽可能地让这些原则能够在多数的设计决策中起到引导、对焦团队共识的作用。设计原则过多可能导致相互冲突且无法维持设计一致性的缺点；而过少起不到明显的指导作用。合格的设计原则应该同时具备以下几个特点：一是容易理解并且符合普世的价值观；二是有助于引发创新思考；三是原则之间彼此不相互冲突而且能够互相补足，协助收敛设计决策；四是原则的制定并非能够直接转换成解决方案。定义设计原则的方法有很多，其主要目的是对焦团队对于设计项目的期望，因此只要能够说好一个故事，能够说服项目的利益相关者并达成团队共识即可。但也有一个普遍可依循的思考流程，具体的制定步骤如下：

（1）收集那些通过不同研究方法衍生的深层信息，整理过去使用的研究方法，尤其是在建构深层理解模式下使用的方法，并且收集所有深层信息，制定现有信息分类的标准及规则，包括和特定观察有关的细节部分。

（2）依既定标准列表，绘制深层信息图表，删除重复的部分，将类似的信息分为一组，避免过于冗长。若深层信息太过详细，可将其视为更高层次信息的一部分。用文字简单描述各深层信息，好让所有团队成员了解。

（3）团队成员根据深层信息进行脑力激荡，产生设计原则。设计原则是具有前瞻眼光的指示性可行陈述，例如，"所有展示内容的设计，无论静态还是动态，都应体现该集团为人民服务的企业特性"。此外，设计原则陈述应能支持简单的概念探索。

（4）整理出3～10个能够指导设计方向的设计原则。团队可借着由下往上的方法，从大量深层信息中产生大量设计原则。在此情况下，将设计原则分为群组，并且缩减成3～10个具有指导意义的设计原则，作为产生概念的依据。

（5）总结设计原则。团队观察所有设计原则，并讨论如何修改成范围广博的原则，作为探索概念的起始点。逐一说明设计原则，并列出从其设计原则衍生的深层信息。此方法可以协助团队了解各项设计原则能满足哪些使用者原则。通常在向团队成员和利益相关者表述设计原则时，可以用更加视觉化的方式，为每一条设计原则搭配一个能够说明问题的图像信息，如图6-27所示。

在设计过程中，我们必须在有限资源的情况下以最有效率的方式展开工作，而且尽可能地做出在各方条件的限制下最适用的决策。设计原则所扮演的角色就是在这种情况下引导设计者在制定决策时选择最合适的方向。对于设计原则的评判没有对错、好坏的衡量标准，而是根据设计者或设计团队所定义的原则之间是否能够相互契合，并且有助于引发创新思考。如果将设计过程比喻为一场游戏，那么设计原则就如同游戏的规则，遵循规则也许无法帮助游戏体验者以最高的效率通关并完成所有的任务，但它可以为设计者对每个要素的选择和内容的思考提供依据，并且能够避免设计者因为违反规则而失去参与游戏的资格。设计原则是构建程序框架的基础，是每个设计程序中必不可少的承上启下的方法，适用于各个领域的设计过程。

十四、衍生性分析

在经过综合问题结构分析、设计原则等方法后，根据通过各种方法衍生出来的总结性信息，就可以在这个基础上对当前两个阶段的调研内容进行阶段性的整理，详尽并且具体地罗列要达成设计目标而需要做的清单列表，也就是对当前资料进行衍生性的分析，总结解决方案中必须具备的重要特征，使用该方法的目的是寻找模式，为建立概念

图 6-27　设计原则研究法视觉化分析图示意

形成的程序框架奠定基础。以展示设计为例，在策划一个展馆的展示空间时面临的信息庞杂，因此在设计过程中，设计师需要周全地协调展示空间的各个方面，协调设计程序中的各方面因素。在团队设计中，衍生性分析的结果可以促使所有成员就特定的情境中的活动达成共识，并且建立有助于产生概念的分析框架。各小组成员参照设计团队提供的观察资料与总结性信息，以衍生的模式为核心进行调整，再将模式转化为总结架构，为后续概念形成阶段建立基础。随着设计方案逐步具体、细化，衍生性分析的结论也会不断改进，从而更加贴合设计的主题。

衍生性分析的功能和建构深层理解模式下的所有分组标准类似，也可扮演各种分组标准的补充角色。但此方法不使用矩阵或图表寻找深层信息的模式，而是聚集一组人，通过讨论、分类和分组等活动寻找模式。开始罗列由深层信息衍生出来的设计要求图表时，为了确保图表涉及层面的完整性，搭建清晰的结构框架至关重要。团队成员之间的互动以及自由交换意见或不同的看法也可能衍生更高层次的深层信息，使分析更有深度。在设计的初始阶段，衍生性分析的主要作用是检验设计方案是否达到要求。以展示设计为例，在具体的展开空间中展示方式的设计之前，需要全面地了解展示目标的所有信息以及相关的数据，并从中梳理策展思路，把握展示定位和价值。在某些个案中，团队可能会选择继续研究，并根据衍生的深层信息发展设计原则，在后续阶段引导和产生概念。在问题界定阶段，设计师和团队看待设计问题的角度可能会随着设计推演的展开而有所改变，许多新的衍生要求也需随之清晰和明确，并使之更加贴近设计的主题和价值，因此，要持续更新设计要求。衍生性分析的最终结论应该是一份结构清晰的设计标准目标和罗列清晰的各层级设计要求。具体的操作步骤如下：

（1）规划设计讨论会，制定讨论会的目标。明确讨论会的目标在于协助设计者和团队成员就特定情境中的活动达成共识，并且建立有助于产生概念的分析框架。在前期研究方法所得结论的基础上罗列当前已有的设计要求清单，搭建初步的设计结构框架，并将框架做两个阶段的区分，分别是初步理解阶段用于了解既定深层信息，以及后续分析阶段用于寻找深层信息中的模式。随后组建研讨会的成员代表，最好由具备多种不同专业知识的代表组成。

（2）深度分析调研文件，搜集先前从此阶段提供的所有研究法而衍生的深层信息，尽可能多地衍化总结出各面向的设计要求，描绘各层级总结性结论并与研究会成员分享。所得信息将作为讨论会后续研究的基础。

（3）提供足够的水平和垂直空间，好让团队对搜集到的信息进行分类、分组及其他活动。将设计要求应用于调研实践中，制定信息衍化分析的规则以及团队的互动、时间控制与工作执行准则，找到空缺的信息。

（4）回顾及增加设计要求，利用讨论的前半段回顾过去产生的所有设计要求，团队的设计成员需要对这些信息建立共同的理解。安排一小段时间供成员间讨论、修改或产生新的深层信息来衍化新的设计要求。需要注意的是，要限定在一定时间内完成检讨将有助于提高效率。并用批判的角度审查、记录所有新的深层总结，筛查相似的设计要求，检查深层信息和设计要求是否有层次，并区分不同面向的设计要求，对其进行分类，并按照各信息对设计要素及设计原则的满足程度进行排列。

（5）将衍化总结的设计要求根据不同面向进行分组，找出互补的深层信息将其分为一组，用简短的文字描述各组信息并突显其重要特性。简单说明各组设计要求的分组理由，以及哪些因素让不同的深层信息分为一组。确保设计要求具备方法开始前制定的标准，例如，每个要求都是有效且具有针对性；要求清单的层级结构是完整的，能够涵盖问题所涉及的各方面信息；每个设计要求都比设计原则更加具体，能够落实可实施的可能性；要求清单分类清晰，简明扼要等，如图6-28所示。

（6）将各面向的设计要求转化为构建程序框架的基础，设计者思考深层衍化信息的分组，并按总结性设计要求的相互关系，以网络图、树状图根据不同阶层或位置图组织由各设计要求构建组成的程序框架，作为展开下一个设计程序阶段的开始。

在问题界定阶段主要是在第一阶段对背景的研究和资料的收集层次向前迈进，将不同的研究方法套用于资料分析，并将研究结果转化为具体的形象或图表，让设计思维更有条理，观点更加明确和清晰，同时也便于与设计团队和相关利益者的交流与合作，从而进行有效沟通。上述方法与工具有助于将大量研究精炼成更深层的重要观点，并将这些观点转化为简明可行的设计原则。透过问题的界定可以获得可靠的行动准则与创新机会，只要遵此而行就能为下一阶段设计概念的形成构筑稳固的基础，并顺利进入设计过程中构建程序框架的新阶段。

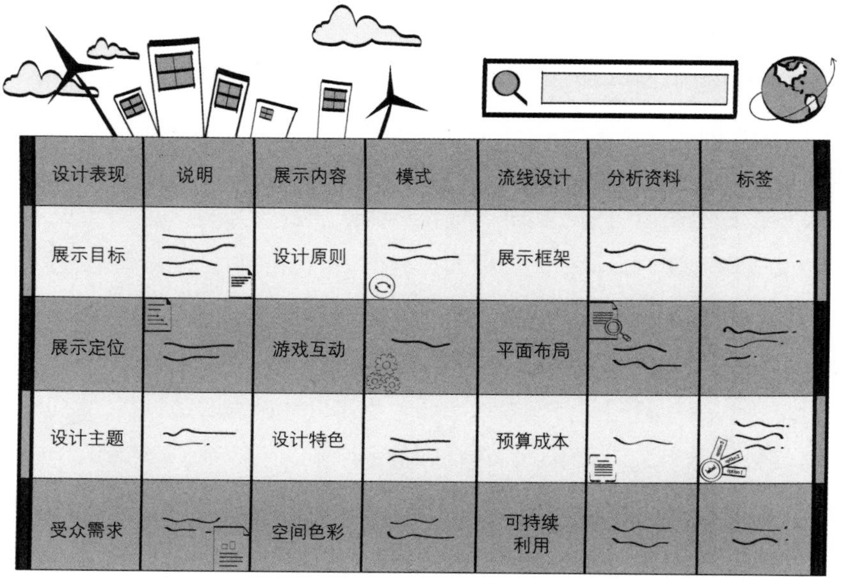

图6-28　衍生性分析列表示意

第三节

构建概念程序框架的方法

在构建程序框架阶段，其主要任务是借由系统化的概念探寻找出设计机会，从而发展新的设计概念，并借助在前面两个阶段得到的见解与原则构建概念空间。基于此，可以表明当前阶段在设计程序的全过程中是作为承上启下的中间环节，以前面两个阶段得到的研究结果作为产生概念的依据，确保设计概念强固的基础且经得起考验。在进入第三阶段后，设计者仍必须保持在前两个阶段逐渐建立的方向感，不能失焦，且应严守程序，用结构分明的方法有系统地探索可行的解决方案。在构建程序框架阶段，初期活动是以从前期调研程序中衍生的模式和总结性信息为基础，通过发散思维、绘制草图、制作原型构想及叙事等方式设想解决方案的多种可能性。在确立最终的设计概念之前的探索过程是一种非线性持续循环的过程，这个过程会一再重复进行，寻找和批判与概念有关的各种重要假设，逐渐重新建构通往解决空间的界限、探索与先前阶段各种深层信息最具有关联性的构想、在新空间产生具有明确价值的概念，以及通过有效的叙述持续在内部及外部传达对概念框架的探索结果。

一、设计机会

在设计程度第二阶段对调研资料的总结和整理中，利用制定设计原则的方法，填补"直觉缺口"，从研究及分析衍生的深层资讯与设计原则中，提供一个对问题分析完整的结构，以协助团队从了解需求、开拓视野、定义原则、发现机会、组织构想到产生设计概念。在这一系列的过程中，我们的思维需要经过从发散到收敛，再基于收敛到发散再到收敛的循环过程。在构建程序框架阶段中设计机会，就是一一对应上一阶段在制定设计原则方法下总结的各层面内容，从分析过渡到综合，根据定义的设计原则探索提出概念和发展设计概念的机会。设计者或设计团队通过此方法，遵循严谨的步骤从建构深层理解模式过渡到探讨设计概念的模式，确保概念生成和元素的演化均来自客观研究而非主观的假设。探索机会是进入产生概念阶段前的重要步骤，设计者和设计团队可以经此方法先确定最能体现项目价值的可用元素和可以进一步衍化提炼的部分。根据先前制定的设计原则，统一各利益合作者的步调，当作设计进程的踏脚石，协助各方专注于过程，避免产生误解和无谓的争议，再根据每个原则、系统及策略层级，探寻潜在的设计机会，罗列出设计机会的清单列表。例如，在一个室内设计的案例中，设计团队在前期调研和二次研究中收集了一些重要的观察资料，并将其分为外部影响、心态、互动与流程四大类。该案例中的设计团队从这些深层信息及其对利害关系人相关需求与现实矛盾的了解中，整理出一些设计原则作为发展概念的指引。他们用设计机会研究法将前期总结的设计原则分类，并在此基础上提出具体的设计机会作为下一步工作落实的行为准则。设计机会的提出就是为了进一步落实在宏观层面所提出的设计原则。经过讨论、绘图及撰写说明之后，设计方开始探讨是否可透过什么机会落实这些设计原则。例如，对于实现空间透明度原则的落实，潜在机会包括在办公空间中设计一个功能区，既有别于会议室，也不同于咖啡厅，而是在各功能流线交汇的区域设计一个半开放的休闲空间，将实体空间当成"实验室"及"讨论平台"，设计师和客户可以在这里沟通、绘图以及讨论设计方案的具体要素。设计机会研究法的具体操作步骤如下：

（1）同制定设计原则一样，首先绘制一个机会探索图表，收集从先前阶段衍生的深层信息与原则，然后画一张图表，在第一栏填入总结的信息名词，在第二栏填入相应的设计原则，其他栏位则作为探索机会之用。由于设计类型的不同，表格中横列的对照术语也会略有不同，在此以展示设计举例，其中可以包括展示内容的机会、提炼元素的机会及展示方法的机会，如图6-29所示。

（2）罗列展示内容的机会。专注于各设计原则，思考所有必须包括和可能涉及的展示内容，并将其输入相应的栏位。尽可能针对每个设计原则多输入一些内容，需要注意的是，所有罗列的内容都需要在某个方面贴合第一列所提出的设计原则。例如，在一个公交集团企业展厅的设计项目中，展示的原则是体现该企业在为人民公共交通服务方面所做的工作，那么，在一个灯光装置的展项设计中，对展示物的诠释也应采用艺术化的手法，主要目的是围绕展示该物在人性化方面都有哪些具体的体现，从而体现落实展示为人民服务的设计原则。可视需要绘制简图，以更清晰的方式呈现机会。单一供应品机会可能让人觉得和"概念"比较类似，主要差别在于两者的详细程度。机会不像概念那

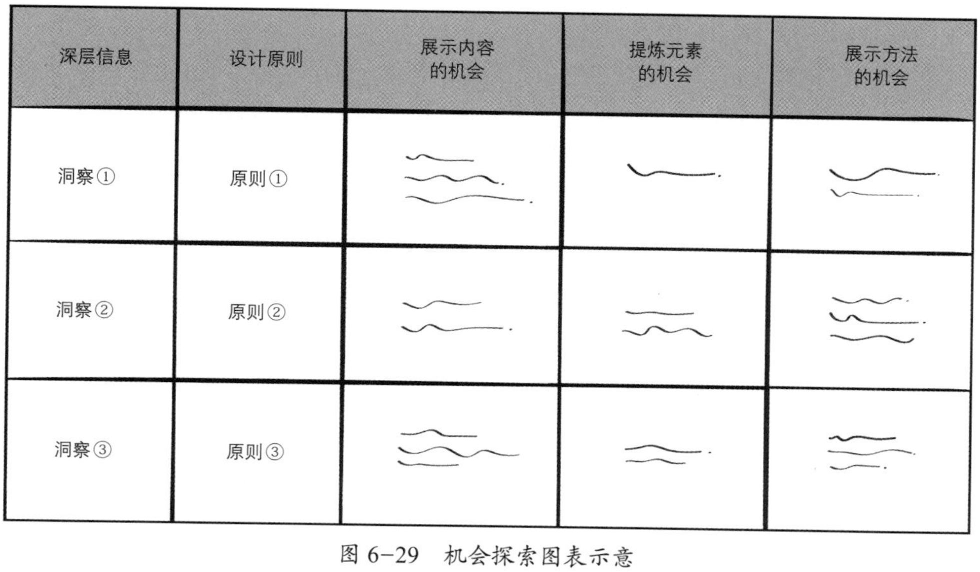

深层信息	设计原则	展示内容的机会	提炼元素的机会	展示方法的机会
洞察①	原则①			
洞察②	原则②			
洞察③	原则③			

图6-29 机会探索图表示意

么详细，其目的仅在于指出可能的概念空间。

（3）根据前列的展示内容所总结的设计机会，提取对应可用的设计元素。在接下来的栏位中，针对各设计原则输入相应的元素机会，这一步骤和总结展示内容机会的方法相同。元素机会指出一组构成元素的可能性，包括参与者、展项以及展示环境，所有这些元素组合后将能达到共同目标。

（4）基于内容和元素，提出展示方法的多种机会。思考展示策略的机会，并针对各设计原则在下一个栏位输入相应的机会。在当前阶段，可以提出多种多样或者不同形式相结合的展示方式，并围绕前列的设计原则讨论设计的切入点以及一一落实技术实现的可能性，不设限制地在团队内部展开讨论，如此才能确保团队成员进行广泛的对话。

（5）在设计团队间全面探讨所提出的设计机会以及进一步收集深层信息。通盘研究设计机会思考表中的所有栏位，并且讨论展示内容、设计元素及展示方式三类机会之间的关系。讨论如何在这些机会基础上完成整个展示空间的构建。在整体的角度上，考虑功能空间之间的关系，情境叙事之间的连续性，以及是否遗漏其他重要内容、元素和展示方式的机会？

二、机会探索认知图

经过上一个研究方法对设计项目各方面潜在设计机会的梳理，机会探索认知研究法的目的就是组织项目观点，结合认知图的绘制找到创新机会的领域，并在此基础上组织现有知识、发现机会、揭露要素间的关系，从而在宏观的角度建立整体概念。认知图是以视觉化的形式表达人们如何理解某个问题空间，非常适合用于分析复杂问题，并作为制定决策的参考。机会探索认知研究法用于探讨概念的初期阶段，设计者在经过设计探索阶段和问题界定阶段中的研究方法所衍生的框架中，观察可能的创新机会领域，建立整体概念，组织现有的信息，重点是分析和揭露信息之间的关系，随后将分析的结果以认知图的形式呈现。认知图由美国心理学家乔治·亚历山大·凯利（George Alexander Kelly）创建，是分析各种元素、观点间关系的可视化思维工具，可以形象地展示元素间主观推理的逻辑关系以及问题讨论的本质。可视化工具的优势是可以用于组织在前期设计阶段收集来的复杂、混乱的信息，组成问题空间，继而识别问题、深入分析、共享研究结果以及思考观点之间的关系。

在绘制机会探索的认知图时，可以先从核心主题开始，并以此为中心向外探索可能的机会。每一个延伸出的机会或观点作为一个节点，每一个节点上也相应会有许多必要的连接和延伸关系，而且每一个输入输出的关系都可以辅助分析者确认最明显的概念。在认知图上，机会与不同的涉及领域相互对应，呈现彼此的关系与层级。左右两端的联系性质实际也是因果关系的反映，如左边的观点可能会导致右边的概念，或者左边的观点可以暗示右边的概念。这些节点通常代表重要的观点或想法，因此在认知图中将它们有关联地连接起来可以形成一种强大的工具，一个对一个地解决问题空间中的各种挑战。另外，机会探索的认知图还有一个非常大的优势是可以促成团队成员对话的工具，它的关系可视化可以让团队尽早了解更值得探索的潜在解决方案，为概念的探讨与发展提供指引。机会探索认知图的绘制步骤如下：

（1）定义项目核心主题与相关范畴属性。从项目的类型和属性着手，结合在前期资料研究的结论与问题分析的框架，定位最有机会发展概念的核心主题。根据上两个阶段的前期研究结论确定与发展概念相关的机会领域。例如，在做以公共交通为主题的展示空间时，核心主题"公共交通"，与此相关的一级主题概念就可以定为"绿色出行""为人民服务"和"与城市共成长"等，以此逐渐扩展二级主题概念。绘制时，在纸的中间写上"公共交通"并用圆圈圈起来。这个圆要比较大、比较突出，以强调其核心位置以及重要性。

（2）列举与核心主题相关的概念，建立认知图的基本结构。围绕核心主题，以同心圆的形式在圆周围列举由主题引发的主要概念领域，如图6-30所示。然后按照要探讨的领域，围绕同心圆外围划分成相对应数量的区块。如果方案已有完备的研究与分析，可在核心主题周围用框架类别构成图形。

（3）根据在问题界定阶段使用的建立深层理解分析方法衍生总结的深层信息，以及在同一阶段制定的设计原则，探索可能的概念发展机会，并且在认知图上标注出来。团队成员可以在绘制的认知图上梳理主题与各概念机会的关系，讨论彼此的构想，并以此为基础建构主要概念。

（4）细化各领域概念的构成机会。在探讨概念的初期阶段，讨论的重点必须围绕核心主题在各领域中展开对概念机会的演化发散。在放射状认知图表中，将逻辑关系最紧密的机会放在较靠近主题中央的位置，将推导关系较疏远的机会放在靠近圆周边缘位置。

（5）分析机会认知图及确认后续概念发展的领域。与团队成员共同讨论、分析和评估机会认知图上的各个概念有何潜力，讨论并确定认知图上的哪些领域最具有后续发展的价值，以及各领域中哪些机会最具延伸讨论的价值。

三、受众分析

在前面的两个阶段中，已讲述了多个

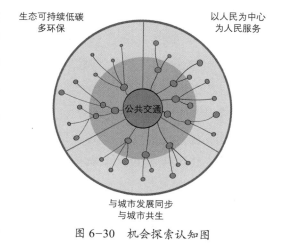

图6-30　机会探索认知图

与使用者相关的分析方法。在设计程序的第三阶段构建概念程序框架中，再一次分析设计所面对的受众群体。与之前不同的是，经过前期的研究和分析，已经对设计项目建构起基本的认知，界定了问题的结构，并制定了设计原则，为设计提供向导，从而明确设计方向。在此处再一次对受众进行分析的目的是明确受众的群体需求，并以此为中心探讨概念。设计者先将所要面对的受众群体罗列出来，然后按照第一受众、第二受众的顺序进行排列。接着分析各类人群的属性以及对设计的需求都有哪些，并将每一类受众对设计的需求依次罗列，分出优先等级序列，确定各项需求与创新意向的关系。这些列出的受众类型确定了发展概念机会的范畴，无论面对的设计项目属于哪个领域，都应以这些受众的需求为基础建立概念，而最后提出的概念不仅必须满足这些受众的基本需求，还必须与利益相关者的需求相符，二者需统一。因为针对受众、使用者分析的重要性前文已经多次叙述，在此不再过多赘述。在当前阶段的受众分析步骤具体如下：

（1）根据竞争者调研、利益相关者分析、目标人群特定情境分析、设计原则、设计机会分析及设计主题意向拟定一份潜在受众清单。

（2）绘制受众属性图表。针对项目的设计主题、设计目标及设计定位等方面的需求拟定一份涵盖面尽可能广的整体属性图表，包括受众的类别、年龄层、兴趣与关注点、行为方式，以及设想他/她对设计的需求。

（3）根据受众的共同属性分组，筛选群体类型的数量。受众和使用者的类型不宜过多，需求过多会造成设计重点分散偏离设计的主题。另外控制数量也能让设计团队专注在这几个类型上，让沟通和设计过程更有效率。

（4）以受众类型为中心建立一个人物。为每个受众类型建立一个具有明确特征且包括前期总结的所有特性的人物。所建立的人物必须衍生自研究结果且容易取得共识；为每个人物建立一个具体的档案资料并将人物具体化；绘制人物档案资料表，资料表必须明确、有助于沟通而且容易理解以利于探讨概念。

四、价值分析

设计的意义和价值就在于它是一种把改善生活及美化生活作为目标的创造活动。随着社会的发展，对设计的要求也随之提高。清华大学美术学院院长鲁晓波谈到对设计的要求表示，现在的设计作品要有前瞻性，要有社会责任意识，所以对设计价值的评判标准也与从前不同。在设计程序的第二阶段也介绍了可能会用到的价值分析方法，主要是针对相关利益者之间的价值交织关系的研究，用来构建探索的领域。在当前阶段的价值分析是在彻底研究设计主题、设计目标、设计定位等内容后确立的，主要是明确定义潜在的解决方案会为不同类型的受众及项目相关利益者们创造怎样的价值。设计者及设计团队不仅要深入分析从先前在两个阶段中衍生出来的研究结果以及总结的深层信息，还要确保以在问题界定阶段制定的设计原则为基础进行受众和相关利益者层面的价值假说。价值分析应该尽量精准明确，应涵盖所有设计原则，且能反映设计者对主题概念的看法。

常用的价值分析目标分为五个部分，借鉴杰佛瑞·摩尔（Geoffrey Moore）的价值主张陈述，这里我们可以罗列五个方面的问题：①受众都有哪些，在这些类别里如何排序，哪一类是第一受众，哪一类是第二受众。②受众对设计的需求是什么，在空间里想要得到怎样的体验。③针对这些需求都可以设计哪些内容，利用怎样的展示方式，使用怎样的交互行为，空间氛围、色调色彩如何选择。④新方案对前两类受众有何好处，是否可以满足他们的需求。⑤新方案有什么竞争优势，有什么独特的设计点。一旦建立初步价值定位后，应在设计过程中时常回顾这些观点，确保后续发展未偏离核心价值。设计者在寻找及探索新机会的过程中，可以随时修改及更新价值定位。价值分析法的具体的操作如下：

（1）分析先前研究结果。综合分析在上一阶段中总结的深层信息、设计原则及在构建程序框架阶段的开始定位的设计机会领域，确定各概念意向重要性的优先顺序，并在设计团队中明确所要追求的终极价值目标。

（2）建立设计项目的核心价值体系。有许多方法可用来建立价值目标体系，杰佛瑞·摩尔的五部分价值主张陈述最常用，也是涵盖面最广的结构。分析设计项目的内容，了解应定义哪些关键内容和提取哪些设计元素才能聚焦于概念发展，并体现设计项目的核心价值。

（3）绘制价值分析图表，如图6-31所示，组合分析哪几种解决方案相配合可以给受众和相关利益者带来最大的价值。排列根据各类型的受众所列举出来的价值目标、需求项、相对应的内容、设计方式、受益之处以及独特之处，找出所有可能的组合，并逐

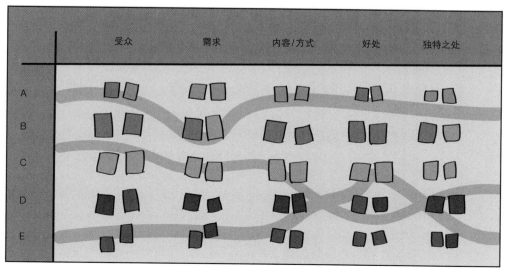

图6-31 价值分析示意

一列出各项应遵守的价值目标。

（4）评估选项及定义价值目标。与设计成员及利益相关者讨论这些组合，并评估哪些组合对客户和使用者最有价值。

五、形成初步概念

基于本阶段和前几个阶段的研究结论，可以在此时提出一个初步的概念方向。概念形成的基础是一种按照一定程序框架进行的发散性与收敛性相结合的思维活动，和传统自由发散不受任何约束的头脑风暴不同。设计者以先前界定的综合问题结构、设计原则、设计机会、受众需求以及设计价值作为形成概念的基础，尽可能在短时间内产生更多的概念，但不对概念做任何判断。无论是设计者还是设计团队，在此时不应过早地否定单个概念，抱着"是的，如果……还能……"的态度，肯定先前的观点，然后以此为基础加入其他价值，扩大观点的内容，留待在后续的程序中进行评估。该方法没有固定的操作流程，目标是在方法的最终形成一个初步的概念原型。大体的流程可据如下顺序：

（1）确定在这一时间段要达到哪些目标、预计收集多少概念，以及后续如何组织及修改概念。

（2）组织在先前阶段中总结的综合问题结构、所有设计原则、设计机会、受众需求以及设计价值等。探讨如何呈现这些元素以及各元素对概念形成活动的帮助。组织这些元素，逐一进行元素推演，并将其当成概念形成的基础资料。在许多项目中，设计原则、设计机会等关键性信息，通常也可以直接用来产生概念。

（3）形成初步概念。有学者建议将形成概念的时间限制在45分钟到2小时，因为限制时间有助于提高效率。这里没有规定性的原则，应考量个人形成观点的时间或项目的整体进度。但可以肯定的是，在这里应该采取开放的思考态度，如"我可以如何……"及"如果……我们还能……"等思考方式。

（4）记录所产生的概念，总结每一个概念，并加注说明、草图和其他相关资料，如受众的价值观、需求、需要展示的内容、可能的展示方式、概念策略等。将所有概念汇集成可供讨论的文件，与团队成员和未参加会议的相关利益者分享。讨论如何修改和评估概念，以及在后续步骤中哪些概念值得建立原型继续发展。

六、绘制概念图

在形成和记录初步概念后，就需要对所形成的概念进行评估、综合，目的是得到一个涵盖面最广的综合概念，这时我们可以采用绘制概念图分析概念的方法。相较于用文字描述的抽象意义，概念图可以将构想转换成相对容易理解、讨论、评估与传达的具体形式。概念图又称概念构图（Concept Mapping）或概念地图（Concept Maps）、心灵地图（Mind Map）。前者注重概念图制作的具体过程，后者注重概念图制作的最后结果。概念图是一种用节点代表概念、连线表示概念间关系的图示法，是由美国康奈尔大学约瑟夫·诺瓦克（Joseph D. Novak）教授根据心理学家大卫·奥苏伯尔（David Ausubel）的学习理论提出的。诺瓦克教授在20世纪60年代着手研究概念图技术，并使之成为一种教学的工具。相应地应用在设计过程中，概念图可以以直观的视觉化方式表示在上一个方法中提出的各个概念之间的相互关系，将之绘制成空间网络结构图。概念图和传统的记笔记方法相比有较大的优势。首先，它具有极大的可伸缩性。它顺应了我们大脑的自然思维模式，从而可以让我们的主意自然地在图上表达出来。其次，概念图还可以激发设计者的右脑，因为在创作图表的时候还要使用颜色、形状和想象力。概念图的放射性结构反应让一个概念快速扩展和进一步深化，从而得到一个有所相关的、有内在联系的、清晰和准确的概念。这样，一个概念就可以很快而且要素紧密相关地生发出来，同时又能清晰地集中于中心主题。

概念图除了能有效强化文字描述外，还能更快、更有效地传达构想。发散性思维是创造思考的核心之一。绘制概念图的方法恰恰是发散性思维将概念想法进一步地具体化、形象化。概念图可将抽象的构想变得具体，使设计者及各利益相关者能以视觉化的形式全盘思考如何在真实世界具体地实施构想，并以更细致、更谨慎的思维修改概念，进而激发更多可供后续发展的构想。有经验的设计师通常会在进行设计构思时绘制概念图，以确保明确传达、讨论和指导设计方向朝着正确的范围前进。另外，有经验的设计师在独立设计时，可以仅凭在抽象思考中形成相对成熟的概念；对于设计初学者或设计团队共同参与时，概念图的绘制可以帮助设计者自身厘清逻辑关系，发现新的可能性，对团队的讨论来说也方便成员间对彼此的观点作出回应，以此引发更多新的概念、子概念或概念改善建议。常规的概念图有层级结构和蜘蛛结构两种。蜘蛛结构和前文介绍的认知图的形式较为接近，这里不过多赘述。层级结构的概念图通常是将某个主题的有关概念置于圆圈或方框中，然后用连线将相关概念连接，连线上标明两个概念之间的意义关系（图6-32）。具体的绘制方法有以下几个步骤：

（1）列出初步概念的主题描述。搜集从先前界定的综合问题结构、设计原则、设计机会、受众需求、设计价值、形成初步概念以及其他方法衍生而来的对概念的主题性描述。例如，设计项目是关于公共交通的展馆设计，那么"公共交通展览馆"应该在层级的最高层。但是，除此之外还要写出与公共交通展览馆相关的内容，如公交车、线路、绿色出行、服务市民、与城市共生、车型、双碳政策等。

（2）选出最重要的概念。在有的项目中，核心主题是在任务中指明的，所以毋庸置疑，不需要多加思考，在自主设计的情况下就需要设计者和团队进行平衡、筛选。但相

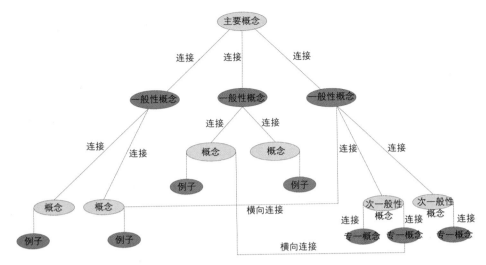

图 6-32　层级结构的概念图

同的是，所选择出的核心主题词都位于分层图的第一层级，它与其他所有的词都能够建立联系，如上述案例中所选的"公交车"，可将"公交车"填在层级图最顶端的方框或圆圈中。

（3）绘制核心概念图。找出两三个关键词后，在顶端的词语向下的左右两边分别连线画箭头，将之与之前列出的词连起来，这几个词要和将在后面出现的词都有关联。在这个案例中，层级顶端是"公交车"，往下被连接到"交通线路""车型""节能减排""服务"。除了文字的描述外，还可以用图形表示概念，一个概念一张图，用一个代表性的图像表现一个概念，一张图仅传达一个讨论中的核心概念，这个阶段的简图可以绘制得粗略一些，绘图时也无须讲究设计感或写实性。事实上，在这个初步阶段如果简图呈现太多特性或细节，反而有碍传达。

（4）从粗略到详细，继续寻找次一级重要的概念主题。找到以后，以此类推，将他们与第二重要的概念主题词连接起来。剩下的词都是更具体的，还要和上面的词联系起来，即"线网""氢能源""碳排放"等。用一两个词解释相连主题词之间的关系，并写在连线旁边。两者的关系很多，如一个是另一个的一部分，或者由A推导出B。

（5）收集所有概念图，包括画在纸张或白板上的草图逐一记录并且加上描述。在初级阶段看起来不重要的概念图，在将概念融入解决方案的后续步骤中可能有着意想不到的价值。设计者总览所有概念关系图、与相关参与者讨论其品质、找出问题、反复思考概念并对后续研究重点达成初步意向。

七、绘制概念草图

库尔特·汉克斯（Kurt Hanks）和拉里·贝利斯顿（Larry Belliston）曾在《快速视觉：

一种快速视觉化想法的新方法》一书中表示，设计草图是达成目的的手段，是帮助设计师解决问题、创新构想及帮助表达的工具，而手绘草图是每个设计师的必备技能。设计构想必须要表达，表达的方式有画图、文字叙述或模型表现，这几种方法中，画图是最简便且最直观的方法，并为设计表现中用途最广、使用最多的一种表现上的重要手段；设计师在整个设计过程中，会产生大量的手绘表现图，这些手绘表现图分别存在于各个设计阶段中，并有着各种不同的功能。在设计程序的第三阶段构建程序框架中，设计师运用手绘图，尝试着把构想中的设计形态做描述，这样比语言和文字描述更为直观。

相关学者对草图的作用以及重要性做了大量的研究，对于草图的类型和作用也有很多说明，大概梳理关于草图的文献，可以总结草图的类型分为思考用草图、概念预想图和表达用草图三种。设计师常常利用草图发展并确认自己的设计想法，设计之初，思考用草图是灵感的快速记录，主要是以简易的图像呈现，不需要完整的细节但足以记录完整的构想。思考用草图可以将设计者脑海中的设计想法以视觉化的形式呈现出来，供设计者和设计团队在构想发展中初步地提示和参考，以帮助设计程序的推进。概念预想图就是从之前思考用草图中筛选可能的方案，接着绘制草图过程进行思考，以探究设计问题和价值。概念预想草图的呈现，应有其关联性或相关性。设计师从原本的草图中，思考评估问题和寻求可能解决的方法，并进一步地验证初期的设计构想，包括尺度、空间分区、形态、形式、材质、肌理、位置等，以确认设计各方面的可能性，进而从中发现设计的问题及可能的解决方案。概念预想图的目的在于希望更迅速、更准确地判定未来设计的方向，再将设计概念整合。表达用草图相较之前的呈现就要相对完整，可以用作与他人沟通的媒介，并从中获得建议与评判。表达用草图必须在形态、尺寸、比例、形式等各方面具有一定的准确性，因而不需要借由太多的言语述说，通过图形即可清楚地表达设计意图、空间氛围并得到沟通者的理解而对方案加以讨论和评估。

借由上述对各阶段草图作用的论述，我们可以总结绘制概念设计草图具有解决问题、创新构想及帮助表达几个作用，而帮助表达作用可以促进设计者与其他参与者或团队合作模式下成员间的沟通协调。除此之外，草图与创新和创意也紧密相关，所有的设计领域都非常注重设计的概念草图的绘制，视设计概念草图为设计创意衍化时最专业的方法。有经验的设计师常借以草图尝试新的构想，以比较、捕捉脑海中突然涌现的设计灵感。在设计程序的当前阶段，概念用草图的特色就是模糊的知识和目标的转换。在设计过程中，草图被广泛地用来表达创意构想，作为从思维到行动的中间值。设计草图不只是对已存在的物品进行外观上的临摹，更是参与一个对设计概念推演、衍化过程，想象观察，透过心里的眼睛和图画，尝试对存在设计师思维中的设计造型给出一个外部的定义。相较于文字描述的抽象意义，草图构想发展的目的在于创造不同的思考方式，可将抽象的构想变成具体，并以更细致的思维修改概念，进而激发更多可供后续探讨的构想。因此，在当前阶段绘、制草图可以帮助设计师产生概念、问题具体化、视觉化、帮助问题解决和有创意的结果、帮助构想的理解和解释、呈现真实世界的加工品，能操作且合理地修正、修饰构想。如图6-33所示，在一个公共空间的展厅设计项目中，经过前期一系列的系统研究，通过多个概念用草图思考"洞穴"作为空间形式的概念原型，弱化展厅在实体上的体量感从而与周围环境和谐相融。同时在草图中思考空间的功能，除了作为展示的主要功能外，尽可能地通过模数化平行板块的设计方式，增强空间的可开发性以及观众的自主参与性，使空间尽可能地适应不同的功能需求，同时也能满足不同的行为需要。

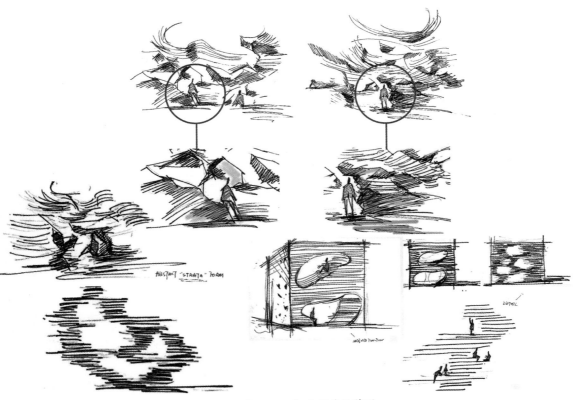

图6-33　概念用手绘草图

八、绘制三维数字模型

手绘草图是视觉化梳理概念的第一步，它的优势是快速、随机、即时，是构建程序框架阶段必不可少的一部分，但进入数位时代之后产生的三维数字化媒材对传统的设计媒介带来较大的冲击。三维数字模型建构软件的普及，影响了设计初学者的思考方式，也给设计师和设计行业在推演设计概念时带来很多的便利。三维绘图行为已经不是在设计结果成型后才介入过程仅作为设计的最终呈现，而是辅助在设计发展阶段中所运用的手绘技术，将思维中的设计构想以建立数位模型的方式在三维软件的数位环境中，借由虚拟空间模拟，以漫游在空间中的方式，将思维中的立体影像利用三维数字化建模软件呈现出来，对空间环境进行设计规划，将个人的创造力利用计算机绘图技术完全发挥，全方位地展示出来。

三维数字化建模主要为两个部分互相配合使用，第一个是以三维建模为主的建模软件，第二个是结合在建模软件中的渲染引擎，在空间设计专业领域中，如建筑设计、景观设计、室内设计和展示设计等，普遍运用的建模软件有 3D Studio Max（3ds Max）、草图大师 SketchUp（SKP）、犀牛 Rhinoceros 3D（Rhino 3D）；在渲染插件的部分以 V-Ray 为主流，分别有专属对应版本运用在各建模软件中。在运用三维软件进行设计的过程中同样也分建模与渲染两个阶段，虽然所属执行的内容不同，但是都需要朝向一个目标或方向去尝试解决设计问题，经过不断地测试及多次的错误才能修正到主观的意识下所满足的需求。在本阶段运用三维软件对设计概念进行诠释的优势是显而易见的，相比设计草图，三维软件能呈现更为全面的内容、形态、方式、色彩、整体氛围。基于设计概念在思维中的构想，在运用数字软件的三维绘图过程中，不仅可以全方位检查概念成型的形态效果，还可以经过多次的渲染，测试搭配材质、灯光、贴图、色彩等对概念的还原度，将画面中每一处的结构和形式处理得更合理化。思维和视觉相互协同、相互促进，如同以色列建筑师里夫卡·奥克斯曼（Rivka Oxman）曾说道："设计者将当下的设计思考内容，形成一种具有实体形象的虚拟世界，而此形象会因视觉感知触发设计者的心理意象运作，而心理意象又会表现出新的设计思考内容，形成不断的、再呈现的视觉推理循环。"三维数字模型效果如图6-34所示，可以清晰直观地看到展厅设计的内部结构情况，包括每一个模块的形态、层级堆叠的模数化效果、流线走向等。

综上，绘制三维数字模型在设计程序中是一种从视觉和材料上共同反思和表达设计创意和概念的方法。设计问题与图形上的解决原则衍生出一种候选解决方案的构想流

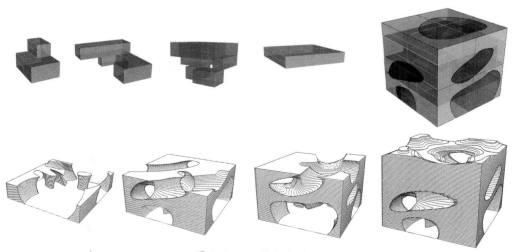

图 6-34　三维数字模型

程，首先为形态造型上产生一种需要解决的方向与目标，经过数次的测试与错误中的修正的过程，使问题的需求明朗化，使设计者可以对解决方式及造型进行选择，并在短时间内解决大量的造型问题，当过程满足主观的造型需求时，将会停止所执行的运算步骤，反之若无达到需求时，将会持续进行运算步骤，依照此循环不断进行，直到满足所有需要的设计需求才会停止循环，进入程序的下一个阶段。

九、制作概念实物模型

设计草图和三维数字模型的结合使用，在设计过程中对概念从构想雏形到进一步的优化和发展起到了非常大的推动作用，但都不是实体。在进一步推敲造型、材质、空间关系或者整体的视觉形态时，实体模型的优势就凸显出来了。在设计程序中，概念模型是用来评估初步概念经过赋予更直观的实体形式后，以更真实的观感测试空间的形态、组合关系、大小尺度、功能分布、人流路线等要素，调整结构关系和建构的细节，有时还用来帮助设计师或者团队成员彼此间对方案的最终效果达成一致意见。制作实体模型的过程有助于展示设计概念及其推演在想象中无法事先预见的情况，必须等到概念转化为实体形式后才能一窥究竟。基于此特性，概念实物模型提供有形实体，设计者可在此基础上对概念进行调整，甚至可参考此模型激发出不同的概念。设计团队也可根据此实物模型思考其他选项或对初步概念进行必要的修改。项目的其他参与者也可直观地领会设计者的想法，并对设计做出回应。另外，实物模型还能更方便地提供参与者们讨论有关未来发展趋势的可能性。

因此，实物模型对推进设计程序的作用可以总结为三个方面：第一方面是概念实物模型的制作过程可以激发创意和拓展设计者的原始概念。与绘制概念草图的功能一样，在构建设计概念和促发创意的阶段，设计者经常会通过制作概念草模去检验自己的所思所想。这些草模的制作材料非常简单易得，通常是卡纸、塑料纸板、木条、泡沫、易于塑性和剪断的铁丝等。通过草模的制作，设计者可以快速地看到自己脑海中构想的设计概念，如果发现之前没有注意到的问题，可以及时修正、改进或者进一步地细化之前的构想。通常绘制草图、制作草模、再修改草图、绘制数字三维模型、再修改制作更精细一点的实物模型，这个过程在设计程序中是一直循环迭代的过程，直到设计方案达到最好的状态。第二个方面就是通过实物模型的制作，可以方便设计团队和项目的参与者交流创意和设计概念。在构建程序框架阶段，设计者和设计团队可以通过制作等比例的模型呈现和展示最终成型的设计概念。在之后的概念发展阶段，可以根据需要再制作一个更精致的模型以便实验和展示设计以及建构的细节。因此，第三个方面就是对设计概念和解决方案的测试和验证。通过模型的制作考察空间的比例关系、位置关系、功能布局、人流路线、结构的合理性以及建构的细节，如顶部和垂挂元素之间的连接节点、空间和人的尺度关系等在实物模型的基础上都会比草图和虚拟三维模型更加直观。模型制作的主要流程可以分为以下几个步骤：

（1）在制作模型之前要明确做模型的目的。不一定每一个模型都需要1∶1地还原设计的整体形态，在制作手工模型之前先明确需要考察哪一个环节，如是想测试材质的选择还是板材与杆件的连接方式，明确目标以后再酌情进行制作。另外还应确定需要准备哪些材料来完成设计概念实现的初步具体化工作，以及哪些构想在具体化过程阶段最具实用性。

（2）制作模型之前选好地点，可以在不损耗模型的基础上尽可能长久地保存模型，并与他人共同探讨实物模型呈现的问题和可能性。并备妥建造、修改及测试模型制作所需的材料与工具，当然这些也取决于模型的精细度，因此要事先明确模型制作的目的和精细程度。

（3）观察实物模型并进行测试与讨论。向团队成员及项目参与者介绍概念模型，并根据提出的问题结构、设计原则、受众需求、价值目标、形式因素、设计机会及其他标准逐一讨论。空间尺度是否符合人体工程学，空间流线是否合理，材质的过渡是否自然，结构是否合理，哪些构建细节还需要讨论和优化，从讨论中产生有关进一步细化核心概念的深层结论。

（4）修改模型与重复制作。以现有模型和当前讨论的结论为基础进行扩充、修改或制作新的模型。重复上述步骤，并持续参考搜集的回馈意见以细化每一次模型的制作精细程度。

（5）总结经验和设计心得。每一次模型的制作和对设计构想的实现都是在手绘草图和虚拟模型建构中不同的经验而获得途径，如在结构、比例、建构细节等方面都会有更为直观的感受。总结模型如何从初步表现形式演化成最终符合需求的状态。与团队成员和利益项目参与者分享这些经验和感受，借此强化概念的传达以及有关未来发展的决策。

当然，模型制作往往会消耗大量的时间和成本，但在构建概念程序框架的过程中花费这些资源，可以在很大程度上降低后续工作发生错误的概率，若在真正开始施工或投入生产时再发现错误，则会在真正意义上耗费时间和资金成本。在设计学习的过程中，手工模型的制作也能给学习者带来对空间关系、材料结构、人流路线等方面更为直观的感受。图6-35为实物模型的制作成果。为了更真实地再现公共空间实验性展厅设计建成后的效果，而不是仅把实验的成果表达停留在文字表述和虚拟效果图表现上，为此设计者制作了1∶30等比例模型，依照这个比例，展厅的实体模型高度为30.8cm，宽为40cm，可以呈现出足够的设计细节和视觉效果，从而更加直观地表达设计理念，概念实体模型为实验性展厅设计以三维形式表达设计思想提供了一种更为直观的呈现方式。

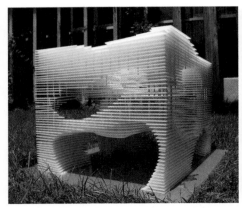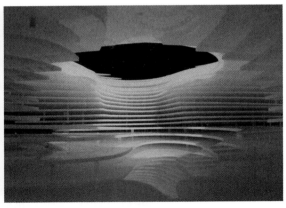

图 6-35　概念实物模型

十、概念分类并建立清单

经过概念图分析、绘制概念草图、三维建模、模型制作，对设计概念已经建立起比较清晰的架构，如果设计者或设计团队认为对设计概念的理解和探索已经相对完善，没有继续衍化和讨论的必要性，就可以进入设计程序的下一个阶段，再一次评估概念后就可以开始着手建构解决方案的相关工作。如果有多个概念需要梳理，则可以采用概念分类研究法，通过组合、标准化与系统化过程，对概念进行分类，继而建立群组。概念分类并建立群组清单是一种收集、组织与分类概念的方法，目的是使设计概念的衍化以及设计程序的推进全都在合理架构下有条不紊地进行。设计概念的集中产生最常发生在探讨设计机会、形成初步概念的阶段过程中，但实际上，在设计过程以及在建构深层理解、绘制草图、建构数字模型以及实物模型制作等方法的任何阶段，都可能产生更多的设计想法和概念。在进入细化概念阶段前，可能已经产生许多概念，所有这些概念都是分类法和建立清单主题的一部分。概念目录主要针对相对较大的设计项目或跨领域的设计合作项目，属于集中式资料库，收集和整理在项目的设计程序中产生的所有概念相关资料。若为小型项目，可将概念目录视为简易图表，概念和重要信息分别在资料表中组织成栏与列。在大型的设计项目中，尤其是在不同地点输入资料的跨领域大型案例，概念目录将建制成较精密的数字化关系资料库。这些资料库可作为项目后续阶段的重要资源，或其他项目的重要参考依据。具体操作方法可参考如下几个步骤：

（1）收集产生的所有概念，包括在构建概念程序框架各个方法中产生的概念及所有其他研究方法和模式推演的概念，形成建立清单、记录重要概念相关信息的基础。

（2）设计概念标准化。来自不同方法和模式的概念可能各有不同的构想和表现方式，有些概念可能涉及细节，有些可能涉及复杂的系统。将不同类型的概念进行标准化处理，赋予概念新的陈述方式，让所有概念都具有相同的复杂度或抽象性；将看起来类似但陈述方式略有不同的概念组合在一起，然后仔细判断哪些组合可以归入一个集合，供后续分类所用；用相同的语法改写概念的名称与描述，如全部都用名词表达；可视需要用简短的文字、图解或草图说明各个概念，方便分类时参考。

（3）建立分类列表。确定是否要列出清单并借助软件绘制分类图表，或使用便利贴在墙面上完成分类。根据在上一个程序阶段制定的设计原则以及构建概念程序框架时总结的机会领域、设计价值等结论进行分类，先根据设计概念所涉及的领域将其分成许多小群组，再将这些小群组集合成大群组，然后继续组合成更高层次的群组。

（4）修改设计概念或衍生新的概念。由于在讨论分类和建立清单时，经常会产生新的概念，要记录这些概念并给予简单描述，然后将这些新概念纳入分类。若在讨论时认为应该修改概念，则依团队成员和项目参与者的讨论结论进行修改。

（5）检查及讨论概念的群组。群组的名称应能反映该群组所有概念的基本特性。用普遍都能理解的文字命名，好让所有团队成员及参与者都能轻易理解。讨论各概念群组，确定是否要将概念移至其他群组或是否要在群组中增加新的概念。

（6）绘制概念清单目录，依据上述步骤建立的分类群组，对应输入所有概念相关的信息，包括名称、描述、来源、草图、注解、关联以及其他所有相关细节。

（7）最好根据预先确定的案例、团队或组织一览表选择概念的标签与使用。如此便可确保项目中或案例之间的标签彼此相符。可为项目选择特定标签，例如，设计原则、受众价值、设计机会或概念的领域范畴。也可选择通用术语，如序厅用概念、第一展区用概念。

（8）搜寻及删除概念。在设计程序的执行期间使用概念目录搜寻或删除特定概念的详细资料，或搜寻和特定设计任务或设计内容有关的概念群组，例如，搜索"绿色出行相关信息"有关的所有概念。根据概念分类建立的目录清单也可作为其他项目的参考。

第四节

重审设计概念的框架及建构解决方案的方法

在设计思维过程中，可以总结为两个方向的思维：一个是发散性思维，主要集中在设计的前期阶段；另外一个是收敛性思维，主要发生在设计过程的收尾阶段。在前期阶段，需要根据收集到的大量资料围绕设计项目的主题在各个层面进行发散性的思维探索，尽可能收集相关想法和解决方案，然后根据深层的分析和理解对现有的设计想法进行衍化、整合、批判、总结，这一系列的过程都属于收敛性思维的过程。但也不可以在前期后期对思维的方向性一概而论，在每一个小的程序阶段，都有发散和收敛的循环应用，才能有机会发展出有创造性的设计概念。经过构建程序框架阶段对设计概念的探讨，围绕设计的主题、定位、目标、受众、原则等产生了许多有价值的设计概念，在设计程序第四阶段的工作重点，就是将涵盖面广且具有价值的概念综合起来，组合成紧紧围绕主题和价值定位的条理分明、有依据可实施并能确保未来能成功实现的解决方案。因为仅凭从构建概念框架的程序阶段产生的单个概念，显然是无法满足先前制定的所有设计原则和设计价值，可行的且具有潜在价值的概念需要相互整合，才能让解决方案发挥最大的协同效果。除此之外，对概念和解决方案的评估非常重要，没有哪一个概念和解决方案是绝对完美、绝对无瑕的，只有通过严谨的评估方法，才能平衡每一个概念和解决方案的优势和欠缺之处，在各概念之间建立关系后，才能发展成符合设计原则或目标价值的系统综合的解决方案。在这个阶段，评判评估概念和解决方案的一个非常重要的标准就是要确保概念和方案的可实施性。综上所述，第四阶段的主要目标有两个方面，一方面是重审设计概念的框架，组合各个概念；另一方面是通过评估来建构解决方案。以下将简要介绍在组合设计概念和评估解决方案的设计方法。

一、关联概念分析图

在构建程序框架的设计阶段过程中，设计者和团队多少会产生许多不同层级的概念，从个别概念到系统性解决方案的整体概念，除前文中介绍的收集所有这些概念并且建立按层级排列的组织结构外，另一个有助于建立解决方案系统的关键方法是分析概念和概念之间的关系，联结及组合互补概念以形成概念系统，再进一步建立系统的解决方案。从构建概念程序框架的过程中产生的概念固然可以满足特定主题面向的需求，但单一概念通常无法满足所有需求。构建程序框架阶段提出的概念为设计项目带来不同层次的价值，在此阶段的目标就是将互补及高价值概念组合成设计者和设计团队追求的解决方案系统。关联概念研究法可协助辨别高价值概念及组合互补概念，而最后得到的整体解决方案将能满足各种需求与原则。关联概念研究法以分类清单中的概念为基础，进而对概念进行系统化处理，将互补概念组合成整体解决方案。具体的操作可参考如下步骤：

（1）根据受众的价值及项目相关总价值作为两个评判区域，对设计概念进行评估。

（2）建立一个二维坐标散布图，分别以受众的价值和项目相关总价值作为纵轴与横轴，将设计概念和对应的解决方案标绘在坐标图上。

（3）分析坐标图表设计概念与解决方案的对应关系，比较概念的相关位置。为此，分析者可在坐标内用45°对角线连接两个坐标轴的端点，将坐标内空间分成两个区域，如图6-36所示，分成设计概念区和解决方案区。散布在高使用者价值区及高项目价值区的概念具有高优先性，应给予特别关注。

（4）分析概念之间的关系，从高价值概念开始，分析各概念并确定是否能和其他概念互补结合。虽然着重分析高价值概念多提出合理的设计方案更有帮助，但也不要忽略低价值区块中的概念，因为这些概念在和其他概念结合后，可能会产生更大的价值。

（5）与团队成员或项目其他参与者说明讨论解决方案。简单说明不同的概念组合后与之前的独特之处，会给解决方案带来怎样的价值。在展示设计中，把解决方案看成展示的主题并用简单的标题作为总结，会使除设计者以外的其他参与者更容易了解方案。需明确的前提是，使用该方法的目的是经过概念的组合，生成解决方案，为建立综合性的解决方案奠定基础。

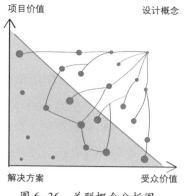

图 6-36 关联概念分析图

二、解决方案分析图

图表是一种用来阐释和传达信息的具象工具，可以将信息以视觉化的形式表现出来，不仅能梳理信息之间的内在逻辑，而且更容易让参与者了解项目的情况，甚至对于设计者自身来说，通过信息的视觉化，更有利于其全盘思考。图表不像语言系统中的文字那么抽象，也不像照片或比例模型那么具体。利用图表的这些特性，有助于修改概念，改善沟通，化抽象为具体，还能辅助设计者全盘思考解决方案，向其他参与者说明解决方案的运作原理。应用解决方案分析图虽然可以将解决方案转化为具象形式，但是所使用的图表类型是多样的，在分析时选择哪种方式还需要具体情况具体分析。同做实物模型一样，在做之前首先要明确图表的目的，需要突显解决方案的哪个方面。图表可以有效澄清概念与概念之间、概念与解决方案之间以及解决方案之间的结构关系、概念涉及元素的衍化过程、显示各参与者的价值互动、呈现设计的演进历程以及元素间的互动关系，或设计系统的其他类似面向。图表不仅是有效的解决方案阐释工具，也可用来产生解决方案，将构想转换成图表有助于避免设计目标的不明确。解决方案分析图的绘制方法可参考如下几个步骤：

（1）先明确分析的主题，继而选择图表的类型再开始绘制，确认所选择的图表类型有利于展示解决方案需要重点分析的问题。例如，网络图、弧线图、平行坐标图等最适合用来分析解决方案各元素之间的复杂关系；树状图、散点图、气泡图、径向柱状图、旭日图等可以用于分析各元素的分布群组；树状图和认知图可用于说明各元素之间的层级关系；流程图、堆叠式条形图和时间线等可用于表示设计项目的运作程序或阶段流程；跨度图、雷达图、地区分布图等可以表示元素的实际所处的位置或领域；条形图、面积图、蜡烛图、饼状图、圆环图等可以说明与解决方案相关的具体量化数字信息。

（2）绘制图表，以视觉化工具呈现要重点分析与解决方案相关的问题。例如，在文化展馆的设计中，若要表现设计方案怎样的叙事呈现才能创造令人耳目一新的参观者体验，可以绘制一个简单的叙事体验图，用节点、圆圈或图示等图形元素结合效果草图表示事件，用箭头表示流动方向并在箭头的两侧加上文字描述内容。若是在绘制过程中找到新的需要体现的内容，应立即修改展示方案。

（3）为图表分析图增加说明性的关键词，如词组不能说明问题，用一段精简但能涵盖全貌的文字叙述。梳理分析图的叙事逻辑，分析是否能够充分阐释解决方案，分析图表是否能够讲述引人注目的故事供相关参与人分享，视觉化的分析图是否简单易懂，是否为主要图表，是否需增加补充图表。通过对这类问题的分析来阐释解决方案。

三、设计方案说明图解

图解是借由平面图、立面图、剖面图和几何投影等技术在二维图解中运作，贯穿于设计思考、推演、交流的整个过程。它的运作是介于形式与语言两者之间，最后将抽象的设计概念呈现于二维的平面上。图解强调的是过程而非结果，它可以明确地表明功能、阐述形式、结构或设计的程序；是将设计中所考虑的要素分别提炼出来表达，借由消去和减少的过程，将复杂的概念简化为基本的单元；是对各种元素之间的潜在关系的描述，并采用视觉的形式来呈现事物的样貌、结构、运作方式或图式的再现。在生成解决方案阶段使用该方法，利用图解作为叙述方式可以阐明解决方案系统的运作原理，包括平面图、立面图、详图、概念演化过程图、动线说明图等在内的一系列图纸，详细说明解决方案系统的各部分元素如何在特定情境中共同运作。

其中不仅能够表达与视觉相关的信息，也能够表达非视觉的内容，如行为、声音、功能关系等。在解决方案说明图解中甚至可以以使用角色、行为与情境等叙述元素讲故事，阐述参与者在设计的空间情境中会得到怎样的体验和心理感受。图解所表达的不只是解决方案的内容是怎样的，还阐述不同的概念如何在方案中发挥最大的价值。图解能像系统一般条理分明地将抽象的文字转化为参与者更容易理解的形式，设计者和设计团队使用解决方案图解传达和修改概念，完成重审设计概念的框架和建构解决方案程序阶段所需要做的工作，可以包含设计程序以及空间、功能与形式，或者是功能与内容。具体的使用方法可参考如下几个步骤：

（1）充分掌握要用图解阐述的解决方案。思考系统中的解决方案和相关概念，讨论及充分了解系统的所有概念和设计要素，以及要素之间的潜在关系和应用的方式。

（2）按照叙述的逻辑编排图解的顺序，解决方案图解的表达不局限于物质内容，如形态、空间关系、人流动线、平立剖尺寸图、节点详图等，还包括设计步骤、构思过程、概念推理等。例如，在展示设计中的解决方案图解应该围绕一个故事的讲述进行编排，主线是故事的结构、脉络，把故事转换成一个三维空间，利用角色、行为与情境等叙述元素讲故事，让参观者能够充分地体验展览，用图像与文字的结合说明当参观者进入及体验预想的情境后会产生怎样的体验和心理感受。

（3）用图解说明人流动线及在每个空间能够看到的内容和体验的场景。在图解中标注参观者在动线中与概念相遇的位置，并用简短的文字描述该场景的内容和可能发生的交互行为，目的是用图解呈现解决方案背后的概念。随后向项目提供者和各方参与者分享及讨论用图解编排的故事，请其提供意见，并以此为根据修改概念。

（4）在向项目提供者汇报完解决方案的构想并得到认可之后，设计者就必须将设计方案转绘成设计图纸使解决方案的实施计划向前推进。这些比使用于设计过程中的草图更加精致的设计方案说明图解，可以用于与项目提供者和参与者交流方案详情，也可交由想要承揽施工的团队，以便后续如提供准确的报价等程序进行得更加顺利。

四、评估解决方案

评估解决方案研究法的一个使用环境适合组织一个密集进行但不用进行过长时间的讨论会，目的是产生一系列系统性的解决方案。在研讨的过程中鼓励项目提供者、其他参与者以及设计者之间就解决方案的现状进行讨论，专注于流程，根植于研究，促进协同合作，讨论会可能会给解决方案带来新的观点，启发概念的合理性和完善工作的进行。设计者和项目的参与者成员在讨论会中按照既定的设计原则引导概念的发展，在短时间内产生大量概念。讨论会提供一个机会，让团队成员和参与者可借由讨论将概念组合成系统性的解决方案。设计者和参与者在讨论会中根据定义明确的设计原则引导概念，这将有助于团队朝着满足提供者和使用者双方需求的方向产生概念。团队在讨论会的第一阶段针对各个设计原则，在短时间内尽可能产生概念，接着进入评估模式，思考所有产生的概念并根据彼此之间的关系给予评价和定位。团队在讨论会的最后阶段将互补的概念组 合成系统性解决方案，再选出3~5个最佳的解决方案。团队记录这些方案，并用简洁的文字说明这些方案为最佳解决方案的理由。评估解决方案研究法的使用方法可参考如下几个步骤：

（1）制定讨论会的目标与要点。讨论会的目的在于产生和评估概念，以及将概念组合成解决方案。制定时间表，并将讨论会分为评估和组合两个阶段。

（2）搜集从先前阶段产生的设计原则与概念，并用简短的文字逐一说明，和参与者分享并作为讨论会的基础。营造有利于发挥创意的环境；提供一个有可让三人或四人小组讨论的宽敞空间，并提供基本用品，如便利贴、笔、纸甚至茶点食物；准备绘图本或工作表，好让小组成员能记录构想和组织工作。

（3）回顾及产生更多概念，根据回顾过去产生的所有概念，讨论会成员必须对这些概念有共同的理解。安排一小段时间供研讨会成员反思概念、产生更多概念或修改概念，记录所有新的概念。

（4）评估及组织概念，从批判的角度思考概念的合理性和准确性，并根据各概念满足设计原则的程度进行评比，再依使用者价值和提供者价值将概念分类，进而组合成针对问题各部分的解决方案。

（5）找出互补的概念将其组合成系统性解决方案，用简短的文字特别描述解决方案的主要特性。选出最佳方案组合，并用简短的文字说明这些方案为最佳解决方案的理由。

（6）将所有描述整理总结成文件，并与项目提供者和参与者分享，讨论如何修改及评估解决方案。

五、建立解决方案资料集

建立解决方案资料集是一种严谨且结构分明的研究方法，可用来组织、保存及审查从第四程序阶段衍生出来的解决方案系统。此方法搜集在此阶段产生的所有重要信息，例如，关于设计概念和解决方案的说明、叙述、图解、图表、评估等信息，并将这些信息汇入资料集，供项目参与者根据关键词查询。此方法提供内容丰富的档案资料，协助团队依设计意向、项目价值、功能定位、设计原则、受众价值等不同属性比较概念或解决方案。无论是目前或未来发展中遇到的问题，都可在解决方案资料库中找到宝贵的参考资料。在重审设计概念框架阶段通常会产生数百个用来建立解决方案系统的构想，即使在评估与分类过程中概念的总数可能大幅减少，但也不能因而丢弃被筛掉的概念。解决方案资料库研究法是保存所有工作成果的方法，将成果存档，让资料库逐渐扩大，以供日后需要时使用。具体的使用方法如下：

（1）搜集从构建概念程序框架阶段产生的重要信息，搜集所有概念和解决方案，包括关于设计概念和解决方案的说明、叙述、图解、图表、评估等信息。将这些信息汇入资料集，尽可能汇集和概念及解决方案系统有关的所有资料，越详细越好。

（2）确定一组属性，作为设计项目参与者在资料库组织概念与解决方案的依据。可用的属性包括设计意向、项目价值、功能定位、设计原则、受众价值等不同属性比较概念或解决方案。也可使用现有的程序框架、组织概念与解决方案。

（3）建立资料库，在资料库中组织概念和解决方案。将相关信息输入资料库，扫描后上传草图、图解或其他手绘资料。指定相关关键字，按照属性为概念和解决方案加上标签。团队可搜寻资料库及检视结果，并视需要修改和插入其他关键字。

（4）根据所产生的概念及解决方案衍生的所有资料，思考及探讨各种概念或解决方案之间的关系。比较不同的概念和解决方案，其结果将供日后参考、重新评估或激发其他概念或解决方案所用。务必记录所有重要的构想和结论，尤其是在设计程序第三阶段未察觉的构想，与团队成员分享讨论。最终制订一个整合所有解决方案的结构系统是此阶段的最终目标和进入到下一阶段的标志。

第五节

验证、实施及监控的方法

设计项目进行到当前阶段就意味着接近尾声，但并不意味着这个阶段的工作不如前几个阶段重要，反而会稍有不慎就让之前的努力付诸东流。每一个成功的项目都少不了前期规划、调研、建构、评估、实施、各部门协同合作这几个重要环节。设计团队在将前期研究成果以及设计概念转化为实际空间或真实产品的过程中，仍需要保持高度的清醒和谨慎的态度。在设计程序第五阶段的主要目的是探讨如何将反复探讨的设计主概念在现实的环境中完美实现。在学生阶段可能进入正式的建造施工阶段的机会比较少，但也应该在能力范围内将设计概念以一定比例的实物还原出来，这样在建造的过程中才能发现一些实际存在的问题，而这些问题是在手绘和概念草图中发现不了的。在这个过程中也不用担心失败，失败是过程中的必然，遇到问题反复实验并最终解决问题才是产生最优解决方案的基础。与其他阶段相同的是，在方案实现的阶段还有一系列的方法可以应用，有以验证、实施及监控为目的一系列规则活动，探讨如何配合更高层次的战略目标调整解决方案，例如，评估所需的资源种类以及拟订具体的方案实施计划等。简言之，在设计程序的第五阶段，设计者的主要目标包括测试概念的实用性、思考设计能实现概念的可靠方法，多次反复验证原型，通过不断测试证明原型的价值，以及最终在现实世界实施建造而成。但因为最后阶段的验证与实施多以实际问题为基础，因此以下简单介绍测试原型与制定实施方案的两种方法。

一、试行与验证解决方案

试行与验证解决方案研究法在产品或服务设计项目中通常是将解决方案直接投入将实施该方案的实体情境，验证其可行性。对于空间类设计项目，通常是制作比例模型或绘制能真实还原多种媒介下的空间氛围效果图。随着方案的进展，模型和数字模型效果经过多次修改后变得越来越具体，接着必须在严格精确的标准下重复模型的制作／绘制过程，直到协调所有的矛盾和问题集合成确保能成功实施的新方案，除此之外，模型和数字模型图纸还可以作为在施工阶段全面把握和反馈施工质量的工具。试行与验证的目的在于考量项目提供者和参与者的认可度，受众代表的反馈意见，以及设计方案与先前拟订的设计价值、设计原则的符合程度。经过充分讨论后，将用来决定是否应该修改方案或保留原样。试行与验证解决方案研究法的另外一个目的，也是用来系统检查当前的设计方案是否满足在先前四个程序阶段中所提出的问题和要求，以及在全面实施前是否还需要满足其他条件。最后这一阶段的方法都需要具体方案具体分析，大体可参考以下三个步骤：

（1）制订试行计划，拟订一份初步计划方案，并纳入设计项目中涉及的相关部门。请各部门对应审查涉猎内容，检查图文、排版、技术、内容、结构等方面的合理性。

（2）详细计划评估及反思的内容，组织各部门代表人员负责执行和监控试行。根据设计的程序，展开设计活动的顺序是：明确设计问题—分析问题的结构—提出设计意向—综合解决方案—最后完善解决方案；反之，在试行和评估解决方案时的程序就转为逆向思维，解决方案是怎样的，分解策略方案的内容，是否解决了结构中界定的问题，是否满足了设计价值和设计目标。

（3）记录各部门评估者的意见和受众体验感受的反馈等信息，这将有助于方案的修改以及成为下一次设计的经验积累。在这个过程中，经过多次反复验证和构思后，使得解决方案逐渐变得成熟可行。试行与评估的目的就是追求这种提炼与提升，确保方案的顺利实施。

二、制订及执行施工计划

在所有的设计工作都得到项目提供者和参与者的认同与许可之后，执行阶段就可以正式启动了。一旦施工团队开始接手执行的工作之后，设计师的参与程度就会大为降低，主要是到现场勘查，解决随着施工进度而产生的众多问题，确认设计是否按照预期的想法实施完成。同时要与施工团队和参与设计的所有成员建立良好的合作关系，因此就需要在开工之前合理地制订施工计划并严格按照计划施行，这对于施工阶段工作的顺利进行将会产生很大的帮助。完善的实施计划除了能提供实施创新解决方案所需的架构外，还可协助团队拟订具体的行动方案，从而使过程更加透明。

完善的实施计划对设计者要求的关键前提在于，设计师对于执行阶段的理解。设计师在与施工团队沟通时，整齐、清晰以及完整的设计图纸是相当重要的一部分。因此，施工计划的第一步是设计者要预测会参与设计项目的各种行业，并且准备相关的设计图纸，以准确地解释之后要进行的工作。这些设计图纸要多于之前方案讨论、汇报时准备的系列图解所使用的数量，即使是在施工阶段，设计师也可能需要绘制新的设计图，处理一些意外出现或不可预测的情况。准备工作做完之后，开始第二步，制订实施计划。设计者在此阶段不仅应该专注于实现方案过程中的每个步骤，还应注意各步骤彼此间的互动与协作。深入思考各项提议的需求以及可用来满足这些需求的资源，将这些信息设计到实施计划中，将有助于从更广阔的视角思考方案的进展。第三步在确定解决方案、拟订策略和制订施工方案后，要争取项目提供者和相关参与者对提议的认同与支持。通过有效的沟通，将实施方案转化为具体的行动。

参考文献

[1] 王宏建.艺术概论[M].北京：文化艺术出版社，2010.

[2] Thomas Binder，Giorgio de De Michelis，Pelle Ehn，Giulio Jacucci，Per Linde，Ina Wagner，Design Things[M].The MIT Press，2011：vii.

[3] 黄厚石，孙海燕.设计原理[M].南京：东南大学出版社，2005.

[4] 赫伯特·西蒙.人工科学：复杂性面面观[M].2版.武夷山，译.上海：上海科技教育出版社，2004.

[5] 布莱恩·劳森.设计思维：建筑设计过程解析（原书第三版）[M].范文兵，范文莉，译.北京：知识产权出版社，中国水利水电出版社，2007.

[6] 约翰·赫斯科特.设计，无处不在[M].丁珏.译，南京：译林出版社，2013.

[7] Bryan Lawson，Kees Dorst.Design Expertise[M].Architectural Press，2009.

[8] Cross N H，Christiaans，K. Dorst, eds. Analysing Design Activity[M]. Chichester, UK：Wiley，1996.

[9] Magnani，Lorenzo. Abductive Cognition：The Epistemological and Eco-Cognitive Dimensions of Hypothetical Reasoning. Cognitive Systems Monographs[M]. Berlin Heidelberg：Springer-Verlag，2009.

[10] Aliseda，A. Abductive reasoning：Logical investigations into discovery and explanation[M]. Berlin：Spring Publications，2006.

[11] 何向东，吕进.归纳逻辑研究述评[J].自然辩证法研究，2007（3）：31-34，44.

[12] Charles Sanders Peirce. Pragmatism as a Principle and Method of Right Thinking：The 1903 Harvard Lectures on Pragmatism[M]. New York：State University of New York

Press，1997.

[13] 陈超萃.风格与创造力——设计认知理论[M].天津：天津大学出版社，2016.

[14] 洛伦佐·玛格纳尼.发现和解释的过程：溯因、理由与科学[M].李大超，任远，译.广州：广东人民出版社，2006.

[15] 布莱恩·劳森.设计师怎样思考——解密设计[M].杨小东，段炼，译.北京：机械工业出版社，2008.

[16] Whitbeck，C. Ethics in Engineering Practice and Research[M]. Cambridge，UK：Cambridge University Press，1998.

[17] 卡尔·曼海姆.思维的结构[M].霍桂桓，译.北京：中国人民大学出版社，2013.

[18] 杰里米·里夫金.第三次工业革命：新经济模式如何改变世界[M].张体伟，译.北京：中信出版社，2012.

[19] 王刚.生态文明：渊源回溯、学理阐释与现实塑造[J].福建师范大学学报（哲学社会科学版），2017（4）：44-56，171.

[20] 赵江洪.设计和设计方法研究四十年[J].装饰，2008（9）：44-47.

[21] 蒂姆·布朗.IDOE，设计改变一切[M].侯婷，译.沈阳：北方联合出版社，2011.

[22] 约翰·杜威.追求确定性：知识与行为的关系研究（英文版）[M].北京：中国传媒大学出版社，2016.

[23] 杜威.经验与自然[M].傅统先，译.北京：商务印书馆，2015：356-359.

[24] Terry Winograd，Bringing Design to Software[M]. New York：Association for Computing Machinery，1996.

[25] Meinel C，Leifer L. Design thinking research[M]. Germany：Springer，2011.

[26] 唐纳德·舍恩.培养反映的实践者：专业领域中关于教与学的一项全新设计[M].雷月梅，王志明，等，译.北京：教育科学出版社，2008.

[27] 李发权，熊德国，熊世权.设计认知过程研究的发展与分析[J].计算机工程与应用，2011，47（20）：24-27，37.

[28] Ulric Neisser. Cognitive Psychology[M]. Englewood：Prentice Hall，1967.

[29] 陈超萃，设计认知——设计中的认知科学[M].北京：中国建筑工业出版社，2008.

[30] 霍华德·加德纳.心灵的新科学：认知革命的历史[M].周晓林，张锦，郑龙，等，译.沈阳：辽宁教育出版社，1989.

[31] Nigel Cross，Design Knowing and Learning：Cognition in Design Education[M]. Amsterdam：Elvier，2001.

[32] CharlesEastman，New Directions in Design Cognition：Studies of Representation and Recall[M]. Amsterdam：Elvier，2001.

[33] 赵江洪，赵丹华，顾方舟.设计研究：回顾与反思[J].装饰，2019（10）：24-28.

[34] 张二虎.论陈述性知识与程序性知识的关系[J].太原师范学院学报（社会科学版），2005（1）：128–129.

[35] 吴雪松，赵江洪，李子龙.产品设计中符号表征文化的有效性研究[J].包装工程，2020，41（16）：37–42.

[36] 尼格尔·克罗斯.设计师式认知[M].任文永，陈实，沈浩翔，译.武汉：华中科技大学出版社，2013.

[37] 杰伊·格林.设计的创造力[M].北京：中信出版社，2011.

[38] 凯尔·乌尔里克，史蒂文·埃平格.产品设计与开发[M].张书文，戴华亭，译.台北：美商麦格罗·希尔国际股份有限公司台湾分公司，2002.

[39] 李砚祖.艺术设计概论[M].武汉：湖北美术出版社，2002.

[40] 王明旨.产品设计[M].杭州：中国美术学院出版社，1999.

[41] 布莱恩·劳森.设计思维：建筑设计过程解析[M].范文兵，范文莉，译.北京：知识产权出版社中国水利水电出版社，2007.

[42] 彼得·罗.设计思考[M].张宁，译.天津：天津大学出版社，1987.

[43] Henrik Gedenryd，How Designers Work[M].Sweden：Lund University，1998.

[44] 尼格尔·克罗斯.设计师式认知[M].任文永，陈实，沈浩翔，译.武汉：华中科技大学出版社，2013.

[45] 凯伦·霍尔兹布拉特，休·拜尔.情境交互设计：为生活而设计[M].朱上上，贾璇，陈正捷，译.北京：清华大学出版社，2018.

[46] Vijay Kumar，101 Design Methods：A Structured Approach for Driving Innovation in Your Organization[M].Hoboken：Wiley，2012.

[47] 贝拉·马丁，布鲁斯·汉宁顿.通用设计方法[M].初晓华，译.北京：中央编译出版社，2013.

[48] 徐洪林，康长运，刘恩山.概念图的研究及其进展[J].学科教育，2003（3）：39–43.

[49] Kurt Hanks，Larry Belliston，Rapid Viz: A New Method for the Rapid Visualitzation of Ideas[M]. Boston：Course Technology PTR；3rd ed. Edition，2006.

后记

　　本书作为设计学学科的学生在进入各自专业实践类课程前的基础入门读物，着眼点在于传达一个概念，即一个设计计划的成功与否取决于设计分析、设计思考程序与设计方法这三者的完整度与深度，也就是说，在一定的程序与方法的架构下，可以引导和预期最终能够产生具有一定品质或水平的设计作品，打破设计需要天分的观点。

　　因此，在构建设计本体理论的基础上，探讨了设计程序的各个部分中认知的变化及对产生创造力的影响，建立一个能够处理开放的、复杂的、网络的和动态的设计程序框架，列举各程序范围内适用的设计策略与方法，旨在为年轻设计师或设计初学者摆脱面对设计初期时的无力感，指明应尝试的方向以及解决方案会出现的范围。通过对设计程序的研究，使我们重新关注设计方法，使设计方法的研究更容易操作，避免在某些基本理论上出现含糊不清的情况。重新认识设计程序在各领域设计中的重要地位，进一步厘清设计过程中的结构关系，并通过对各程序阶段的剖析发现设计创新和设计风格化的新途径。

　　本书中介绍的设计程序与方法集合了全球设计活动群体的研究精华，侧重于提供一个帮助设计者在空间设计程序与方法上的观点，结合关于设计本体理论和创造力形成原因的介绍和阐明，使设计者能够在学习空间设计的过程中逐渐构建一个属于自己的设计方法论。希望读者能够将本书介绍的程序与方法运用于自己的设计计划中，分享各自对于设计程序、设计方法与设计思考的回馈，发起一场关于设计过程与方法的网络讨论。

孔祥天骄

2022 年 8 月 30 日